普通高等教育计算机类专业教材

C++程序设计

（第三版）

主　编　曹岳辉　刘卫国

副主编　李利明　严　晖

中国水利水电出版社

www.waterpub.com.cn

·北京·

内 容 提 要

本书全面介绍了面向过程和面向对象的 C++程序设计方法，共 10 章，包括 C++基础知识、程序控制结构、函数与编译预处理、数组与指针、自定义数据类型、类与对象、重载与模板、继承与派生、多态性与虚函数、输入/输出流。

各章节选用大量程序设计实例介绍基本概念和程序设计方法，同时配有课后习题供读者练习。本书配有辅导教材《C++程序设计实践教程》（第三版），内容包括上机指导及章节练习。

本书语言表达严谨，文字流畅，内容通俗易懂、重点突出、实例丰富，且由浅入深、相互衔接、循序渐进，适合作为高等学校程序设计课程的教材，也适合广大计算机爱好者阅读参考。

图书在版编目（C I P）数据

C++程序设计 / 曹岳辉，刘卫国主编. -- 3版. --
北京 : 中国水利水电出版社，2022.12
普通高等教育计算机类专业教材
ISBN 978-7-5226-1115-0

Ⅰ. ①C… Ⅱ. ①曹… ②刘… Ⅲ. ①C++语言—程序
设计—高等学校—教材 Ⅳ. ①TP312.8

中国版本图书馆CIP数据核字(2022)第215987号

策划编辑：周益丹　　　责任编辑：王玉梅　　　封面设计：梁　燕

书　　名	普通高等教育计算机类专业教材 **C++程序设计（第三版）** C++ CHENGXU SHEJI
作　　者	主　编　曹岳辉　刘卫国 副主编　李利明　严　晖
出版发行	中国水利水电出版社 （北京市海淀区玉渊潭南路 1 号 D 座　100038） 网址：www.waterpub.com.cn E-mail: mchannel@263.net（答疑） 　　　　　sales@mwr.gov.cn 电话：（010）68545888（营销中心）、82562819（组稿）
经　　售	北京科水图书销售有限公司 电话：（010）68545874、63202643 全国各地新华书店和相关出版物销售网点
排　　版	北京万水电子信息有限公司
印　　刷	三河市鑫金马印装有限公司
规　　格	184mm×260mm　　16 开本　　20 印张　　500 千字
版　　次	2008 年 1 月第 1 版　　2008 年 1 月第 1 次印刷 2022 年 12 月第 3 版　　2022 年 12 月第 1 次印刷
印　　数	0001—3000 册
定　　价	49.00 元

凡购买我社图书，如有缺页、倒页、脱页的，本社营销中心负责调换

再版前言

随着计算机技术的普及与提高，高等学校计算机基础教学的内容也在不断改革与发展。程序设计是大学生必须掌握的计算机知识。随着软件工程技术的不断发展，面向对象程序设计方法已成为当今软件开发的重要方法，一些新的开发环境不断涌现，进一步推动了面向对象与可视化编程技术的发展与应用。因此，掌握面向对象程序设计方法已经成为大学生计算机应用与软件开发能力的要求之一。

C++既兼容了C语言功能强、效率高、风格简洁、满足包括系统程序设计和应用程序设计的大多数任务需求的特点，又扩充了面向对象部分，即支持类、继承、派生、多态性等，解决了其代码的重用问题。C++实际上是既支持面向过程的结构化程序设计，又支持面向对象的程序设计的语言，所以，我们根据多年的实际教学经验，在程序设计课程教学改革研究时，选用 C++作为程序设计课程的语言。对于本书内容的选择，我们力求面向读者的学习需要，全面介绍面向过程和面向对象的 C++程序设计方法，让读者首先接受面向对象的程序设计思想方法，并理解面向对象程序设计是需要面向过程程序设计方法作为基础的。

本书保留了原有章节，共 10 章：第 1～5 章以介绍面向过程的程序设计为主；第 6～10 章以介绍面向对象的基本思想与方法为主。章节内容重新整合，使得在内容组织上更加合理。

本着加强基础、注重实践、突出应用的原则，本书力求有较强的可读性、适用性和先进性。我们的教学理念是：教学是教思想、教方法，真正做到"授人以鱼，不如授人以渔"。为了提高读者对程序设计思想方法的理解，本书结合相应章节的内容选用了大量的实例，通过实例的讲解，拓展读者解题思路，提高读者的程序设计能力。

本书所给出的程序示例均在 Visual Studio 2022 环境下进行了调试和运行。为了帮助读者更好地学习 C++程序设计，编者还编写了配套教材《C++程序设计实践教程》（第三版），内容包括上机指导及章节练习。

本书由曹岳辉、刘卫国任主编，李利明、严晖任副主编。参编人员有杨长兴、李小兰、周春艳、赵颖、周欣然、吕格莉、蔡旭晖等。本书在编写过程中，得到了中南大学计算机基础教学实验中心全体教师的大力支持，在此表示衷心的感谢。

由于编者学识水平有限，书中疏漏在所难免，恳请广大读者批评指正。

编 者
2022 年 7 月

目　录

第 1 章　C++基础知识

计算机是在程序的控制下自动工作的，它解决任何实际问题都依赖于解决问题的程序。学习 C++语言程序设计的目的，就是要学会利用 C++语言编写出适合自己实际需要的程序。程序包括数据和施加于数据的操作两方面的内容。数据是程序处理的对象，操作步骤反映了程序的功能。不同类型的数据有不同的操作方式和取值范围，程序设计需要考虑数据如何表示以及操作步骤如何实现（即算法）。C++语言具有丰富的数据类型和相关运算。本章首先介绍程序设计的基本知识、C++程序的基本结构以及 C++程序的执行步骤，然后介绍 C++的数据类型和数据的运算，这些内容是以后学习的基础。

1.1　程序设计语言的基本概念

计算机程序设计语言是人类在计算机上解决实际问题的一种工具，当一个求解问题能够用数学模型表达时，人们会考虑用某种程序设计语言将该问题的数学模型表达成计算机可以接受的程序形式，再由计算机自动处理这个程序，生成人们所需要的结果。

程序设计语言随着计算机科学的发展而发展，它由最早的机器语言形式逐步发展成为现在的接近人类自然语言的形式。

20 世纪 50 年代的程序使用机器语言或汇编语言编写，用这样的程序设计语言设计程序相当烦琐、复杂，不同机器所使用的机器语言或汇编语言几乎完全不同。能够使用这类语言编写程序的人群极其有限，这就限制了这类计算机程序设计语言的普及和推广，从而影响了计算机的普及应用。

20 世纪 50 年代中期研制出来的 FORTRAN 语言是计算机程序设计语言历史上的第一个所谓高级程序设计语言。它在数值计算领域首次将程序设计语言以接近人类自然语言的形式呈现在人们面前，它引入了许多目前仍在使用的程序设计概念，如变量、数组、分支、循环等。20 世纪 50 年代后期研制的 Algol 语言进一步发展了高级程序设计语言，提出了块结构的程序设计概念。即一个问题的求解程序可以由多个程序块组成，块与块之间相对独立，不同块内的变量可以同名，互不影响。

到了 20 世纪 60 年代后期，人们设计出来的程序越来越庞大，随之而来的问题是程序越庞大，程序的可靠性越差，错误更多，难以维护。程序的设计人员都难以控制程序的运行，这就是当时的"软件危机"问题。为了解决"软件危机"问题，荷兰科学家 E. W. Dijkstra 在 1969 年首次提出了结构化程序设计的概念，这种思想强调从程序结构和风格上研究程序设计方法。后来，瑞士科学家 Niklaus Wirth 的"算法+数据结构=程序"思想进一步发展了结构化程序设计方法，将一个大型的程序分解成多个相互独立的部分（称为模块），模块化能够有效分解大型、复杂问题，同时每个模块因为相互独立，提高了程序的维护效率。这就是面向过程的结构化程序设计思想。所谓面向过程的结构化程序设计思想是人们在求解问题时，不但要提出求解的问题，还要精确地给出求解问题的过程（将问题的求解过程分解成多个、多级相互独立的小模块）。20世纪70年代初面世的C语言就是典型的面向过程的结构化程序设计语言。

面向过程的结构化程序设计是从求解问题的功能入手，按照工程的标准和严格的规范将求解问题分解为若干功能模块，求解问题是实现模块功能的函数和过程的集合。由于用户的需求和硬件、软件技术的不断发展变化，将求解问题按照功能分解出来的模块必然是易变的和不稳定的。这样开发出来的模块可重用性不高。20世纪80年代提出的面向对象的程序设计方法是为了解决面向过程的结构化程序设计所不能解决的代码重用问题。面向对象的程序设计方法是从所处理的数据入手，以数据为中心而不是以求解问题的功能为中心来描述求解问题。它把编程问题视为一个数据集合，数据相对于功能而言，具有更好的稳定性。这就是"对象+对象+…=程序"的理论。面向对象的程序设计与面向过程的结构化程序设计相比最大的区别就在于：前者关心的是所要处理的数据，而后者关心的是求解问题的功能。面向对象的程序设计方法很好地解决了"软件危机"问题。

面向对象的程序设计语言有两类：一类是完全面向对象的语言；另一类是兼顾面向过程和面向对象的混合式语言。C++语言就是后一种形式的典型代表。

C++由AT&T公司贝尔实验室Bjarne Stroustrup博士开发。它兼容了C语言的一切特征，以C语言为核心，扩充了面向对象部分。它保留了C语言功能强、效率高、风格简洁、满足包括系统程序设计和应用程序设计的大多数任务的特点。过去在C语言环境下编写的程序几乎无需改动就可以在C++环境下编译运行。另一方面，C++支持面向对象的程序设计，它支持类、继承、派生、多态性等，因此解决了其代码的重用问题。所以C++是既支持面向过程的结构化程序设计又支持面向对象的程序设计的语言。

从20世纪80年代开始，C++逐步成为人们所喜爱的面向对象的程序设计语言开发工具。众多公司纷纷开发C++编译程序或开发环境。Microsoft公司开发的Visual C++集成了Windows MFC（Microsoft Foundation Class）类库的可视化开发环境，该开发环境集编辑、编译、链接、调试执行于一体。本书使用的软件环境是Visual C++ 2022。

1.2　C++程序的基本结构

学习一种语言之初了解其程序结构是必要的，这一节的目的是让读者对C++语言有一个整体的、框架性的认识。

1.2.1　C++程序结构

一般来说，C++程序的结构包含声明区、函数区两个部分，在任何一个区内都可以随时插入程序的注释。下面通过一个简单的例子认识C++程序的基本结构。

【例1.1】从键盘输入一个圆的半径，求圆的面积。

程序代码如下：

```
//*****ex1_1.cpp*****
#include <iostream>
#define   PI   3.14159
```

```
    using namespace std;
    double sum(double x);
    int main()
    {
        double r, s;
        cout << "Input r:";
        cin >> r;
        s = sum(r);
        cout << "r=" << r << "    " << "s=" << "    " << s << endl;
        return 0;
    }
    double sum(double x)
    {
        return   PI * x * x;
    }
```

要说明的是，本章的例子中使用了标准流输入/输出语句和其他语句，关于这些语句的详细使用方法，请读者参阅第 2 章有关内容。

1. 声明区

声明区在函数之外。在程序的声明区可能需要编写：

（1）包含文件，如例 1.1 中的#include <iostream>。

（2）宏定义，如例 1.1 中的#define　PI　3.14159。

（3）函数声明，如例 1.1 中的 double sum(double x)。

（4）条件编译。

（5）全局变量声明。

（6）结构体等的定义。

（7）类的定义。

2. 函数区

一个程序由一个主函数 main()和多个（可以是 0 个）其他函数组成。每个函数都是由函数说明部分与函数体部分组成的。程序的执行从 main()函数开始。

函数说明部分包括函数返回值类型、函数名、函数的形式参数。如在例 1.1 中，有两个函数，即 int main()和 double sum()，其中 main()函数返回值类型是 int，函数名是 main，函数没有形式参数；sum()函数返回值类型是 double，函数名是 sum，函数的形式参数是 double x。

函数体部分是用一对花括号{}括起来的完成该函数所表达功能的语句的集合。语句可以是数据描述语句或数据操作语句。数据是操作的对象，操作的结果将会改变数据的状态。对于一个实际应用问题，首先要考虑用什么形式表达问题，也就是用什么数据结构表达问题。在具体程序中用数据描述语句表达数据结构，也就是用数据类型表达数据。有了数据结构，再考虑如何操作数据，也就是用数据操作语句实施为解决问题所提出的算法，产生所需要的结果。所以著名计算机科学家 Niklaus Wirth 提出了如下公式：

程序 = 数据结构 + 算法

一个程序用来实现某项任务，一个任务可以分解为多个子任务，每个子任务还可以进一步分解成更小的子任务，每个子任务可以用一个函数或多个函数表达。在 C++中，一个程序的某些函数可以存放在一个文件中，而另外一些函数可以存放在另一个文件中。所以一个 C++程序的组装形式是：

函数→文件→程序

在 C++程序中，各函数之间只有调用关系，即组成 C++程序的若干函数之间是"平等"关系。在一个函数中不能定义另一个函数，即函数之间不存在嵌套关系。在一个 C++程序中，不被任何函数调用的函数是无用的。

函数体内有若干条语句用来实现函数的功能。每条语句由单词（常量、变量、关键字等）构成，而单词由字符构成。

读者可以通过图 1.1 理解：学习 C++程序设计，主要是要学习根据词法规则用 C++字符集中的字符构造单词；根据语法规则用单词构造语句；根据逻辑规则（任务内在的联系）用语句构成函数（程序）。读者可以根据图 1.1 自学其他程序设计语言。实际上，任何语言都遵从这种模式，包括我们的自然语言（英语、汉语等）。对于自然语言，只是字符集中的字符多，构词规则复杂，语法规则更复杂，由若干语句组成的集合叫文章或文章段落而已。其实计算机程序设计语言就是从自然语言模型中简化出来的。理解这个道理对于读者学习程序设计语言是很有帮助的。

图 1.1　程序设计语言结构图

1.2.2　C++程序的书写格式

C++程序的书写格式比较灵活，书写程序时可以任意换行，一行内可以书写多个语句，一条语句可以书写在多行上，只要每条语句以分号（;）结束即可。也因为如此，所以 C++程序可读性差，为了提高程序的可读性，C++程序的书写格式习惯上有如下约定：

（1）C++程序中，每行一般书写一条语句；语句较短时，多条语句可书写在一行内。语句较长时，可写成多行。

（2）C++程序中，每条语句以分号结束，表示一条语句的结束，但函数说明行和声明区的多数语句后不用分号。语句前面没有标号，只有 goto 语句的转向目标语句前加标号。

（3）C++程序中，使用向右缩进办法表达程序中的层次结构，如花括号{}内的函数体、循环语句的循环体、if 语句的 if 体和 else 体一般都向右缩进几个字符。花括号是函数体或复合语句的定界符。

C++程序中，可使用多行注释或单行注释增强程序可读性。多行注释以"/*"开始，以"*/"结束，占据多行。单行注释以"//"开始，占据一行。

1.2.3　C++集成开发环境

C++程序的运行需要经历编辑、编译、链接和运行四个步骤。C++的集成开发环境可以一次性完成 C++程序的编辑、编译、链接和运行工作，使用方便、高效。

编辑程序完成对 C++程序的输入、修改，存盘后创建扩展名为.cpp 的 C++源程序文件。除了使用集成开发环境提供的编辑程序外，还可以使用如 Word、记事本等传统编辑程序编辑 C++源程序，但使用它们时必须以.cpp 为扩展名存储文件。

编译程序把 C++源程序翻译成目标程序，即生成 C++源程序文件相对应的目标程序文件，目标程序的文件扩展名是.obj。编译程序一般会生成与源程序同主名的目标程序。

链接程序把目标程序链接成可执行程序，可执行文件的扩展名是.exe。生成执行程序时需要编译系统提供的库文件支持。链接程序一般会生成与源程序同主名的可执行文件。

上述三步正确时，可直接运行可执行文件，得到问题求解的结果。

1.3　C++的词法规则

一个程序包含两个方面的主要内容：数据描述和数据操作。数据是操作的对象，数据的存储方式决定于该数据的数据类型，描述数据就是定义数据的类型。数据类型的定义表现在常量、变量等的定义之中，而常量、变量又是一种程序设计语言的基本单词，除了常量、变量之外，一种程序设计语言还有标识符、运算符、关键字、分隔符等基本单词，这些单词的构成（书写规则）都必须遵守该语言的词法规则。本节介绍的就是 C++中各种单词的构词规则。

由一种语言提供的字符集中的字符构造的单词必须遵守该语言的词法规则。在一种语言中，单词涉及标识符、关键字、运算符、常量、变量、注释符、分隔符等，C++也不例外。

1.3.1　C++的字符集组成

每一种语言都有一套自己的基本符号。C++基本符号是由若干基本字符组成的。基本字符和基本符号按照一定语法规则构成了 C++语言的各种成分（如常量、变量、类型、表达式、语句等）。组成 C++的字符集包括如下字符：

（1）大、小写英文字母：A～Z、a～z，共 52 个。

（2）阿拉伯数字：0～9，共 10 个。

（3）下划线：_。

（4）标点和特殊字符：+ - * / , : ; ? \ " ' ~ | ! # % & ( ) [ ] { } ^ < > 空格。

（5）空字符：ASCII 码为 0 的字符，用作字符串的结束符。

注意：超出上述范围的字符，或不按规则书写的符号都是非法的，计算机将不能识别。

1.3.2　C++的标识符与关键字

标识符是由若干个合法字符组成的单词，用来表示程序、类型、常量、变量和函数等的名称；关键字又称保留字，是一种语言中规定的具有特殊含义的标识符。

1. 标识符

标识符是由字母、下划线和数字组成的字符序列，第一个字母必须是字母或下划线，不能是数字。标识符中的字母大小写是不同的。标识符用来命名 C++程序中的常量、变量、函数、语句标号、类型定义符等。有一部分标识符是系统定义的，如前面学习过的 cin、cout，有一部分是程序用户定义的。

在定义标识符时，要注意：

（1）要遵守上面的构成标识符的规则。

Aa、ABC、A_Y、ycx11、_name 是合法标识符。而 5xyz、m.x、!abc、x-y 是非法标识符。

（2）系统已经使用的关键字、函数名或其他已定义的单词不能再定义成标识符。

（3）定义标识符时尽可能让标识符有意义，便于阅读，即做到"见名知意"。

2．关键字

关键字是被系统定义了的已具有特定含义的标识符。下面给出了 C++关键字。要说明的是：ANSI C 规定了 32 个关键字，ANSI C++在此基础上增加了一些（加粗字部分），某个实现的版本可能还会增加一些关键字。

auto	break	case	char	const	continue
default	do	double	else	enum	extern
float	for	goto	if	int	long
register	return	short	signed	sizeof	static
struct	switch	typedef	union	unsigned	void
volatile	while	**bool**	**catch**	**class**	**const_cast**
delete	**dynamic_cast**	**explicit**	**false**	**friend**	**inline**
mutable	**namespace**	**new**	**operator**	**private**	**protected**
public	**reinterpret_cast**	**static_cast**	**template**	**this**	**throw**
true	**try**	**typeid**	**typename**	**using**	**virtual**
_asm	_far	_fotran	_huge	_near	_pascal

3．注释符

注释符的作用是在程序中标识注释信息。在 C++程序中，可使用多行注释或单行注释增强程序可读性。

4．分隔符

分隔符有多种。其中空格符、换行符、水平制表符等用作单词与单词之间的分隔符。逗号（,）多用于多个变量或多个参数之间的分隔。分号（;）主要用于语句之间的分隔，也常用于 for 语句的 for 关键字后的圆括号内作分隔符。冒号（:）用来标识语句标号和开关语句，常用于 switch 的 case 关键字后。

1.4 C++基本数据类型

数据类型是针对常量、变量而言的。C++提供了丰富的数据类型，如图 1.2 所示。本章仅讨论 C++的基本数据类型，基本数据类型是 C++编译系统事先定义好了的数据类型，用户只需使用即可。而构造类型、指针、类等为非基本数据类型，亦称用户自定义数据类型，它们将在后续章节中讨论。

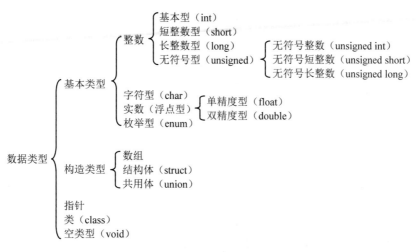

图 1.2　C++数据类型

在 C++的基本数据类型中，有四个最基本的数据类型，即 int、char、float、double，它们可以被修饰符 short、long、unsigned、signed 修饰，以扩展四个最基本的数据类型。但 short 只能修饰 int，扩展出 short int 类型，简记为 short；long 只能修饰 int 和 double，扩展出 long int（简记为 long）类型和 long double 类型；unsigned 只能修饰 int，扩展出 unsigned int 类型，分别与 short、long 合作扩展出 unsigned short int（简记为 unsigned short）类型、unsigned long int（简记为 unsigned long）类型；signed 类似 unsigned，可扩展出 signed int、signed short int、signed long int 类型。

数据类型的描述确定了数据在内存中所占空间的大小与数据表达范围。C++基本数据类型描述见表 1.1。

表 1.1　C++基本数据类型描述

数据类型	占用字节数	数据表达范围
基本型（int）	4	-2147483648～2147483647
短整数（short）	2	-32768～32767
长整数（long）	4	-2147483648～2147483647
无符号整数（unsigned int）	4	0～4294967295
无符号短整数（unsigned short int）	2	0～65535
无符号长整数（unsigned long int）	4	0～4294967295
有符号整数（signed int）	4	-2147483648～2147483647
有符号短整数（signed short int）	2	-32768～32767
有符号长整数（signed long int）	4	-2147483648～2147483647
字符型（char）	1	0～255
单精度浮点数（float）	4	-3.4×10^{38}～3.4×10^{38}
双精度浮点数（double）	8	-1.7×10^{308}～1.7×10^{308}
长双精度浮点数（long double）	8	-1.7×10^{308}～1.7×10^{308}

1.5 常量与变量

常量与变量是 C++中最基本的数据描述形式。本节只介绍常量和变量的基本概念，包括 5 种常量和基本数据类型的变量。关于构造类型的变量将在后续章节中讨论。

1.5.1 常量

常量是在程序中不改变的量。C++程序中有 5 种常量：整型常量、浮点型常量、字符常量、字符串常量和符号常量。

1. 整型常量

C++程序中的整型常量和浮点型常量统称数值常量。

整型常量有三种形式：十进制、八进制和十六进制。

十进制常量的写法就是算术表达方式，如 12、345 都是合法的十进制常量。

八进制常量在数值前要加上一个零（0），如 011、077 都是合法的八进制常量，分别等于十进制整数 9 和 63。

十六进制常量的写法是在数值前要加上一个零（0）和一个字母 X（大小写均可），如 0X11、0xF 都是合法的十六进制常量，分别等于十进制整数 17 和 15。

整型常量还可以分为短整型常量、长整型常量和无符号整型常量。短整型常量即前讨论的形式；长整型常量表示占用 4 个字节内存，有效位数比短整型常量的有效位数（2 字节）长（有的编译系统长短整型数据一样，如 Visual C++ 6.0 系统），书写时应在短整型常量后加上一个后缀字母 L（大小写均可）。无符号整型常量占用内存位数与短整型常量一样，书写时应在短整型常量后加上一个后缀字母 U（大小写均可）。

2. 浮点型常量

浮点型常量又称实数型常量，分为十进制数形式和指数形式两种表示方法。

（1）十进制数形式的浮点型常量的书写格式如下：

    <整数部分>.[<小数部分>]

其中小数点不能省略。1.2345、1.0、1.、.12345 均是合法的浮点型常量。

（2）指数形式的浮点型常量的书写格式如下：

    <整数部分>.<小数部分>E<指数部分>

其中指数形式表示符"E"大小写均可。<整数部分>.<小数部分>部分允许不含小数点的<整数部分>，或含小数点的<小数部分>，<指数部分>必须是整数。下面的浮点型常量是合法的：

12E-3、0.1E2、.12345E6、0E0

【例 1.2】浮点型常量的运用。

程序代码如下：

```
//*****ex1_2.cpp*****
#include <iostream>
#include <iomanip>
using   namespace std;
int main()
{
    float a, b, c;
```

```
        a = 12.34567;
        b = .11183155;
        c = 12.c2;
        cout << "a=" << setprecision(7) << a;
        cout << "\ta=" << setiosflags(ios::scientific) << a << endl;
        cout << "b=" << b;
        cout << "\tc=" << c << endl;
        return 0;
    }
```

程序运行结果如下：

```
a=12.3457          a=1.2345670e+01
b=1.1183155e-01    c=1.2000000e+03
```

3. 字符常量

字符常量是一个用单引号括起来的字符。单引号是字符常量的定界符，单引号本身表示成'\''。在 C++中，字符常量具有整数值，其值是该字符的 ASCII 码。一个字符常量可以与整数进行加减运算。下面的程序给出了字符与整数进行加减运算的实例。

【例 1.3】字符常量的运用。

程序代码如下：

```
//*****ex1_3.cpp*****
#include <iostream>
#include <iomanip>
using    namespace std;
int main()
{
    char a, b, c, d;
    a = 'A';
    b = 'B';
    c = a + 3;
    d = '\'';
    cout << a << '\t' << b << '\t' << c << endl;
    cout << hex << int(a) << '\t' << int(b) << '\t' << int(c) << endl;
    cout << d << endl;
    return 0;
}
```

程序运行结果如下：

```
A    B    D
41   42   44
```

4. 字符串常量

字符串常量是用双引号括起来的若干个字符组成的字符序列。双引号是字符串常量的定界符。双引号本身表示成'\"'。""是一个空字符串，空字符串中没有任何有效字符，只有一个字符串结束符。在 C++程序中，任何一个字符串常量都有一个结束符，该结束符是 ASCII 码值为 0 的空字符，表示为'\0'。

字符常量与字符串常量是不同的，表现在：

（1）表示形式不同。前者用单引号括起来，后者用双引号括起来。

（2）存放它们的对象不同。前者存放在字符变量中，后者存放在字符数组或字符指针指定的位置中。如：

```
char c='A', s[5]="ABCD";
```

（3）存放字符串常量时要加一个结束符，而存放字符常量不需要。所以'A'与"A"不同，且占用内存空间也不同：'A'占 1 个字节；"A"占 2 个字节，前一字节存放字符 A，后一字节存放结束符。

（4）对它们实施的运算也不同。字符与字符、字符与整数间可做加减运算；而字符串只能做连接运算。

【例 1.4】字符串常量的运用。

程序代码如下：

```
//*****ex1_4.cpp*****
#include <iostream>
using    namespace std;
int main()
{
    char s1[10], s2[10];
    cout << "Input 2 Words, Please:";
    cin >> s1 >> s2;
    cout << s1 << '\t' << s2 << endl;
    return 0;
}
```

程序运行结果如下：

```
Input 2 Words, Please:Beijing Changsha
Beijing Changsha
```

5. 符号常量

符号常量是一个用来替代常量（前面讨论的 4 种常量）的标识符。这个标识符当然叫符号常量。使用符号常量的好处体现在：

● 增强程序的可读性。标识符可以定义得有意义，如用 PI 表示圆周率。

● 书写简单，不易出错。有的常量直接书写很长，容易出错，如圆周率 3.1415926 用 PI 代之，既简单又不容易出错。

● 修改程序方便。如在一个程序中，有一个常量出现了 5 次，如果定义了符号常量，程序员只要在定义符号常量的地方修改数据。不定义符号常量，将要对 5 处常量进行修改。

C++符号常量定义有两种方式：

（1）使用 #define 预处理器定义宏常量。格式如下：

```
#define    <符号常量名>    <常量表达式>
```

其中，define 是宏定义关键字，"#"是说明预处理功能的符号，<符号常量名>使用标识符的定义，一般用大写字符串，以示与变量名相区别，<常量表达式>为前面讨论的 4 种常量之一或用常量、已定义的符号常量构成的表达式。C++处理符号常量是正式编译源程序前将符号常量用被定义的常量值代替。这个过程称为宏替换。如：

```
#define    PI    3.1415926
#define    SIZE    100
```

注意：预处理功能命令后无分号。

（2）使用 const 关键字。格式如下：

    const <数据类型>　<常变量名>;

其中，const 是 C++中的变量修饰符，表示该变量是只读的，不可改变的，const 是变量类型的一部分。如：

    const int max=100;

    const double pi=3.14159;

上述语句定义了一个整型常量 max，其值为 100；定义了一个双精度常量 pi，其值为 3.14159。

注意：const 在编译、运行阶段起作用；const 常量有数据类型，编译器可以进行类型安全检查；const 常量在程序运行过程中只有一份备份。

1.5.2　变量

变量是在程序中可以改变的量。变量有三要素：名字、类型和值。变量的类型包括存储类型和数据类型。某个变量的值被改变后，将一直保持到下一次被改变。

1．变量的定义

变量在使用前必须定义。格式如下：

    [存储类型]　数据类型　　变量名表;

其中，存储类型定义变量的有效性范围。存储类型有 4 类：自动（存储）类、寄存器（存储）类、静态（存储）类和外部（存储）类。默认时叫无存储类。无存储类时，在函数体内定义的变量之存储类为自动类，在函数体外定义的变量之存储类为外部类。存储类将在后面专门讨论。

数据类型有基本类型和构造类型之分。所有变量的基本数据类型如 1.4 节所述，构造类型在后续章节中讨论。

变量名表指出属于某一数据类型的变量列表。多个变量之间用逗号分隔。

当一个变量被定义时，系统将为这个变量分配内存空间，并建立变量与内存地址值之间的关系。注意：分配给变量的内存空间的大小与该变量的数据类型有关，分配给变量的内存空间的位置与该变量的存储类有关。例如：

    int a,b,c;　　　　　　　　　　//a、b、c 为整型变量；默认存储类，要看是定义在函数体内

    　　　　　　　　　　　　　　　//还是函数体外来确定是自动类还是外部类

    static double x,y[10];　　　　//x、y 是静态双精度变量，y 是数组

2．变量的数据类型

变量的基本数据类型有整型、浮点型和字符型。

变量的构造数据类型称自定义类型。构造数据类型是由若干个数据类型相同或不相同的变量构成的类型。如数组、结构体、共用体、类都是构造数据类型。

3．变量的值

变量的值是变量三要素之一。可以在定义变量时对变量赋初值（变量初始化），也可以在引用变量时通过其他方法（赋值表达式、cin、scanf 函数等）对变量赋值。

变量初始化格式：

    [存储类型]　<数据类型>　<变量名 1>=<初值 1>,<变量名 2>=<初值 2>,...;

任何类型的变量都可以进行初始化，也可以不进行初始化。

外部类和静态类变量不进行初始化的话，它们由编译程序被赋予"零值"（数值型变量赋

数值 0，字符型变量赋空字符）。自动类和寄存器类变量不进行初始化的话，它们不具有有意义的值，必须通过赋值后才能引用。

外部类和静态类变量初始化是在编译时进行的。即在第一次执行定义或说明时进行，以后进入所定义的函数体或分程序不再赋初值。而自动类和寄存器类变量的初始化是在每次进入函数体或分程序重新定义初值。

可见，变量有定义和引用两个方面。读者已经看到：变量的定义涉及变量名字、存储类、数据类型。引用就是使用。通常先定义，后使用。引用一个变量，其值是否有意义是一个重要问题。如在一个函数内定义的内部静态存储类变量，离开这个函数后，虽然变量仍然存在，但它的值可能无效了，所以不能引用。

下面是一些合法的定义：

```
int a=1, b=2, c=3;
static char xyz='A', buffer[10]="Hello";
double a[5]={1.12345, 2.23456, 3.34567, 4.45678, 5.56789}
float s=1+2+3;
int a=1,b=a+2;
```

从示例看出初值的写法，可以是常量、常量表达式，甚至是表达式，其中的变量必须具有值。

关于在引用变量时通过赋值表达式、cin、scanf 函数等方法对变量赋值，在前面的实例中已大量使用。值得一提的是赋值表达式，在下面的程序片段中：

```
{
    int a;
    a=12;
}
```

"a=12" 是一个赋值表达式。C++允许表达式当作语句使用，其后要加分号，所以 "a=12;" 是赋值表达式语句。"a=12" 这个表达式有双重意义：表达式 a=12 具有 12 的值，另外表达式 a=12 的副作用是使变量 a 具有 12 的值。给变量赋值正是利用了这种副作用。这是 C++与其他高级程序设计语言不同的地方，其他语言称 "a=12" 是赋值语句。

1.6　运算符与表达式

C++的表达式包括算术表达式、关系表达式、逻辑表达式、赋值表达式、条件表达式和逗号表达式。C++的类型转换包含隐含转换和强制转换两种方法。任何表达式后加 ";" 都构成表达式语句。

1.6.1　算术运算符与算术表达式

1. 算术运算符

算术运算符包括：

（1）单目运算符：-（取负）、++（增 1）、--（减 1）。

（2）双目运算符：+（加）、-（减）、*（乘）、/（除）、%（取余）。

单目运算符的优先级高于双目运算符的优先级，双目运算符中的*、/、%的优先级高于+、-的优先级。

　　增 1（++）运算可写在变量前或变量后，分别称作前缀运算和后缀运算。如果定义一个变量 i，前缀运算记为"++i"，后缀运算记为"i++"。这样形成了前缀运算表达式++i 和后缀运算表达式 i++，在 C++中，两个表达式都对变量 i 进行增 1 运算，这是此两类表达式的副作用。但把两个表达式分别赋给变量 a 和 b，则 a 和 b 取不同的结果（见例 1.5、例 1.6）。这说明前缀运算表达式增 1 后的值送给变量 a，而后缀运算表达式只将 i 的没有增 1 前的值送给变量 b。

　　【例 1.5】 前缀运算表达式的运用。

　　程序代码如下：

```
//*****ex1_5.cpp*****
#include <iostream>
using   namespace std;
int main()
{
    int i = 0;
    int a;
    a = ++i;
    cout << "a=" << a << "   i=" << i << endl;
    return 0;
}
```

　　程序运行结果如下：

```
a=1   i=1
```

　　【例 1.6】 后缀运算表达式的运用。

　　程序代码如下：

```
//*****ex1_6.cpp*****
#include <iostream>
using   namespace std;
int main()
{
    int i = 0; int b;
    b = i++;
    cout << "b=" << b << "   i=" << i << endl;
    return 0;
}
```

　　程序运行结果如下：

```
b=0   i=1
```

　　取余运算只能用于两个整型数的运算。功能是求两个整型数相除的余数。可用下面的公式：

　　　　余数=被除数- 商*除数

　　注意：5%-3=2，而-5%3= -2。

　　【例 1.7】 取余运算。

　　程序代码如下：

```
//*****ex1_7.cpp*****
#include <iostream>
using   namespace std;
int main()
{
    int a, b;
    a = 5 % -3;
```

```
b = -5 % 3;
cout << "a=" << a << "\tb=" << b << endl;
return 0;
}
```

程序运行结果如下：

```
a=2        b=-2
```

2. 算术表达式

算术表达式是把常量、变量、函数用算术运算符连接起来的有意义的式子。所谓有意义是指不能被 0 除等。算术表达式有整型和浮点型两类，由表达式中的常量、变量、函数合作确定。当表达式中这些参数类型不一致时，编译系统会自动转换类型或需要程序编写人员使用强制类型转换手段。

1.6.2 关系运算符与关系表达式

1. 关系运算符

在 C++中，关系运算符有>（大于）、<（小于）、>=（大于等于）、<=（小于等于）、==（等于）、!=（不等于）。前四个关系运算符的优先级高于后两个。

关系运算符是双目运算符。一个关系运算符的两边都需要操作数，操作数是算术表达式。

关系运算的结果在 C++中是 int 型值，关系成立时，结果为 1，否则为 0。在这一点上与其他程序语言不同，其他程序语言的关系表达式值是逻辑值。C++关系表达式的值可以参与整型运算。

关系运算的结合性是从左至右的。

2. 关系表达式

关系表达式是由关系运算符把算术表达式连接起来的式子。它在 C++程序中通常用作条件。使用关系表达式注意两个问题：

（1）关系表达式的值为整型数据。

（2）在数学中，y>0 时，表达式"x+y>x"是永真的。但在用计算机语言判断关系表达式"x+y>x"时，可能会得出不真的结论。这种情况往往出现在 x 和 y 两个数差别很大，一个很大，一个很小，小到语言表达精度以下，以致这个很小的数对相加结果不产生影响。这种谬论的出现是计算机本身精度的原因。

【例 1.8】关系表达式的运用。

程序代码如下：

```
//*****ex1_8.cpp*****
#include <iostream>
using  namespace std;
#define EPS 1.0E-16
int main()
{
    double a, b;
    int c;
    a = 5.0;
    b = EPS;
    c = a + b > a;
```

```
        cout << "a=" << a << "\tb=" << b << "\tc=" << c << endl;
        return 0;
    }
```

程序运行结果如下：

```
    a=5      b=1e-16     c=0
```

1.6.3 逻辑运算符与逻辑表达式

1. 逻辑运算符

在 C++中，逻辑运算符有：

!：逻辑求反（又称逻辑非，单目运算符）。

&&：逻辑与（双目运算符）。

||：逻辑或（双目运算符）。

逻辑运算符的优先级从高到低依次是：!、&&、||。

逻辑运算符的结合性是从左至右（单目除外）的。

2. 逻辑表达式

逻辑表达式是由逻辑运算符与操作数组成的式子。

C++规定：逻辑表达式中的非 0 的操作数为真，0 操作数为假。这说明 C++的逻辑运算符的操作数可以是算术表达式、关系表达式、逻辑表达式。这与其他程序语言不同。

逻辑运算的结果为真时用 1 表示，为假时用 0 表示。逻辑运算结果的类型也是 int 型的。

【例 1.9】逻辑表达式的运用。

程序代码如下：

```
    //*****ex1_9.cpp*****
    #include <iostream>
    using    namespace std;
    int main()
    {
        int a, b, c, d, e;
        a = 5; b = 0;
        c = !b;
        d = a && b;
        e = a || b;
        cout<<"a="<<a<<"\tb="<<b<<"\tc="<<c<<"\td="<<d<<"\te="<<e<<endl;
        return 0;
    }
```

程序运行结果如下：

```
    a=5     b=0     c=1     d=0     e=1
```

C++在计算连续的逻辑与运算时，若有运算分量的值为 0，则不再计算后继的逻辑与运算分量，并以 0 作为逻辑与算式的结果；在计算连续的逻辑或运算时，若有运算分量的值为 1，则不再计算后继的逻辑或运算分量，并以 1 作为逻辑或算式的结果。也就是说，对于 a && b，仅当 a 为非零时，才计算 b；对于 a || b，仅当 a 为 0 时，才计算 b。

例如，有下面的定义语句和逻辑表达式：

```
int a=0,b=10,c=0,d=0;
a&&b&&(c=a+10,d=100)
```

因为 a 为 0，无论 b&&(c=a+10,d=100)的值是 1 还是 0，表达式 a&&b&&(c=a+10,d=100)的值一定为 0。所以，b&&(c=a+10,d=100)部分运算不需要计算。该表达式运算完成后，c 和 d 值都不变，保持原值 0。

1.6.4　位运算符与位运算表达式

位运算是二进制运算。C++有两类位运算符：逻辑位运算符和移位运算符。由位运算符与操作数组成的表达式称位运算表达式。位运算表达式的值是 int 型整数。

1. 逻辑位运算符

逻辑位运算符有：

~：按位求反（单目运算符）。

&：按位与（双目运算符）。

^：按位异或（双目运算符）。

|：按位或（双目运算符）。

逻辑位运算符的优先级从高到低依次是：~、&、^、|（四级）。

按位求反是指将操作数变成二进制数（操作数所占二进制位数与操作数的类型有关），将该二进制数的每位由 1 变 0，由 0 变 1。如对于下面的 32 位二进制数整数：

~[0000 0000 0000 0000 0000 0000 0000 1010]
↓
[1111 1111 1111 1111 1111 1111 1111 0101]

按位与是指将两个操作数均化为二进制数，从低位开始，对应位相与。只有 4 种情况：1 与 1 取 1，1 与 0 取 0，0 与 1 取 0，0 与 0 取 0。如：

```
 [0000 0000 0000 0000 0000 0000 0000 1010]
&[0000 0000 0000 0000 0000 0000 1111 1101]
 ─────────────────────────────────────────
 [0000 0000 0000 0000 0000 0000 0000 1000]
```

按位异或是指将两个操作数均化为二进制数，从低位开始，对应位相异或。只有 4 种情况：1 异或 1 取 0，1 异或 0 取 1，0 异或 1 取 1，0 异或 0 取 0。即不考虑进位的加法（对应位相同取 0，对应位不同取 1）。如：

```
 [0000 0000 0000 0000 0000 0000 0000 1010]
^[0000 0000 0000 0000 0000 0000 1111 1101]
 ─────────────────────────────────────────
 [0000 0000 0000 0000 0000 0000 1111 0111]
```

按位或是指将两个操作数均化为二进制数，从低位开始，对应位相或。只有 4 种情况：1 或 1 取 1，1 或 0 取 1，0 或 1 取 1，0 或 0 取 0。如：

```
 [0000 0000 0000 0000 0000 0000 0000 1010]
|[0000 0000 0000 0000 0000 0000 1111 1101]
 ─────────────────────────────────────────
 [0000 0000 0000 0000 0000 0000 1111 1111]
```

2. 移位运算符

移位运算符有：

>>：右移位运算符。

<<：左移位运算符。

两个都是双目运算符，优先级相同，高于逻辑位运算符优先级。移位运算符左边是要移位的操作数，右边是要移位的位数。移位运算表达式写为

　　　　　<操作数>　>>　<位数>

或

　　　　　<操作数>　<<　<位数>

右移操作是将操作数化成二进制数，将操作数右移指定位数，移出的二进制位丢弃，左边补 0 或符号位（根据编译决定）。

左移操作是将操作数化成二进制数，将操作数左移指定位数，移出的二进制位丢弃，右边补 0。

【例 1.10】逻辑位运算和移位运算。

程序代码如下：

```
//*****ex1_10.cpp*****
#include <iostream>
using  namespace std;
int main()
{
    int a, b;
    a = 7; b = 2;
    cout << "a=" << a << "\t~a=" << ~a << endl;
    cout << "a&b=" << (a & b) << endl;
    cout << "a^b=" << (a ^ b) << endl;
    cout << "a|b=" << (a | b) << endl;
    cout << "a>>2=" << (a >> 2) << endl;
    cout << "a<<2=" << (a << 2) << endl;
    cout << "b|a>>2=" << (b | a >> 2) << endl;
    return 0;
}
```

程序运行结果如下：

```
a=7     ~a=-8
a&b=2
a^b=5
a|b=7
a>>2=1
a<<2=28
b|a>>2=3
```

1.6.5　赋值运算符与赋值表达式

1. 赋值运算符

赋值运算符有 11 种，均是双目运算符，优先级仅高于逗号运算符，结合性是从右至左的。11 种赋值运算符中有 1 个基本赋值运算符，10 个复合赋值运算符，它们是：

（1）=：基本赋值运算符。

（2）+=：加赋值运算符。

（3）-=：减赋值运算符。

（4）*=：乘赋值运算符。

（5）/=：除赋值运算符。

（6）%=：取余赋值运算符。

（7）&=：位与赋值运算符。

（8）^=：位异或赋值运算符。

（9）|=：位或赋值运算符。

（10）<<=：位左移赋值运算符。

（11）>>=：位右移赋值运算符。

2．赋值表达式

赋值表达式是由赋值运算符与操作数组成的式子。对应 11 种赋值运算符有相应的 11 种赋值表达式。

先介绍基本赋值表达式，书写为

    <变量名>=<表达式>

上句在 C++中称赋值表达式，而在 C++中允许表达式构成语句，只要在赋值表达式后面加上 “；”，即：

    <变量名>=<表达式>；

赋值表达式执行的结果使赋值表达式本身具有一个值，就是赋值运算符（=）右边表达式的值。还有一个副作用：使赋值运算符（=）左边的变量具有右边表达式的值。前面的所有实例中出现的赋值表达式正是利用这种副作用对变量赋值的。通过下面的实例理解赋值表达式具有值这一概念。

【例 1.11】赋值表达式的值及其副作用。

程序代码如下：

```
//*****ex1_11.cpp*****
#include <iostream>
using    namespace std;
int main()
{
    int a = 1;
    cout << "a=" << a << endl;
    cout << "(a=2)=" << (a = 2) << endl;
    cout << "a=" << a << endl;
    return 0;
}
```

程序运行结果如下：

```
a=1
(a=2)=2
a=2
```

其他复合赋值运算符组成复合赋值表达式的形式类似基本赋值表达式，表达形式如下：

<变量名>+=<表达式>	等价于	<变量名>=<变量名>+<表达式>
<变量名>-=<表达式>	等价于	<变量名>=<变量名>-<表达式>
<变量名>*=<表达式>	等价于	<变量名>=<变量名>*<表达式>
<变量名>/=<表达式>	等价于	<变量名>=<变量名>/<表达式>

<变量名>%=<表达式>	等价于	<变量名>=<变量名>%<表达式>
<变量名>&=<表达式>	等价于	<变量名>=<变量名>&<表达式>
<变量名>^=<表达式>	等价于	<变量名>=<变量名>^<表达式>
<变量名>|=<表达式>	等价于	<变量名>=<变量名>|<表达式>
<变量名> <<= <表达式>	等价于	<变量名>=<变量名> << <表达式>
<变量名> >>= <表达式>	等价于	<变量名>=<变量名> >> <表达式>

复合赋值表达式比基本赋值表达式书写简单，编译时生成的目标代码少，因而运行效率高。

使用赋值表达式应注意的问题：

（1）可以使用赋值表达式连续赋值。如：

```
int a, b, c;
a=b=c=1;
```

表达式 a=b=c=1 使三个变量均拥有值 1。因为赋值运算符的结合性是从右至左的，所以变量 c 和表达式 c=1 先拥有值 1，再是变量 b 和表达式 b=c=1 拥有值 1，最后才是变量 a 和表达式 a=b=c=1 拥有值 1。

（2）赋值表达式多用来改变变量的值，赋值表达式本身的值用得少。在赋值表达式中，赋值运算符左边的变量称左值，右边的表达式称右值。计算时，先计算右值，再转换其类型与左值相同，将右值赋给左值。同时赋值表达式具有右值的值。右值类型转换过程是自动完成的，但转换有数据精度损失。

1.6.6　三目运算符与三目条件表达式

在 C++中只有一个三目运算符?:，三目条件表达式格式如下：

<表达式 1>?<表达式 2>:<表达式 3>

先计算<表达式 1>，当<表达式 1>非 0 时，三目条件表达式取<表达式 2>的值，否则取<表达式 3>的值。三目条件表达式的功能可以解释成一个简单的条件语句。

三目运算符?:的结合性是从右至左的。

【例 1.12】三目条件表达式的运用。

程序代码如下：

```
//*****ex1_12.cpp*****
#include <iostream>
using   namespace std;
int main()
{
    int a = 1, b = 2, c = 3;
    cout << "[a<b?a:b] = " << (a < b ? a : b) << endl;
    cout << "[a>b?b--:++a] = " << (a > b ? b-- : ++a) << endl;
    cout << "[c+=a>b?++a:++b] = " << (c += a > b ? ++a : ++b) << endl;
    cout << "[a>b?a:b>c?b:c] = " << (a > b ? a : b > c ? b : c) << endl;
    return 0;
}
```

程序运行结果如下：

```
[a<b?a:b] = 1
[a>b?b--:++a] = 2
[c+=a>b?++a:++b] = 6
[a>b?a:b>c?b:c] = 6
```

程序中有四个 cout 语句，第一个 cout 语句输出三目条件表达式的值显然是 1。

在第二个 cout 语句中，三目条件表达式的值取++a 的值，结果是 2。因为 a>b 为 0，b--并没有执行，故 b 的值仍然是 2。第二个 cout 语句已修改了变量 a 的值，使 a=2。

在第三个 cout 语句中，由于三目运算符的优先级高于赋值运算符，因此先计算三目条件表达式 a>b?++a:++b，由于 a>b 为 0，因此三目条件表达式取++b 的值，结果是 3；再计算赋值表达式 c+=3，结果是 6。此行 cout 语句修改了 b、c 两变量的值，使 b=3，c=6。

在第四个 cout 语句中，由于三目运算符是从右结合的，因此先计算 b>c?b:c，结果为 6；再计算 a>b?a:6，结果取 6。

注意： 在例 1.12 中，因上一个语句的执行产生的副作用改变了变量的值，所以影响下一个语句的条件判断。例 1.12 中引入多个三目条件表达式，要注意右结合性。例 1.12 中还引入了赋值表达式与三目条件表达式的混用，这要注意两种运算符的优先级才能做出正确判断。这个实例要引起读者的高度注意。

1.6.7 逗号运算符与逗号表达式

逗号在 C++中可以作为分隔符或作为运算符。

逗号运算符为双目运算符，它的优先级最低，结合性是从左至右的。逗号运算符用来连接两个或两个以上的表达式，形成逗号表达式。

计算逗号表达式时，从左至右依次计算各个表达式，逗号表达式的值取最后一个表达式的值。逗号表达式多用在 for 循环语句的 for 关键字后的圆括号内，圆括号内由分号分隔的表达式可以是逗号表达式。

注意例 1.13 中后两行输出结果。

【例 1.13】逗号表达式的运用。

程序代码如下：

```cpp
//*****ex1_13.cpp*****
#include <iostream>
using    namespace std;
int main()
{
    int a = 1, b = 2, c = 3;
    cout << "a=" << a << "\tb=" << b << "\tc=" << c << endl;
    c = (a = 10, b = a * 2, b * 2);
    cout << "a=" << a << "\tb=" << b << "\tc=" << c << endl;
    cout << "[a,b,c,c*3]= " << (a, b, c, c * 3) << endl;
    return 0;
}
```

程序运行结果如下：

```
a=1       b=2       c=3
a=10      b=20      c=40
[a,b,c,c*3]= 120
```

1.6.8 指针运算

指针运算实际上是地址运算。指针运算有两个运算符：

&：取地址运算。

*：取内容运算。

两个都是单目运算符，作用于操作数的左边，结合性是从右至左的。

运算符&后跟变量名或数组元素，后面不能跟常量、表达式、数组名。功能是取变量的地址。&a、&b 分别表示取变量 a、b 的地址值。

运算符*后跟一个地址值（包括地址表达式值），表示取一个地址中存放的数据。

指针运算将在后续章节中详细讨论。

1.6.9　运算符的优先级及结合性

运算符的优先级和结合性是确定表达式计算顺序的重要依据。表 1.2 给出了 C++中常用运算符的功能、优先级和结合性。

表中绝大部分运算符已经介绍，没有涉及的有优先级定为 0 级（最高级）的 4 个运算符和 2 个单目运算符（强制类型运算符、sizeof 运算符）。下面分别予以介绍。

（1）()：圆括号，用于改变优先级，圆括号内的部分首先计算。

（2）[ ]：数组元素的下标运算符或数组大小定义运算符，其内的部分首先计算。

（3）.和->：用于结构体、共用体变量，在后续章节中讨论。

（4）sizeof：计算一数据类型或一表达式占用内存的字节数。如：

  sizeof(int)

或

  sizeof(<表达式>)

（5）强制类型：作用于一表达式，使表达式的类型强制性转换为指定类型。如：

  (int)(a+b+1.234567)

表 1.2　常用运算符的功能、优先级和结合性

优先级	类别	运算符	名称	结合性
0		( )	圆括号	从左至右
		[　]	下标	
		.	点	
		->	箭头	
		::	类	
1	单目	!	逻辑非	从右至左
		-	求负值	
		~	按位取反	
		++	增1	
		--	减1	
		(<类型>)	强制类型	
		sizeof	占内存大小	
		*	取内容	
		&	取地址	

优先级	类别	运算符	名称	结合性
2	算术	*	乘	从左至右
		/	除	
		%	取余	
3		+	加	
		-	减	
4	移位	<<	左移	从左至右
		>>	右移	
5	关系	>	大于	从左至右
		>=	大于等于	
		<	小于	
		<=	小于等于	
6		==	等于	
		!=	不等于	
7	逻辑位	&	按位与	从左至右
8		^	按位异或	
9		|	按位或	
10	逻辑	&&	逻辑与	从左至右
11		||	逻辑或	
12	三目	?:	条件	从右至左
13	赋值	=、+=、-=、*=、/=、%=、&=、^=、|=、<<=、>>=	赋值	从右至左
14	逗号	,	逗号	从左至右

C++的优先级和结合性比较复杂，通过下面的总结，可以记住。

除最高级和最低级外，其他运算符的优先级是"一二三赋值"。

最高级是圆括号、下标、点、箭头；最低级是逗号。"一二三赋值"分别指单目、双目、三目、赋值运算符，它们的优先级也是按此顺序。这样分出了 6 大类优先级。在双目运算符中，有 10 级，顺序是：算术（除求负值运算外分 2 级）、移位、关系（分 2 级）、逻辑位（除按位取反运算外分 3 级）、逻辑（除逻辑非运算外分 2 级）。

单目、三目、赋值运算符的结合性是从右至左的，其他运算是从左至右的。

【例 1.14】运算符的优先级和结合性。

程序代码如下：

```
//*****ex1_14.cpp*****
#include <iostream>
using    namespace std;
int main()
{
```

```
        int x, y, z;
        x = !- 5 + 31 >> 2;
        y = x--- (-1);
        cout << "x= " << x << "\ty= " << y << endl;
        z = x < y ? x < --y ? x : y : x * y;
        cout<<"sizeof(int)="<<sizeof(int)<<"\tsizeof(z)="<<sizeof(z)<<endl;
        cout << "x= " << x << "\ty= " << y << "\tz= " << z << endl;
        return 0;
    }
```
程序运行结果如下：

```
    x= 6        y= 8
    sizeof(int)= 4        sizeof(z)= 4
    x= 6        y= 7        z= 6
```

在例 1.14 中，语句 x=!-5+31>>2;的计算顺序是：第一步计算单目运算，单目运算有两个，即！和-，按从右至左的结合性，先计算-5，再计算!(-5)，结果为 0；第二步计算算术运算 0+31；第三步计算右移运算，结果为 7，即 x=7。

语句 y=x---(-1);中间有三个---，前两个是减 1 单目运算，后一个是算术减运算。计算顺序是：第一步计算 x--，使 x=6，这是减 1 表达式的副作用，并不计算在 y=x---(-1);语句中，所以语句 y=x---(-1);变为 y=7-(-1)，结果为 y=8。这时要注意 x 的值因为副作用发生了变化，即 x=6。所以在第一条 cout 语句输出时 x=6、y=8。

语句 z=x<y?x<--y?x:y:x*y;中有单目运算，先计算之，--y 的结果表明为 7，故语句变成 z=x<y?x<7?x:y:x*y;，语句中有两个三目表达式，三目表达式中的"?"和":"分别相当于前圆括号"("和后圆括号")"，成对出现。按从右至左的结合性，先找最右边的"?"，再找与之最近匹配的":"，得其表达式为 x<7?x:y，结果取 x 的值 6。从而整个语句变成 z=x<y?6:x*y;，所以 z=6。在这条语句中，x 的值没改变，y 的值变为 7，故在第三条 cout 语句输出时 x=6，y=7，z=6。

1.6.10　类型转换

C++的数据类型转换灵活，表现在它的许多数据类型之间具有自动（隐含）转换功能，当然也可以使用强制类型转换功能。

（1）隐含自动转换，从低类型向高类型转换。char 型和 short 型自动转换为 int 型；unsigned char 型和 unsigned short 型自动转换为 unsigned 型；float 型自动转换为 double 型。

（2）在各类数值型数据进行混合运算时，系统自动将参与运算的各类数据类型转换为它们之间数据类型最高的类型。在 C++中，数据类型从低到高的类型顺序如下：

int (short, char)→unsigned (unsigned short, unsigned char)→long→double (float)

（3）在赋值表达式中，系统自动将赋值运算符右边的表达式的数据类型自动转换为左边变量的类型。在这种转换中，从低类型向高类型的转换是保值的，从高类型向低类型的转换是不保值的（即转换有数据精度损失）。

（4）强制转换格式如下：

    (<数据类型说明符>)<表达式>

强制类型转换是使表达式的类型强制转换成<数据类型说明符>说明的数据类型。强制转换可能是不保值的。强制转换是一次性的，如：

```
int x=1, y=2, z=3;
cout<<sizeof((double)(x*y*z));
```

第二行语句中，表达式强制为 double 型，下次再出现表达式 x*y*z，又是整型。

【例 1.15】类型转换。

程序代码如下：

```
//*****ex1_15.cpp*****
#include <iostream>
using    namespace std;
int main()
{
    int x = 1, y = 2, z = 3;
    double x1 = 1.234567;
    double y1;
    cout << "混合表达式占用字节数：" << sizeof(x + y + z + x1) << endl;
    cout << "赋值表达式占用字节数：" << sizeof(y1 = x + y + z + 'A') << endl;
    cout << "强制成 int 型占用字节数：" << sizeof((int)(x1 * 2)) << endl;
    cout << "x1*2= " << x1 * 2 << endl;
    cout << "sizeof(x1*2)= " << sizeof(x1 * 2) << endl;
    cout << "强制成 int 型后，x1*2= " << (int)(x1 * 2) << endl;
    return 0;
}
```

程序运行结果如下：

```
混合表达式占用字节数：8
赋值表达式占用字节数：8
强制成 int 型占用字节数：4
x1*2= 2.46913
sizeof(x1*2)= 8
强制成 int 型后，x1*2= 2
```

习题 1

一、选择题

1. 以下叙述正确的是（　　）。
   - A．C++语言比其他语言高级
   - B．C++语言可以不用编译就能被计算机识别执行
   - C．C++语言以接近自然语言和数学语言作为语言的表达形式
   - D．C++语言出现得最晚，具有其他高级语言的一切优点

2. 以下叙述正确的是（　　）。
   - A．在对一个 C++程序进行编译的过程中，可发现注释中的拼写错误
   - B．在 C++程序中，main()函数必须位于程序的最前面
   - C．C++语言本身没有输入/输出语句
   - D．C++程序的每行中只能写一条语句

3．用 C++语言编写的代码程序（　　）。

    A．可立即执行　　　　　　　　　　B．是一个源程序

    C．经过编译即可执行　　　　　　　D．经过编译解释才能执行

4．以下选项中属于 C++语言的数据类型的是（　　）。

    A．复数型　　　　B．记录型　　　　C．双精度型　　　　D．集合型

5．以下叙述不正确的是（　　）。

    A．在 C++程序中，逗号运算符的优先级最低

    B．在 C++程序中，count 和 Count 是两个不同的变量

    C．在定义变量时，必须给变量赋初值

    D．表达式 1/3+1/3+1/3 的结果为 0

6．下列关于 C++语言用户标识符的叙述中，正确的是（　　）。

    A．用户标识符中可以出现下划线和减号

    B．在 C++程序中，可定义 for 为用户标识符，但不能定义 define 为用户标识符

    C．用户标识符中可以出现下划线，但不能放在用户标识符的开头

    D．用户标识符中可以出现数字，但不能放在用户标识符的开头

7．设变量 a 是整型，f 是实型，i 是双精度型，则表达式 10+'a'+i*f 值的数据类型为（　　）。

    A．int　　　　　　B．float　　　　　C．double　　　　　D．不确定

8．在以下选项中，与 k=n++完全等价的表达式是（　　）。

    A．k=n,n=n+1　　　B．n=n+1,k=n　　C．k=++n　　　　D．k+=n+1

9．设变量 n 为 float 类型，m 为 int 类型，则以下能实现将 n 中的数值保留小数点后 2 位，第 3 位进行四舍五入运算的表达式是（　　）。

    A．n=(n*100+0.5)/100.0　　　　　　B．m=n*100+0.5, n=m/100.0

    C．n=n*100+0.5/100.0　　　　　　　D．n=(n/100+0.5)*100.0

10．表达式(1,2,3,4)的结果是（　　）。

    A．1　　　　　　B．2　　　　　　C．3　　　　　　D．4

二、填空题

1．在采用结构化程序设计方法进行程序设计时，＿＿＿＿＿＿是程序的灵魂。

2．应用程序 jisuan.cpp 中只有一个函数，这个函数的名称是＿＿＿＿＿。

3．C++语言程序的语句结束符是＿＿＿＿＿。

4．通过文字编辑建立的源程序文件的扩展名是＿＿＿＿＿；编译后生成目标程序文件，扩展名是＿＿＿＿＿；连接后生成可执行程序文件，扩展名是＿＿＿＿＿。

5．在 C++语言中，数据有常量和变量之分。用一个标识符代表一个常量，称为＿＿＿＿＿常量。对变量必须做到先＿＿＿＿＿，后使用。

6．设有定义

    int n=10;

则 n++的结果是＿＿＿＿＿，n 的结果是＿＿＿＿＿。

7．表达式 18/4*sqrt(4.0)/8 的值的数据类型是＿＿＿＿＿，其值是＿＿＿＿＿。

8．执行下列语句后，a 的值是＿＿＿＿＿。

```
int a=12;
a+=a-=a*a;
```

9．定义
```
int x,y;
```
则执行"y=(x=1,++x,x+2);"语句后，y 的值是_____。

10．与 m%n 等价的 C++表达式为_____。

11．若 a、b 和 c 均是 int 型变量，则计算表达式 a=(b=4)+(c=2)后，a 的值为_____，b 的值为_____，c 的值为_____。

12．若有定义
```
char c='\010';
```
则变量 c 中包含的字符个数为_____个。

三、问答题

1．计算机程序设计语言模型与人类自然语言模型有何区别？

2．简述 C++程序的结构特征。

3．Visual C++环境下的工程项目文件主要包含哪些文件？

4．为什么要在程序中加注释？怎样在程序中加注释？加入注释对程序的编译和执行有没有影响？

5．C++语言中设置符号常量有何意义？符号常量和变量有何区别？

6．字符常量和字符串常量有何区别？

7．指出下列串中的合法常量并说明其类型。

1.0　　　1.1E2　　　1L　　　'111'　　　65536

8．指出下列串中哪些是合法的标示符？哪些不是？为什么？

int　new　abc　a+b　0_abc　1xyz　a_0　Hello　!A　aaaaa　_a　d$a

9．下列变量的定义是否合法？为什么？

（1）int a,b,c;

（2）float a,b;double b;

（3）char a;b;c;

（4）unsigned i,j,k

（5）char a=1.2;

（6）double h=1.2*5.0;

10．下列串是不是 C++表达式？为什么？

a>b>c	a++	a=a+1	100==1+99
(a+b,a+c,a,b,c)	a=b=c=1	+++a	a||b
a>>1	c+=a>b?++a:++b	sizeof(int)	x^2+1

11．指出下列语句中变量 a 和 b 的值。

（1）i=1;a=++i;

（2）i=1;b=i--;

12．求表达式的值。

（1）设 a=5，b=-3，求 a%b 的值。

（2）设 a=-5，b=3，求 a%b 的值。

（3）设 a=1，b=2，c=3，分别求表达式 c+=a>b?++a:++b，a<<2，c=(a=10, b=a*2, b*2)，~b，b|c 的值。

13．设有定义 int a=3,b=4,c=5;，求下列表达式的值。在表达式执行后，a、b、c 的值分别是多少？

（1）a%b+b/a

（2）a/b+c++

（3）-b++-c

（4）(a,b,c),a++,--c

14．按要求写出 C++表达式。

（1）将整数 k 转换成实数。

（2）求实数 x 的小数部分。

（3）求自然数 m 的十位数字。

（4）将字符变量 ch（ch 是表示字符的变量名）中的大写字母转换成相应的小写字母。

第 2 章　程序控制结构

在程序设计语言中，程序控制结构用于指明程序的执行流程。C++支持结构化程序设计，这种程序设计方法使程序结构清晰、可读性好、程序质量高。结构化程序由三种基本结构组成，即顺序结构、选择结构和循环结构。每一个基本结构可以包含一条或多条语句。本章将对实现C++程序基本控制结构的各种相关语句进行详细介绍。

2.1　顺序结构

顺序结构是 C++程序中执行流程的默认结构。在一个没有选择和循环结构的程序中，程序是按照语句书写的先后顺序依次执行的。图 2.1 表示了一个顺序结构形式，它有一个入口、一个出口，依次执行语句 1 和语句 2。实现程序顺序结构的语句有定义语句、表达式语句、复合语句和空语句。标准输入/输出流视为表达式语句。

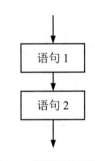

图 2.1　顺序结构流程图

2.1.1　定义语句

定义语句又称为说明语句。在 C++程序中，一个标识符（变量名、常量名、函数名、对象名等）在使用之前必须先定义，通知编译器为其分配存储空间，或告诉编译器它的存在及其特征。例如：

```
int a=0,b=3;              //在说明整型变量 a、b 时分别给它们赋初值 0 和 3
const double pi=3.14159;  //说明 pi 是一个双精度型的常量，其值为 3.14159
int sum(int,int);        //函数定义
float score [50][3];     //定义一个二维数组
```

2.1.2　表达式语句

C++中所有对数据的操作和处理工作都是通过表达式语句来完成的。表达式语句由表达式加分号构成，其语法格式为

　　　　<表达式>;

使用表达式语句可以进行的操作通常包括赋值操作，复合赋值操作，增量、减量操作，函数调用操作和输入/输出操作。

例如：

```
sum=a+b;    //计算 a+b 的值，将结果赋给 sum 变量
a=b=c;      //先将 c 的值赋给 b，再将 b 的值赋给 a
i=1,j=2;    //将 i、j 分别赋值为 1、2
b*=c;       //将 b*c 的值赋给 b
i++;        //将 i 增 1
--j;        //将 j 减 1
```

```
abs(x);                 //调用函数 abs
cout<<a+b;              //输出 a+b 的值
cin>>i>>j;              //输入数据到 i、j
```

2.1.3 复合语句

复合语句又称为块语句，或程序块。它是用一对花括号将若干条语句括起来而组成的一条语句，其语法格式为

```
{
    语句 1
    语句 2
    …
    语句 n
}
```

其中，语句 i（i=1，2，…，n）可以是定义语句、表达式语句、选择语句、循环语句或跳转语句等任何合法的 C++语句，当然也可以是一条复合语句。

当程序中某个位置在语法上只允许出现一条语句，而实际上要执行多条语句才能完成某个操作时，需要使用复合语句将多条语句组合为意义完整的一条语句。在选择结构和循环结构中经常使用复合语句。

2.1.4 空语句

空语句是一个只由分号组成的语句，其语法格式为

```
;
```

当程序中某个位置在语法上需要一条语句，而在语义上又不要求执行任何操作时，可在此处使用一条空语句。

2.1.5 基本输入/输出

数据的输入/输出是应用程序不可缺少的功能。没有输出，程序也就没有意义。在 C 语言中数据的输入/输出是通过调用函数实现的，主要有 scanf()、printf()、getchar()、putchar()等。C++程序的输入/输出操作是通过标准库中的输入/输出流对象来完成的。

在 C++中，将数据从一个对象到另一个对象的流动抽象为"流"。在 iostream 库中包含一个标准输入流对象 cin 和一个标准输出流对象 cout，分别用来实现从键盘读取数据，以及将数据在屏幕上输出。

要使用 cin 和 cout，需要在 C++程序开头加上如下包含命令：

```
#include  <iostream>        //新标准中的头文件名
using namespace std;        //引入 std 名字空间中的标识符
```

1. 标准输入流 cin

cin 负责从键盘读取数据，使用提取运算符">>"就可以将键盘键入的数据读入到变量中。语法格式为

```
cin>>变量 1>>变量 2>>…>>变量 n;
```

这是一条表达式语句。这些变量可以是任意数据类型，输入时各个数据之间用空格键、Tab 键或 Enter 键分隔。例如：

```
int a,b;
cin>>a>>b;
```
当从键盘输入
```
9   3↙
```
时，将从输入流中获取 9，赋值给变量 a，再获取 3，赋值给变量 b。

2. 标准输出流 cout

cout 负责将数据输出到屏幕上，使用插入运算符"<<"就可以将数据显示在屏幕上当前光标所在位置。语法格式为

cout<<表达式 1<<表达式 2<<...<<表达式 *n*;

这是一条表达式语句。这些表达式可以是任意类型的，数据输出的格式由系统自动决定。

还可以使用格式控制符控制数据的输出格式，如设置数制、数据宽度、填充字符、精度、指数格式等，见表 2.1。若要使用 setw()、setfill()、setprecision()、setiosflags(ios::fixed) 和 setiosflags(ios::scientific)，则在程序开头应写入包含命令：# include <iomanip>。

表 2.1　常用格式控制符

格式控制符	说明	示例	
		语句	结果
endl	输出换行符	cout<<120<<endl<<240;	120 240
dec	十进制表示	cout<<dec<<120;	120
hex	十六进制表示	cout<<hex<<120;	78
oct	八进制表示	cout<<oct<<120;	170
setw(int n)	设置数据输出的宽度	cout<<'x'<<setw(3)<<'y';	x　y （中间有两个空格）
setfill(char c)	设置填充字符	cout<<setfill('*')<<setw(6)<<120;	***120
setprecision(int n)	设置浮点数的精度（有效数字位数或小数位数）	cout<<setprecision(5)<<12.3456;	12.346
setiosflags(ios::fixed)	定点格式输出	cout<<setiosflags(ios::fixed) <<12.3456789;	12.345679
setiosflags(ios::scientific)	指数格式输出	cout<<setiosflags(ios::scientific) <<12.3456789;	1.234568e+001

说明：在初始状态下，浮点数都按浮点格式输出，输出精度的含义是有效位的个数，小数点的相对位置随着数据的不同而浮动；可以改变设置，使浮点数按定点格式或指数格式输出。在这种情况下，输出精度的含义是小数位数，小数点的相对位置固定不变，必要时进行舍入处理或添加无效 0。

【例 2.1】cout 应用示例。

程序代码如下：
```
//*****ex2_1.cpp*****
#include <iostream>
```

```
using namespace std;
int main()
{
    int m=2,n=8;
    double pai_1=3.14159265;
    float pai_2=3.141f;
    char ch1='A',ch2='B';
    bool ok=true;
    cout<<"m="<<m<<endl;
    cout<<"n="<<n<<endl;
    cout<<"pai_1="<<pai_1<<", pai_2="<<pai_2<<endl;
    cout<<"ch1="<<ch1<<", ch2="<<ch2<<endl;
    cout<<"ok="<<ok<<endl;
    cout<<"!ok="<<!ok<<endl;
    return 0;
}
```

程序运行结果如下：

```
m=2
n=8
pai_1=3.14159, pai_2=3.141
ch1=A, ch2=B
ok=1
!ok=0
```

说明：

（1）整型变量 m、n 的值均按原样输出，这是因为系统规定默认的输出整型数的域宽为 0，域宽小于输出数据项的位数，故应按该数据项的实际位数输出。

（2）双精度实型 pai_1 的输出值按系统规定在默认情形下显示 6 位有效数字，因此 pai_1 原始值 3.14159265 在输出时经四舍五入成为 3.14159，但在程序中 pai_1 仍保留 9 位有效数字。单精度实型 pai_2 的输出值按原始赋值 3.141 输出。

（3）字符变量 ch1、ch2 的输出值为 A、B。在输出字符值时，单引号对不输出。

（4）逻辑变量 ok 的值为 true，逻辑表达式!ok 的值为 false，在输出时分别为 1 和 0。

【例 2.2】使用格式控制符输出数据。

程序代码如下：

```
//*****ex2_2.cpp*****
#include <iostream>
#include <iomanip>
using namespace std;
int main()
{
    int a=35;
    double b=12.3456789;
    cout<<"1234567890123"<<endl;
    cout<<dec<<a<<' '<<hex<<a<<' '<<oct<<a<<endl;
    cout<<b<<endl;
    cout<<setprecision(4)<<b<<endl;
    cout<<setw(10)<<b<<endl;
    cout<<setw(10)<<setfill('#')<<b<<endl;
```

```
cout<<setiosflags(ios::scientific)<<b<<endl;
cout<<setprecision(3)<<b<<endl;
cout<<setprecision(2)<<b<<endl;
return 0;
}
```

程序运行结果如下：

```
1234567890123
35 23 43
12.3457
12.35
        12.35
#####12.35
1.2346e+001
1.235e+001
1.23e+001
```

说明：

（1）当使用 cout 输出浮点数时，默认格式为十进制形式、6 个有效位，但单独使用 setprecision(int n) 可以控制显示浮点数的数字个数。使用 setiosflags(ios::scientific) 和 setprecision(int n)可以设置浮点数以指数形式输出，这时 setprecision(int n)用于设置小数位数，而不是有效位数。

（2）除了 setw(int n)控制符外，其他控制符一旦设置就一直有效，直到重新设置才改变。而 setw(int n)则仅仅是对其后输出的第一个数据有效，对其他数据没有影响。

（3）setw(int n)默认情形为 setw(0)，即按实际输出。如果数据占用的宽度超过设置的宽度，则按实际宽度输出，不会损失数据的精度。如果设置的宽度大于数据的实际宽度，系统自动在数据前填充空格。用控制符 setfill (char c)可以设置非空格的其他填充字符。第 10 章将对 I/O ［输入（Input）/输出（Output）］流进行深入介绍。

2.2 选择结构

在顺序结构中，程序只能机械地从头执行到尾，要想使计算机变得更"智能"，就需要应用选择结构。所谓选择结构，就是按照给定条件有选择地执行程序中的语句。在 C++语言中，提供了两种实现程序选择结构的语句：if 语句和 switch 语句。

2.2.1 if 语句

if 语句又称为条件语句，有单分支、双分支、多分支等多种形式。

1. if 语句（单分支）

语法格式：

```
if(表达式)
    语句
```

说明：

（1）表达式是任意的数值、字符、关系、逻辑表达式，它表示条件，以 true（非 0）表示真，false（0）表示假。表达式必须用圆括号括起来。

（2）语句称为 if 语句的内嵌语句，可以是单条语句，也可以是复合语句。

执行顺序是：首先计算表达式的值，若表达式的值为 true 或非 0，则执行内嵌语句，否则不做任何操作，如图 2.2 所示。

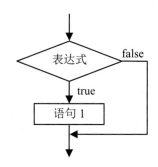

图 2.2　单分支 if 语句流程图

【例 2.3】输入两个整数 a 和 b，按从小到大的顺序输出这两个数。

分析：若 a>b，则将 a、b 交换，否则不交换。两数交换可采用借助于第三个变量间接交换的方法，如图 2.3 所示。

程序代码如下：

```
//*****ex2_3.cpp*****
#include <iostream>
using namespace std;
int main()
{
    int a,b,t;
    cout<<"请输入两个整数 a、b: "<<endl;
    cin>>a>>b;
    if(a>b)
    {t=a;a=b;b=t;}              //a 与 b 交换
    cout<<a<<'<'<<b<<endl;
    return 0;
}
```

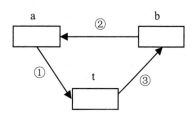

图 2.3　两个数的交换过程

程序运行结果如下：

```
请输入两个整数 a、b:
75 42
42<75
```

思考：若将程序中 if(a>b)　{t=a;a=b;b=t;} 语句改成 if(a>b)　{a=a+b;b=a-b;a=a-b;}，并去掉对变量 t 的定义，则程序运行结果有变化吗？

2. if…else 语句（双分支）

语法格式：

```
if(表达式)
    语句 1
else
    语句 2
```

执行顺序是：首先计算表达式的值，若表达式的值为 true 或非 0，则执行语句 1，否则执行语句 2，如图 2.4 所示。

【例 2.4】输入一个年份，判断是否为闰年。

分析：闰年的年份可以被 4 整除而不能被 100 整除，或者能被 400 整除。

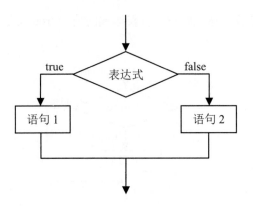

图 2.4　双分支 if 语句流程图

程序代码如下：

```cpp
//*****ex2_4.cpp*****
#include <iostream>
using namespace std;
int main()
{
    int year;
    cout<<"请输入年份：";
    cin>>year;
    if((year%4==0 && year%100 !=0)||(year%400==0))
        cout<<year<<"年是闰年"<<endl;
    else
        cout<<year<<"年不是闰年"<<endl;
    return 0;
}
```

程序运行结果如下：

```
请输入年份：2004
2004 年是闰年
```

3. if…else if 语句（多分支）

双分支结构只能根据条件的 true 和 false 决定处理两个分支中的一个。当实际处理的问题有多种条件时，就要用到多分支结构。

语法格式：

```
if(表达式 1)
    语句 1
else if(表达式 2)
    语句 2
    …
else if (表达式 n)
    语句 n
else
    语句 n+1
```

执行顺序是：首先计算表达式 1 的值，若其值为 true 或非 0，则执行语句 1；否则，继续计算表达式 2 的值，若其值为 true 或非 0，则执行语句 2；依次类推，若所有表达式的值都为 false，则执行语句 n+1，如图 2.5 所示。

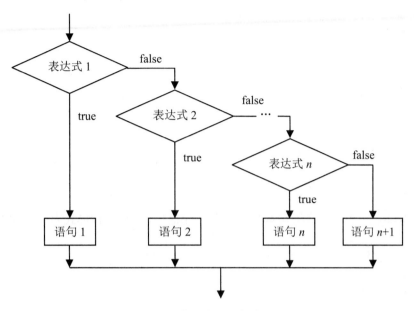

图 2.5　多分支 if 语句流程图

注意：

（1）不管有几个分支，程序执行了一个分支以后，其余分支不再执行。

（2）当多分支中有多个表达式同时满足时，则只执行第一个与之匹配的语句。

（3）else if 不能写成 elseif，也就是 else 与 if 之间要有空格。

【**例 2.5**】根据 x 的值，计算分段函数 y 的值。y 的计算公式为

$$y = \begin{cases} |x| & (x<0) \\ e^x \sin x & (0 \leqslant x < 10) \\ x^3 & (10 \leqslant x < 20) \\ (3+2x)\ln x & (x \geqslant 20) \end{cases}$$

程序代码如下：

```cpp
//*****ex2_5.cpp*****
#include <iostream>
#include <cmath>
using namespace std;
int main()
{
    double x,y;
    cout<<"请输入 x: ";
    cin>>x;
    if(x<0)
        y=fabs(x);
    else if(x<10)
            y=exp(x)*sin(x);
        else if(x<20)
                y=pow(x,3);
            else
```

```
                y=(3+2*x)*log(x);
        cout<<"y="<<y<<endl;
        return 0;
    }
```
程序三次运行的结果如下：

```
请输入 x：-15
y=15
请输入 x：8
y=2949.24
请输入 x：27
y=187.863
```

4. if 语句的嵌套形式

如果 if 或 else 后面的内嵌语句本身又是一个 if 语句，则称这种形式为 if 语句的嵌套形式。例如：

```
if(表达式 1)
    if(表达式 2)   语句 1
    else      语句 2
else
    if(表达式 3)   语句 3
    else      语句 4
```

注意：

（1）在 if 语句的嵌套形式中，为了增强程序的可读性，建议采用锯齿形的书写形式。

（2）对于嵌套的 if 语句，因为 else 是可选的，为避免歧义，在 C++语言中规定 else 始终与同一层中前面最接近它的 if 语句配对，而这个 if 语句又没有其他的 else 与之匹配。

（3）if 要与 else 配对，如果省略某一个 else，便要用{}括起该层的 if 语句来确定层次关系。

例如，下面的程序段：

```
if(x>0)
    if(y>0)
        cout<<"x 与 y 均大于 0";
    else
        cout<<"x 大于 0，y 小于等于 0";
```

这里的 else 与 if(y>0)对应，若要使 else 与 if(x>0)对应，则应该增加花括号来改变逻辑关系：

```
if(x>0)
    { if(y>0)
            cout<<"x 与 y 均大于 0";
    }
else
        cout<<"x 小于等于 0，y 任意值";
```

【例 2.6】从键盘输入两个字符，比较其大小，输出大于、等于和小于的判断结果。

程序代码如下：

```
//*****ex2_6.cpp*****
#include <iostream>
using namespace std;
int main()
```

```
    {   char ch1,ch2;
        cout<<"请输入两个字符: ";
        cin>>ch1>>ch2;
        if(ch1!=ch2)
            if(ch1>ch2)
                cout<<ch1<<"大于"<<ch2<<endl;
            else
                cout<<ch1<<"小于"<<ch2<<endl;
        else
            cout<<ch1<<"等于"<<ch2<<endl;
        return 0;
    }
```

程序三次运行的结果如下:

```
请输入两个字符: h d
h 大于 d
请输入两个字符: X Y
X 小于 Y
请输入两个字符: & &
&等于&
```

2.2.2 switch 语句

虽然用 if…else if 语句可以实现多分支选择,但当分支较多时,程序结构将会过于复杂,降低可读性。C++语言还提供了另外一种专门用于描述多分支选择结构的 switch 语句,又称为开关语句。

语法格式:

```
switch (表达式)
{
    case 常量表达式 1: 语句 1
    case 常量表达式 2: 语句 2
            …
    case 常量表达式 n: 语句 n
    [default:  语句序列 n+1]
}
```

执行顺序是:首先计算 switch 语句中表达式的值;然后在 case 子句中寻找值相等的常量表达式,并以此为入口标号,由此开始顺序执行;如果没有找到相等的常量表达式,则当带有 default 子句时,就执行该子句后的语句,否则不执行任何操作。其流程如图 2.6 所示。

在使用 switch 语句时,应注意以下几点:

(1) switch 后的表达式可以是整型、字符型或枚举型,case 后的常量表达式必须与之匹配,且各常量表达式的值不能相同。

(2) 每个 case 分支可以有多条语句,但不必用{}括起来。

(3) 每个 case 子句只是一个入口标号,并不能确定执行的终止点,因此每个 case 分支的最后应该加上 break 语句,用来结束整个 switch 结构,否则会从入口点开始一直执行到 switch 结构的终止点。

(4) 当若干分支需要执行相同操作时,可以使多个 case 分支共用一组语句。

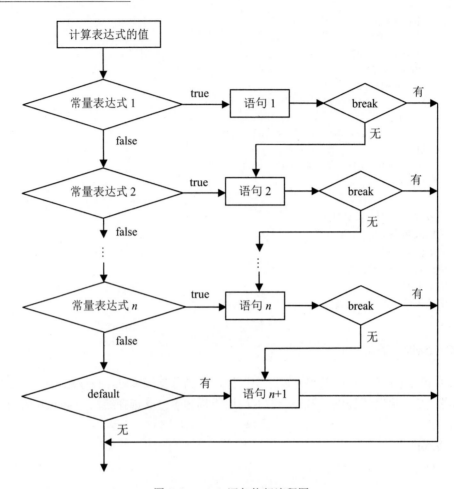

图 2.6   switch 语句执行流程图

【例 2.7】将输入的百分制成绩按以下规定转换成相应的等级。

成　绩	等级
100～90	优秀
89～80	良好
79～70	中等
69～60	及格
59～0	不及格

程序代码如下：

```cpp
//*****ex2_7.cpp*****
#include <iostream>
using namespace std;
int main()
{
    float score;
    cout<<"请输入成绩：";
    cin>>score;
    if(score>=0 && score<=100)
```

```
        switch(int(score)/10)
        {
            case 10:
            case 9: cout<<score<<"分：优秀"<<endl;
                    break;
            case 8: cout<<score<<"分：良好"<<endl;
                    break;
            case 7: cout<<score<<"分：中等"<<endl;
                    break;
            case 6: cout<<score<<"分：及格"<<endl;
                    break;
            default:cout<<score<<"分：不及格"<<endl;
        }
    else
        cout<<"输入数据有误!"<<endl;
    return 0;
}
```

程序三次运行的结果如下：

　　请输入成绩：95

　　95 分：优秀

　　请输入成绩：70

　　70 分：中等

　　请输入成绩：50

　　50 分：不及格

思考：若省去程序中的所有 break 语句，该程序运行情况会怎样呢？

2.3　循环结构

在程序设计中经常需要进行一些重复操作，例如，统计一个班学生的平均成绩，进行迭代求根，计算累加和等，这时就需要用到循环结构。所谓循环结构，就是按照给定规则重复地执行程序中的语句。实现程序循环结构的语句称为循环语句。C++中提供了三种循环语句：while 语句、do…while 语句和 for 语句。

2.3.1　while 语句

while 语句用于实现当型循环结构，其特点是：先判断，后执行。

语法格式：

　　while (表达式)

　　　　语句

其中：

（1）表达式称为循环条件，可以是任何合法的表达式，其值为 true（非 0）、false（0），它用于控制循环是否继续进行。

（2）语句称为循环体，它是要被重复执行的代码行，可以是单条语句，也可以是复合语句。

执行顺序是：首先判断表达式的值，若为 true（非 0），则执行循环体（语句），继而再判断表达式，直至表达式的值为 false（0）时退出循环，如图 2.7 所示。

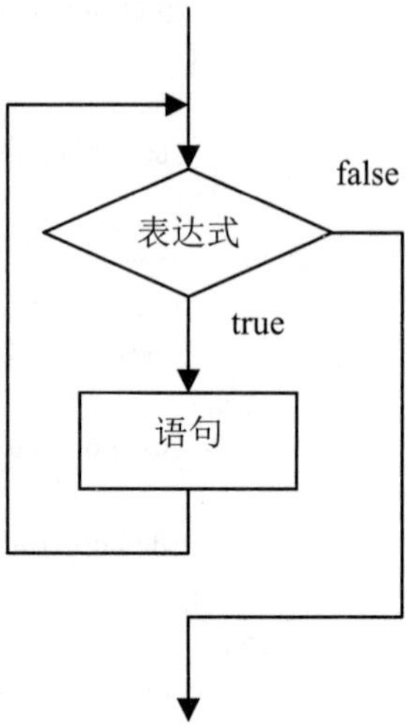

【例 2.8】 求自然数 1～100 之和，即计算 sum=1+2+3+…+100。

分析：这是一个累加求和的问题，循环结构的算法是：定义两个 int 变量，i 表示加数，其初值为 1；sum 表示和，其初值为 0。首先将 sum 和 i 相加，然后 i 增 1，再与 sum 相加并存入 sum，直到 i 等于 100 为止。

程序代码如下：

```cpp
//*****ex2_8.cpp*****
#include <iostream>
using namespace std;
int main()
{
    int i(1),sum(0);        //i 是循环控制变量，在进入循环之前它应有初值
    while(i<=100)           //当 i 小于等于 100 时执行循环体，大于 100 时结束循环
    {
        sum+=i;
        i++;               //在循环体中，修改循环控制变量 i 的值
    }
    cout<<"sum="<<sum<<endl;
    return 0;
}
```

图 2.7 while 语句流程图

程序运行结果如下：

sum=5050

思考：若循环体中不用复合语句（即去掉花括号），程序是否正确？会发生什么情况？由此能够得出什么结论？

在应用 while 语句时，要注意以下几点：

（1）while 后的"条件表达式"一定要用一对圆括号"()"括起来。

（2）如果循环体中的语句多于一条时，应该用花括号"{ }"括起来，即以复合语句形式出现。因为 while 语句的作用范围只能是 while 后面的第 1 个语句。

（3）在循环体中应该有改变循环条件表达式值的语句，否则将会造成无限循环（死循环）。例如，在例 2.8 的循环体中，若没有 i++; 语句，则 i 的值始终不会改变，循环也就永远不会终止。

（4）该循环结构是先判断后执行循环体，因此，若"表达式"的值一开始就为 false（0），则循环体一次也不执行，直接退出循环。

（5）要留心边界值（循环次数）。在设置循环条件时，要仔细分析边界值，以免多执行一次或少执行一次。特别是在使用"++"和"--"运算符时尤其要注意。

【例 2.9】求出满足不等式 $1+\dfrac{1}{2}+\dfrac{1}{3}+\cdots+\dfrac{1}{n}\geqslant 5$ 的最小 n 值。

分析：此题不等式的左边是一个和式，该和式中的数据项个数是未知的，也正是要求出

的。对于和式中的每个数据项，对应的通式为 $\frac{1}{i}$，i=1，2，…，n，所以可以采用循环累加的方法计算出和式的和。设循环变量为 i，它应从 1 开始取值，每次增加 1，直到和式的值不小于 5 为止，此时的 i 值就是所求的 n。设累加变量为 s，在循环体内应把 1/i 的值累加到 s。

程序代码如下：

```
//*****ex2_9.cpp*****
#include <iostream>
using namespace std;
int main()
{
    int i=0;double s=0;
    while(s<5)
        s+=double(1)/++i;
    cout<<"n="<<i<<endl;
    return 0;
}
```

程序运行结果如下：

```
n =83
```

2.3.2 do…while 语句

do…while 语句用于实现直到型循环结构，其特点是：先执行，后判断。

语法格式：

```
do
    语句
while (表达式);
```

执行顺序是：先执行循环体语句，再判断表达式的值，若为 true（非 0），则继续执行循环体，直到表达式的值为 false（0）时为止，如图 2.8 所示。

在 while 语句中要注意的地方同样也适用于 do…while 语句。此外，还要特别注意一点，在 do…while 语句中，while(表达式)后面有分号，而在 while 语句中该部分后面没有分号，因为在 C++语言中，分号是语句的结束标志。若在 while 语句中 while(表达式)后面出现分号，则代表空循环。

【例 2.10】求自然数 1～100 之和，要求用 do…while 语句实现。

程序代码如下：

```
//*****ex2_10.cpp*****
#include <iostream>
using namespace std;
int main()
{
    int i(1),sum(0);
```

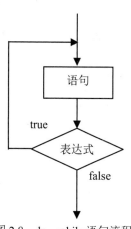

图 2.8 do…while 语句流程图

```
        do {
            sum+=i;
            i++;
        }while(i<=100);
        cout<<"sum="<<sum<<endl;
        return 0;
    }
```

程序运行结果如下：

```
    sum=5050
```

do…while 与 while 语句都用来实现循环结构，两者的主要区别在于循环条件的判断与循环体的执行顺序不同：while 语句是先判断后执行，而 do…while 语句是先执行后判断。因此，while 语句中的循环体可以一次也不执行，而 do…while 语句中的循环体至少要执行一次。这一点正是在构造循环结构时决定使用 while 语句还是 do…while 语句的重要依据。

在一般情况下，用 while 和 do…while 语句处理同一个问题时，如果两者的循环体和条件表达式都相同，则它们的结果也一样，如例 2.8 与例 2.10 的运行结果是一样的。但是，当 while 后面的条件表达式一开始就为 false 时，那么这两种循环的结果就不同了，例如，下面的 while 与 do…while 语句实现的功能是不同的。

```
    while(1>2)
    cout<<"I like C++!"<<endl;              //相当于一个空操作语句

    do
        cout<<"I like C++!"<<endl;
    while(1>2);                             //输出一行文字信息
```

【例 2.11】输入一个自然数，将该数的每一位数字按反序输出。例如：输入 12345，输出 54321。

分析：本题的要点在于如何一位一位地读取一个整数中的各位数字。可以先取出该整数的个位数，然后再取该整数除个位以外的其余部分。

程序代码如下：

```
//*****ex2_11.cpp*****
#include <iostream>
using namespace std;
int main()
{
    unsigned long int num,digital;
    cout<<"请输入一个自然数：";
    cin>>num;
    do
    {
        digital=num%10;
        num/=10;
        cout<<digital;
    }while(num>0);
    cout<<endl;
```

```
        return 0;
    }
```

程序运行结果如下：

```
    请输入一个自然数：1234567
    7654321
```

2.3.3　for 语句

for 语句是一种使用最为灵活，并且是用得最多的循环控制语句，其特点是：已知循环次数后，再循环。

语法格式：

```
    for (表达式 1;表达式 2;表达式 3)
            语句
```

其中，表达式 1 是 for 循环的初始化部分，一般用来设置循环控制变量的初始值；表达式 2 是 for 循环的条件部分，它是用来判断循环是否继续进行的条件；表达式 3 是 for 循环的增量部分，它一般用于修改循环控制变量的值；语句为 for 循环的循环体，可以是单条语句或复合语句。

执行顺序是：

（1）计算表达式 1 的值。

（2）计算表达式 2 的值，若其值为 true（非 0），则转向步骤（3）；若其值为 false（0），则转向步骤（5）。

（3）执行一次循环体。

（4）计算表达式 3 的值，然后转回到步骤（2）。

（5）结束 for 循环。

for 语句控制流程如图 2.9 所示。从其流程图和执行的过程可以看到，它与如下的 while 语句等效：

```
    表达式 1;
    while(表达式 2)
    {
        语句
        表达式 3;
    }
```

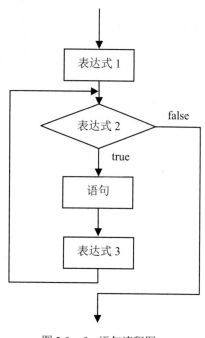

图 2.9　for 语句流程图

【例 2.12】求自然数 1～100 之和，要求用 for 语句实现。

程序代码如下：

```
//*****ex2_12.cpp*****
#include <iostream>
using namespace std;
int main()
{
    int i,sum(0);
    for(i=1;i<=100;i++)
        sum+=i;
```

```
        cout<<"sum="<<sum<<endl;
        return 0;
    }
```

【例 2.13】一个小球从 100 米高处落下，每次落地后反弹回原高度的一半，再落下。求它在第 10 次落地时共经过多少米？第 10 次反弹多高？

分析：第 1 次落地后反弹高度为 h=100/2，第 2 次落地时经过的米数为 s=100+h*2。第 2 次落地后反弹高度为 h=h/2，第 3 次落地时经过的米数为 s=s+h*2，依次类推。

程序代码如下：

```
//*****ex2_13.cpp*****
#include <iostream>
#include <iomanip>
using namespace std;
int main()
{
    float s=100.0,h=s/2;
    for(int i=2;i<=10;i++)
    {
        s=s+h*2;
        h=h/2;
    }
    cout<<setiosflags(ios::fixed)<<setprecision(3);
    cout<<"第 10 次落地时，共经过"<<s<<"米；"<<"反弹的高度是"<<h<<"米"<<endl;
    return 0;
}
```

程序运行结果如下：

第 10 次落地时，共经过 299.609 米；反弹的高度是 0.098 米

思考：该小球反弹多少次才能静止下来？可以人为设定一个判断小球静止的条件。例如，当小球反弹高度小于 1e-4 时，则认为它已经为静止状态。

for 语句使用十分灵活，可以有以下多种变化形式。

（1）表达式 1 可以是变量定义语句，即循环控制变量可在其中定义。例如：

```
int sum=0;
for(int i=1;i<=100;i++)
    sum+=i;
```

（2）表达式 1 可以省略。这时，应在 for 语句之前给循环控制变量赋初值。例如：

```
int i=1,sum=0;
for( ;i<=100;i++)                 //省略表达式 1，注意其后的分号不能省
    sum+=i;
```

执行上面的 for 语句时，将省去"计算表达式 1 的值"这一步。

（3）表达式 2 可以省略。这时，for 语句将不再判断循环条件，循环将无终止地进行下去。在这种情况下，需要在循环体内有跳出循环的控制语句。例如：

```
int sum=0;
for(int i=1; ;i++)                 //省略表达式 2，注意其后的分号不能省
{
    sum+=i;
    if(i>=100)break;               //break 语句用于跳出循环（参见 2.4.1 节）
}
```

（4）表达式 3 可以省略。这时，应在循环体中对循环控制变量进行递增或递减操作，以确保循环能够正常结束。例如：

```
int sum=0;
for(int i=1; i<=100; )              //省略表达式 3
    sum+=i++;                       //在循环体中对循环变量 i 递增
```

（5）表达式 1、表达式 3 可以同时省略。例如：

```
int i =1,sum=0;
for(; i<=100; )
    sum+=i++;
```

（6）三个表达式可以同时省略。例如：

```
int i =1,sum=0;
for(;; )
{
    sum+=i++;
    if(i>100)break;
}
```

（7）三个表达式都可以是任何类型的 C++表达式。例如：

```
int i,sum;
for(i=1,sum=0;i<=100;sum+=i,i++);
```

在这个 for 语句中，循环体为空语句，表达式 1 和表达式 3 都是逗号表达式。

但是，过于灵活的格式也会降低 for 语句的可读性。建议初学者在书写 for 语句时，将对循环控制变量的初始化、判断和递增（或递减）分别放在三个表达式中，其他操作尽量放在循环体内去完成。

一般来说，for 语句用于循环次数确定的情况，while 和 do…while 语句用于循环次数事先不能确定的情况。

2.3.4　多重循环

多重循环又称为循环嵌套，是指在某个循环语句的循环体内还可以包含有循环语句。在实际应用中，三种循环语句不仅可以自身嵌套，还可以相互嵌套，嵌套的层数没有限制，呈现出多种复杂形式。在嵌套时，要注意在一个循环体内包含另一个完整的循环结构。在编程或阅读程序时要注意各层次上的控制变量的变化规律。

例如：

```
…
for(…)
{
    …
    while(…)
    {…}
    do{
        …
    }while(…);
    …
}
```

这是一个在 for 循环语句的循环体内嵌套了一个 while 循环语句和一个 do…while 循环语句的例子。

【例 2.14】编程显示输出九九乘法表，输出结果要求如图 2.10 所示。

```
              九  九  乘  法  表
              ------------------
1×1=1  1×2=2  1×3=3  1×4=4  1×5=5  1×6=6  1×7=7  1×8=8  1×9=9
2×1=2  2×2=4  2×3=6  2×4=8  2×5=10 2×6=12 2×7=14 2×8=16 2×9=18
3×1=3  3×2=6  3×3=9  3×4=12 3×5=15 3×6=18 3×7=21 3×8=24 3×9=27
4×1=4  4×2=8  4×3=12 4×4=16 4×5=20 4×6=24 4×7=28 4×8=32 4×9=36
5×1=5  5×2=10 5×3=15 5×4=20 5×5=25 5×6=30 5×7=35 5×8=40 5×9=45
6×1=6  6×2=12 6×3=18 6×4=24 6×5=30 6×6=36 6×7=42 6×8=48 6×9=54
7×1=7  7×2=14 7×3=21 7×4=28 7×5=35 7×6=42 7×7=49 7×8=56 7×9=63
8×1=8  8×2=16 8×3=24 8×4=32 8×5=40 8×6=48 8×7=56 8×8=64 8×9=72
9×1=9  9×2=18 9×3=27 9×4=36 9×5=45 9×6=54 9×7=63 9×8=72 9×9=81
Press any key to continue
```

图 2.10　九九乘法表运行界面

分析：显示输出九九乘法表，只要利用两重循环的循环控制变量作为乘数和被乘数就可以方便地解决，其执行的流程图如图 2.11 所示。

程序代码如下：

```cpp
//*****ex2_14.cpp*****
#include <iostream>
using namespace std;
int main()
{
    cout<<"\t\t\t 九  九  乘  法  表"<<endl;
    cout<<"\t\t\t------------------"<<endl;
    for(int i=1;i<=9;i++)
    {
        for(int j=1;j<=9;j++)
            cout<<i<<"×"<<j<<'='<<i*j<<'\t';
        cout<<endl;
    }
    return 0;
}
```

程序说明：

（1）该程序中的'\t'是水平制表符，使用它可以将多项数据对齐到屏幕的不同区域（每个区域之间的距离通常为 8 个字符）。

（2）该程序中外层 for 循环体是一个复合语句，其中包含着内层的 for 语句和换行符输出语句。内层 for 循环体只包含一条语句，用于显示输出 i*j 表达式。

（3）通过九九乘法表执行流程图，可以清楚地看到多重循环执行时各循环控制变量的变化情况。外层 for 循环由变量 i 进行控制，外循环体执行 9 次，输出 9 行。内层 for 循环由变量 j 进行控制，内循环体执行 9 次，控制每行输出 9 个表达式。表 2.2 列出了该程序双层 for 循环中控制变量 i、j 的变化规律。

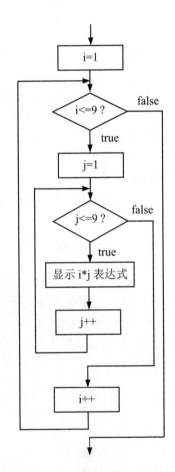

图 2.11　九九乘法表执行流程图

表 2.2　变量 i、j 的变化规律

变量 i 的变化	变量 j 的变化
i=1 ↓	j=1→2→…→9
i=2 ↓	j=1→2→…→9
i=3 ↓	j=1→2→…→9
i=4 ↓	j=1→2→…→9
i=5 ↓	j=1→2→…→9
i=6 ↓	j=1→2→…→9
i=7 ↓	j=1→2→…→9
i=8 ↓	j=1→2→…→9
i=9 ↓	j=1→2→…→9

（4）多重循环的循环次数等于每一重循环次数的乘积。该程序中双重循环的循环次数为：9×9=81 次。

思考：若要分别显示输出如图 2.12 和图 2.13 所示的结果，该如何改动程序？

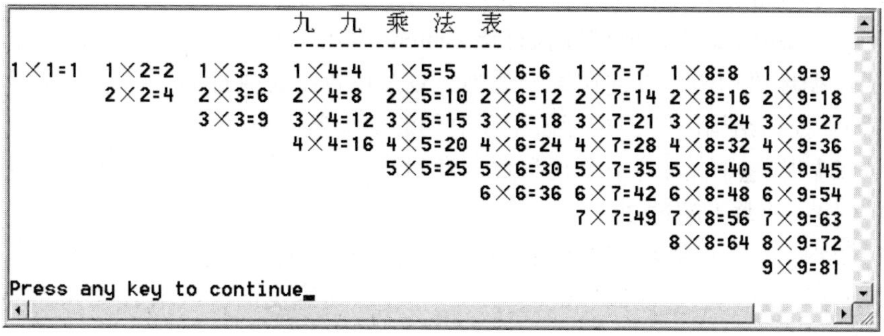

图 2.12　上三角的九九乘法表

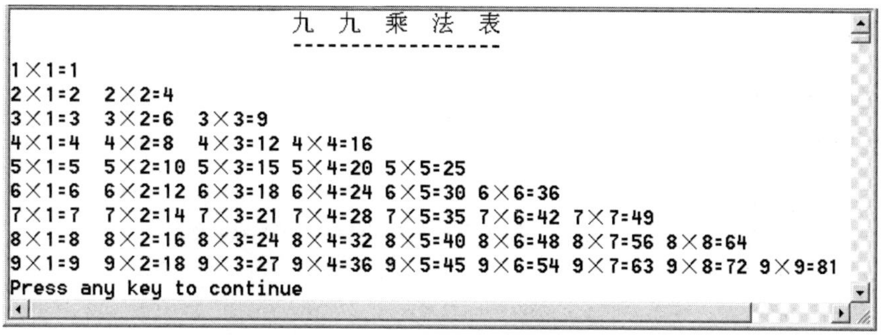

图 2.13　下三角的九九乘法表

对于循环语句的使用，要注意以下事项：

（1）内循环控制变量与外循环控制变量不能同名。

（2）外循环必须完全包含内循环，不能交叉。

（3）若循环体内有 if 语句，或 if 语句内有循环语句，也不能交叉。

（4）利用 goto 语句（参见 2.4.3 节）可以从循环体内转向循环体外，但绝对不允许从循环体外转入循环体内。

（5）当嵌套使用各种循环语句时，特别需要严格按照缩进规则来书写程序。有时还应适当配以注释，以保持清晰易辨的结构特征。

2.4 控制转向语句

在前面介绍的三种循环结构中，都是以某个表达式的值作为循环结束条件。但在程序设计中，有时也希望能够直接控制程序流程的转移，这时就需要用到转向语句。

在 C++中提供了 3 个转向语句：跳转语句 break、继续语句 continue 和转移语句 goto。

2.4.1 break 语句

语法格式：

```
break;
```

该语句仅可用于以下两种情况：

（1）用于 switch 语句中，保证多分支情况的正确执行，当某个 case 子句执行完后，使程序流程立即跳出 switch 结构，而继续执行该 switch 语句的下一条语句（参见 2.2.2 节例 2.7）。

（2）用于循环语句中，以便在某一适当时刻及位置终止执行循环体中的语句，并使流程控制退出该循环控制结构，转去执行该循环语句的下一条语句。

【例 2.15】从键盘输入若干个正整数，直到输入负整数为止，计算并输出显示已输入的正整数之和。输入的数不超过 20 个。

分析：要输入 20 个正整数，可用 for 循环语句实现。但由于输入正整数的个数不确定（当输入了负整数就停止输入），即循环的次数不确定，故对这类情况可用 if 语句和 break 语句来决定何时退出循环。

程序代码如下：

```
//*****ex2_15.cpp*****
#include <iostream>
using namespace std;
const int M=20;
int main()
{
    int i,n,sum=0;
    cout<<"请输入若干个正整数（输入负数就结束输入）: "<<endl;
    for(i=0;i<M;i++)
    {
        cin>>n;
        if(n<0)
            break;              //当输入负数时，就退出循环
        sum+=n;
    }
    cout<< "输入的正整数之和为: "<<sum<<endl;
```

```
        return 0;
    }
```

2.4.2　continue 语句

语法格式：

```
    continue;
```

该语句仅用于循环语句中，它的功能是：结束本次循环，即跳过循环体中尚未执行的语句，接着进行下一次是否进行循环的条件判定。

在 while 和 do…while 循环结构中，continue 语句将使执行流程直接跳转到循环条件的判定部分，然后决定循环是否继续进行。在 for 循环结构中，当遇到 continue 时，执行流程将跳过循环体中余下的语句，而转去执行 for 语句中的表达式 3，然后根据表达式 2 进行循环条件的判定以决定是否继续执行 for 循环体。

图 2.14 是以 while 循环结构为例，说明在执行含有 break 语句或 continue 语句的循环时流程变化的示意图。

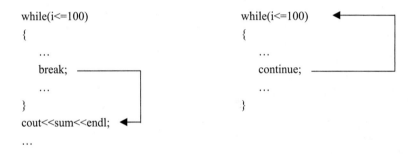

图 2.14　break 和 continue 语句的区别

【例 2.16】输出 100 以内能够被 7 整除的所有整数。

分析：用循环语句实现。循环变量 i 的取值范围为 1～100，对 i 进行判断，当能够被 7 整除时输出 i，否则不输出。可用 continue 实现。

程序代码如下：

```cpp
//*****ex2_16.cpp*****
#include <iostream>
#include <iomanip>
using namespace std;
int main()
{
    for(int i=1;i<=100;i++)
    {
        if(i%7!=0)
            continue;              //如果 i 不能被 7 整除，则退出本次循环
        cout<<setw(5)<<i;
    }
    cout<<endl;
    return 0;
}
```

程序运行结果如下：

    7   14   21   28   35   42   49   56   63   70   77   84   91   98

思考：

（1）如果将程序中的 continue 改为 break，则输出结果有什么变化？

（2）本例也可以不采用 continue 语句，那么用其他方法如何实现？

2.4.3　goto 语句

语法格式：

    goto 标号;

其中，"标号"是一个由用户命名的标识符。在 goto 语句所处的函数体中必须同时存在一条由标号标记的语句，其格式为

    标号: 语句;

即在标号与语句之间使用一个冒号分隔，这种语法结构称为标号语句。标号语句中的标号应与 goto 语句中的标号相同，语句可以是任意类型的 C++语句（包括空语句）。

goto 语句的作用是将程序的执行流程转到标号所指定的标号语句处。

【例 2.17】利用 goto 语句实现计算前 100 个自然数之和并输出结果。

程序代码如下：

```
//*****ex2_17.cpp*****
#include <iostream>
using namespace std;
int main()
{
    int i=1,sum=0;
    loop: sum+=i;
          i++;
          if(i<=100)
              goto loop;
    cout<<"sum="<<sum<<endl;
    return 0;
}
```

在该程序中，"loop"为语句标号。当 i<=100 时，反复执行累加操作，直到 i>100 为止，然后输出累加和。

注意：如果不加限制地使用 goto 语句转来转去，则破坏了程序自上而下顺序执行的次序，降低程序的可读性，不符合结构化程序设计的思想，所以要尽量避免使用 goto 语句。但在特殊的场合，例如：在多重循环程序中，要从最内层循环跳到最外层循环之外，如果使用 break 语句，需要使用多次，而且可读性不好，这时使用 goto 语句是简单可行的。

2.5　程序实例

本章介绍了 C++的控制语句和程序的三种基本结构，即顺序、选择和循环结构，任何程序都是由这三种基本结构组合而成的，而各种结构的实现由控制语句完成，所以必须熟练掌握这些控制语句。

对于选择语句、循环语句都要掌握好条件表达式的书写。在 C++表达式中，增加了 bool 类型，条件表达式可以是非 0 或 true 表示真，0 或 false 表示假。

实现选择结构的语句有 if 和 switch 语句。if 语句有 if 单分支、if…else 双分支和 if…else if 多分支形式，可构成任意条件的表示。switch 语句用于多分支情况，但由于其常量表达式书写单一，使用不是十分方便。注意使用 break 语句强制退出 switch 语句，以保证多路分支的正确实现。

实现循环的语句有 while、do…while 和 for 语句。一般已知循环次数用 for 语句，未知循环次数用 while、do…while 语句。for 和 while 语句先判断后循环，do…while 先执行后判断。要掌握循环语句的执行流程、循环次数的计算，学会分析形成死循环或不循环的原因。

为了提高读者的程序设计能力，加深对所学基本概念和各种语句的理解，本节给出一些程序实例，供读者自学、探索之用。

【例 2.18】 输入两个正整数，求最大公约数。

分析：设 m 为被除数，n 为除数，r 为余数，通常采用辗转相除的欧几里得算法来求最大公约数。将 m 除以 n 得余数 r，如果 r 不等于 0，则把 n 赋给 m，把 r 赋给 n，再继续求余数 r=m%n，如果 r 仍然不等于 0，则重复上述过程，直到余数 r 等于 0 为止。这时的 n 就是最大公约数。

程序代码如下：

```
//*****ex2_18.cpp*****
#include <iostream>
using namespace std;
int main()
{
    int m,n,t,r;
    cout<<"请输入两个正整数：";
    cin>>m>>n;
    if(m<n){t=m;m=n;n=t;}            //使得 m>=n
    while((r=m%n)!=0)
    {
        m=n;
        n=r;
    }
    cout<<"最大公约数为："<<n<<endl;
    return 0;
}
```

程序运行结果如下：

```
请输入两个正整数：160  85
最大公约数为：5
```

思考：若程序中不对 m 和 n 进行大小的比较与交换，会影响程序运行结果吗？

【例 2.19】 显示输出 3～100 之间的所有素数。

分析：

（1）一个大于 1 的整数，如果除了它自身和 1 以外，不能被其他任何正整数所整除，那么这个数就称为素数。判别某数 m 是否为素数，最简单的方法是：用 i=2，3，…，m-1 逐个除，只要有一个能整除，m 就不是素数，可以用 break 提前结束循环；若都不能整除，则 m 是素数。

（2）如果 m 不是素数，则必然能被分解为两个因子 a 和 b，并且其中之一必然小于等于 $\sqrt{m}$，另一个必然大于等于 $\sqrt{m}$。所以要判断 m 是否为素数，可简化为判断它能否被 $2\sim\sqrt{m}$ 之间的数整除即可。因为若 m 不能被 $2\sim\sqrt{m}$ 之间的数整除，则必然也不能被 $\sqrt{m}\sim m\text{-}1$ 之间的数整除。

（3）在退出循环以后，如果是因为找到了一个能整除 m 的数而通过 break 退出循环的，则 $i<=\sqrt{m}$；反之，如果是正常退出循环的，则 $i=\sqrt{m}+1$。因此，在循环结束后，只要判断 i 是否大于 $\sqrt{m}$，若是，则表明 m 是素数，输出该素数。

（4）要判断多个素数是否为素数，需要使用双重循环。外循环每循环一次提供一个数，由内循环通过多次除法判断其是否为素数。

程序代码如下：

```cpp
//*****ex2_19.cpp*****
#include <iostream>
#include <cmath>
using namespace std;
int main()
{
    cout<<"3～100 之间的素数是："<<endl;
    for(int m=3;m<100;m+=2)              //因为偶数不是素数，所以用 m+=2 跳过偶数
    {
        int k=int(sqrt(m));
        for(int i=2;i<=k;i++)
            if(m%i==0)break;            //如果 m 能被 i 整除，则 m 不是素数，跳出此循环
        if(i>k)                         //如果 i>k，则 m 是素数
            cout<<m<<'\t';
    }
    cout<<endl;
    return 0;
}
```

程序运行结果如下：

3～100 之间的素数是：

```
3    5    7    11   13   17   19   23   29   31
37   41   43   47   53   59   61   67   71   73
79   83   89   97
```

【例 2.20】输入 x，计算 sin(x)。计算公式为：

$$\sin(x) = \frac{x}{1} - \frac{x^3}{3!} + \frac{x^5}{5!} - \frac{x^7}{7!} + \cdots + (-1)^{(n-1)} \frac{x^{2n-1}}{(2n-1)!}$$

当第 n 项的绝对值小于 10^{-6} 时结束，x 为弧度；并调用标准函数 sin(x)，比较结果。

分析：这是一个求部分级数和的问题，也就是将求和式中的每一项相加，直到某项的绝对值小于 10^{-6} 时为止。该题的关键是找出前后相邻两奇数项的关系，可以得到递推公式：

$$t_{n+2} = -\frac{x^2}{(n+1)(n+2)} t_n \qquad (n = 1,\ 3,\ 5,\ 7,\ \cdots)$$

程序代码如下：

```
//*****ex2_20.cpp*****
#include <iostream>
#include <cmath>
using namespace std;
int main()
{
    int n=1;
    double x,t,sinx(0);              //变量 t 保存每一项的值；给 sinx 变量赋初值 0
    cout<<"请输入 x 的值："；
    cin>>x;
    t=x;                             //将求和式的第一项值 x 赋给 t
    while(fabs(t)>=0.000001)
    {
        sinx+=t;
        t=-t*x*x/((n+1)*(n+2));
        n+=2;
    }
    cout<<"编程求得的 sin("<<x<<")="<<sinx<<endl;
    cout<<"调用标准函数求得的 sin("<<x<<")="<<sin(x)<<endl;
    return 0;
}
```

程序运行结果如下：

```
请输入 x 的值：1.326
编程求得的 sin(1.326)=0.970187
调用标准函数求得的 sin(1.326)=0.970187
```

【例 2.21】求"水仙花数"。所谓"水仙花数"是指一个三位正整数，其各位数字的立方和等于该数本身。例如：$153=1^3+5^3+3^3$。

方法 1：利用三重循环编写程序。因为"水仙花数"是三位整数，所以取值范围为 100～999。外循环变量 i 控制百位数字从 1 变化到 9，中层循环变量 j 控制十位数字从 0 变化到 9，内循环变量 k 控制个位数字从 0 变化到 9。

程序代码如下：

```
//*****ex2_21_1.cpp*****
#include <iostream>
using namespace std;
int main()
{
    int i,j,k,m,n;
    cout<<"水仙花数："；
    for(i=1;i<=9;i++)
        for(j=0;j<=9;j++)
            for(k=0;k<=9;k++)
            {
                m=i*i*i+j*j*j+k*k*k;
                n=100*i+10*j+k;
                if(m==n) cout<<m<<' ';
```

```
    }
    cout<<endl;
    return 0;
}
```

程序运行结果如下：

水仙花数：153 370 371 407

方法 2：不使用循环嵌套，只用 1 个 for 语句编写程序。

程序代码如下：

```
//*****ex2_21_2.cpp*****
#include <iostream>
using namespace std;
int main()
{
    int i,j,k,n;
    cout<<"水仙花数：";
    for(n=100;n<1000;n++)
    {
        i=n/100;                //i 为百位数字
        j=n/10-i*10;            //j 为十位数字
        k=n%10;                 //k 为个位数字
        if(i*i*i+j*j*j+k*k*k==n)
            cout<<n<<' ';
    }
    cout<<endl;
    return 0;
}
```

【例 2.22】用"枚举法"求解百元买百鸡问题。假定公鸡 5 元 1 只，母鸡 3 元 1 只，小鸡 1 元 3 只，现在有 100 元钱要买 100 只鸡，且需包含公鸡、母鸡和小鸡，编程列出所有可能的购鸡方案。

分析："枚举法"也称为"穷举法"，即将可能出现的各种情况一一测试，判断是否满足条件，采用循环可方便地实现。设公鸡、母鸡、小鸡各为 x、y、z 只，根据题目要求，可列出方程：

$$\begin{cases} x + y + z = 100 \\ 5x + 3y + z/3 = 100 \end{cases}$$

三个未知数，两个方程，此题有若干解。

若把所有购鸡情况都考虑，利用三重循环（x、y、z 都是从 1 循环到 100）表示三种鸡的只数，程序将执行 1000000 次循环，因此需要对循环进行优化。根据三种鸡的只数为 100 只的关系，可减少一重循环，用二重循环实现；同时每种鸡的循环次数不必到 100，因为还要满足总价格为 100 元的条件，公鸡、母鸡最多分别买 19 只、31 只，故共执行 589 次循环。

程序代码如下：

```
//*****ex2_22.cpp*****
#include <iostream>
using namespace std;
```

```
int main()
{
    int x,y,z;
    cout<<"公鸡数\t"<<"母鸡数\t"<<"小鸡数\t"<<endl;
    for(x=1;x<=19;x++)          //公鸡最多买(100-3-1/3)/5 只
        for(y=1;y<=31;y++)      //母鸡最多买(100-5-1/3)/3 只
        {
            z=100-x-y;
            if(5*x+3*y+z/3.0==100)
                cout<<x<<'\t'<<y<<'\t'<<z<<endl;
        }
    return 0;
}
```

程序运行结果如下：

公鸡数	母鸡数	小鸡数
4	18	78
8	11	81
12	4	84

注意，在多层循环中，为了提高运行的速度，对程序要考虑优化：尽量利用已给出的条件，减少循环次数；合理地选择内、外层的循环次数，即将循环次数多的放在内循环。

【例 2.23】用牛顿迭代法求一元方程 $2x^3-4x^2+3x-6=0$ 在 $x=1.5$ 附近的根，要求精度为 10^{-6}。

分析："迭代法"又称为"递推法"，其基本思想是把一个复杂的计算过程转化为简单过程的多次重复，每次重复都是从旧值的基础上递推出新值，并由新值代替旧值。

牛顿迭代法算法描述：如图 2.15 所示，先给根一个初值 x_1，过 x_1 作垂线交曲线于 A 点，再过 A 点作切线交 x 轴于 x_2，曲线在 A 点的斜率为

$$f'(x_1)=f(x_1)/(x_1-x_2)$$

由此式得

$$x_2=x_1-f(x_1)/f'(x_1)$$

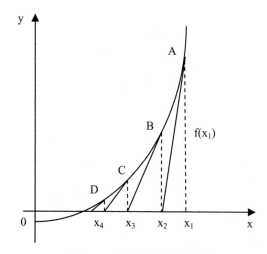

图 2.15 牛顿迭代法示意图

重复上述过程，一次比一次接近方程的根。当两次求得的根相差很小时，就认为 x_{n+1} 是方程的近似根。于是得到牛顿迭代公式：

$$x_{n+1}= x_n-f(x_n)/ f'(x_n)$$

在本题中，用 f 表示 $f(x_n)$，用 f1 表示 $f'(x_n)$，得

$$f=2x_n^3-4x_n^2+3x_n-6=(2(x_n-2)x_n+3)x_n-6$$

$$f1=6x_n^2-8x_n+3=2(3x_n-4)x_n+3$$

在程序中，用 xn 表示 x_n，用 xn1 表示 x_{n+1}。

程序代码如下：

```
//*****ex2_23.cpp*****
#include <iostream>
#include <cmath>
using namespace std;
int main()
{
    float xn,xn1,f,f1;
    cout<<"请输入 x 的初值：";
    cin>>xn1;
    do
    {
        xn=xn1;
        f=(2*(xn-2)*xn+3)*xn-6;
        f1=2*(3*xn-4)*xn+3;
        xn1=xn-f/f1;
    }while(fabs(xn1-xn)>=1e-6);
    cout<<"方程的一个根为："<<xn1<<endl;
    return 0;
}
```

程序运行结果如下：

```
请输入 x 的初值：1.5
方程的一个根为：2
```

习题 2

一、选择题

1. 下列语句中错误的是（   ）。

    A．if(a>b) cout<<a;   B．if(&&);a=m;

    C．if(1)a=m;else a=n;   D．if(a>0);else a=n;

2. 已定义 int a,b;，下列 switch 语句中格式正确的是（   ）。

    A．switch(a)   B．switch(a==b)

           { case b+1:a--;break;   { default:a-b}

             case b+2:a++;break;

        }

C．switch(a/10+b)　　　　　　　　　D．switch(a*a)

　　　　{ case 5:a-b;　　　　　　　　　　　　{ case 1,2:++a;

　　　　　 default:a+b;　　　　　　　　　　　 case 3,4:++b;

　　　　}　　　　　　　　　　　　　　　　}

3．与下面程序段等价的是（　　　）。

```
while(a)
{  if(b)continue;
            c;
}
```

A．while(a){if(!b)c;}　　　　　　　B．while(c){if(!b)break;c;}

C．while(c){if(b)c;}　　　　　　　　D．while(a){if(b)break;c;}

4．下面 for 语句的循环次数为（　　　）。

```
for(int i=0,x=0;!x&&i<=5;i++);
```

A．5　　　　　　B．6　　　　　　C．7　　　　　　D．无穷次

5．在下面的循环语句中循环体执行的次数为（　　　）。

```
for(int i=0;i<n;i++) if(i>n/2)break;
```

A．n/2　　　　　B．n/2+1　　　　C．n/2-1　　　　D．n-1

二、填空题

1．在嵌套的 if 语句中，每个 else 关键字与它前面最接近的还没有配对过的＿＿＿＿＿＿关键字相配套。

2．＿＿＿＿＿＿语句的循环体至少被执行一次，＿＿＿＿＿＿和＿＿＿＿＿＿语句的循环体可能不会被执行。

3．for 语句中<表达式 2>是在每次执行＿＿＿＿＿＿之前被计算，而<表达式 3>是在每次执行＿＿＿＿＿＿之后被计算。

4．在 for 语句中，假定循环体被执行的次数为 n，则<表达式 1>共被计算＿＿＿＿＿＿次，<表达式 2>共被计算＿＿＿＿＿＿次，<表达式 3>共被计算＿＿＿＿＿＿次。

5．当执行完下面的语句段后，i、j、k 的值分别为＿＿＿＿＿＿。

```
int a=10,b,c,d,i,j,k;
b=c=d=5;
i=j=k=0;
for(;a>b;++b)i++;
while(a>++c)j++;
do{k++;}while(a>d++);
```

三、程序阅读题

程序 1：

```
#include <iostream>
using namespace std;
int main()
{   int m,n;
    cout<<"Enter m and n:";
```

```
    cin>>m>>n;
    while(m!=n)
    {    while(m>n) m-=n;
         while(n>m)n-=m;
    }
    cout<<"m="<<m<<endl;
    return 0;
}
```

程序运行时，输入 65   14↙。

程序 2：

```
#include <iostream>
using namespace std;
int main()
{    int a,b,c=0;
    for(a=1;a<6;a++)
         for(b=6;b>1;b--){
              if((a+b)%3==2){c+=a+b;cout<<a<<' '<<b<<',';}
              if(c>20)break;
         }
    cout<<"c="<<c<<endl;
    return 0;
}
```

四、程序设计题

1．已知一个三角形中三条边的长度分别为 a、b 和 c，请利用下面的公式求出三角形的面积。注意：构成三角形的条件是三角形任意两条边的长度之和大于第三条边。

$$area = \sqrt{s(s-a)(s-b)(s-c)}，其中 \quad s=(a+b+c)/2$$

2．从键盘输入 a、b、c，计算并输出一元二次方程 $ax^2+bx+c=0$ 的解。

3．某百货公司为了促销，采用购物打折的优惠办法。每位顾客一次购物：

①在 1000 元以上者，按九五折优惠；

②在 2000 元以上者，按九折优惠；

③在 3000 元以上者，按八五折优惠；

④在 4000 元以上者，按八折优惠。

编写程序，输入购物款数，计算并输出优惠价。

4．根据输入的年、月，判断该月的天数。

5．输入一个正整数，求该数的阶乘。

6．计算π的近似值，直到最后一项的绝对值小于 10^{-8} 为止，近似公式为

$$\frac{\pi}{4} \approx 1-\frac{1}{3}+\frac{1}{5}-\frac{1}{7}+\cdots$$

7．求 1000 内所有的完数。所谓"完数"是指与其因子之和相等的数（除本身之外）。例如：6=1+2+3，而 1、2 和 3 都是 6 的因子。要求以如下形式输出：6——>1，2，3。

8．有 20 只猴子吃掉 50 个桃子。已知公猴每只吃 5 个，母猴每只吃 4 个，小猴每只吃 2 个。编程求出公猴、母猴和小猴各多少只。

9．用牛顿迭代法求方程 $3x^3-4x^2-5x+13=0$ 在 x=1 附近的根，要求精度为 10^{-6}。

10．用循环语句编程，显示输出如图 2.16 所示的菱形图案。菱形的行数由键盘输入，不同的行数，菱形的大小不同。

图 2.16　菱形图案

第 3 章　函数与编译预处理

要编好一个较大的程序，通常需要合理划分程序中的功能模块。每一个模块用来实现一个功能。基本的功能模块在 C++语言中被称为函数，并通过函数实现模块化程序设计。虽然函数的表现形态各异，但共同的本质就是有一定的组织格式和被调用格式。要写好函数，必须清楚函数的组织格式（即函数如何定义）；要用好函数，则必须把握函数的调用机制。本章先介绍 C++函数的编程机制以及函数的应用，最后一节还将介绍编译预处理。

3.1　函数的概念

解决实际应用问题的程序一般比较复杂，这样的大程序不可能完全由一个人从头至尾地完成，更不能把所有的内容都放在一个主函数中。为此需要把大的程序分割成一些功能相对独立而且便于管理和阅读的小块程序，这些小块程序又可分成若干更细的小块。如此逐步细化，就把原来大问题的求解用若干小问题的求解来表示了。

求解较小问题的算法和程序称为功能模块。在 C++中，每个功能模块都可以用一个或多个函数（function）实现，通过函数的调用来完成大任务的全部功能。任务、模块与函数的关系是：大任务分成功能模块，功能模块则由函数实现。模块化程序设计就是靠设计函数和调用函数实现的。

因此一个 C++程序由若干个函数组成。一个函数被使用的时候就是指这个函数被调用的时候，函数调用通过调用语句实现。调用语句所处的函数称为调用函数，或称主调函数；被调用的函数称为被调函数。一个程序可能包含许多函数，但是一个程序有且只有一个主函数，主函数的名字固定为 main，程序总是从主函数开始启动执行，通过主函数调用一系列其他函数来完成程序的整个任务。程序中的其他函数是不能调用主函数的，只有操作系统可以调用主函数，程序启动时操作系统调用程序中的主函数使程序开始执行。C++程序的这种调用和被调用的层次关系可以用图 3.1 反映。图中每一根线有向上和向下的两个方向，分别代表函数调用和函数返回的方向。

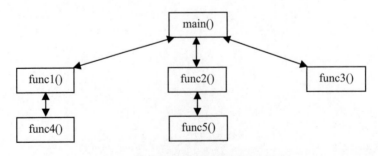

图 3.1　调用和被调用函数的层次关系

下面通过以下例子来理解模块与函数的关系。

【例 3.1】计算前 n 个自然数之和，并输出该和值。

问题分析：这个任务可以分成三个部分：输入、计算、输出。

进一步细化：使用 cin 对象完成输入；使用 calc_sum 函数计算前 n 个自然数之和；使用 print_s 函数输出和值。

程序代码如下：

```
//***** ex3_1.cpp *****
#include <iostream>
using namespace std;
int sum=0;
int calc_sum(int n)                    //定义 calc_sum 函数
{
    int k,s=0;
    for (k=1;k<=n;k++)
        s=s+k;
    return s;
}
void print_s()                         //定义 print_s 函数
{ cout<<"sum="<<sum<<endl; }           //输出 sum 的值
int main()
{
    int n;
    cin>>n;                            //输入 n
    sum=calc_sum(n);                   //调用 calc_sum 函数计算和值
    print_s();                         //调用 print_s 函数输出和值
    return 0;
}
```

程序运行时，若用户从键盘输入的数是 4，则运行结果如下：

```
sum=10
```

例 3.1 的程序由三个模块组成，三个模块分别由 main、calc_sum 和 print_s 函数完成。在 main 函数中分别调用 calc_sum 函数和 print_s 函数来完成全部任务。

3.2 函数的定义与调用

在 C++语言中，程序都是以函数形式出现的，最简单的程序至少包含一个 main 函数。函数必须先定义或声明后才能调用。从用户使用函数的角度来看，程序中包含标准库函数和用户自定义函数。

3.2.1 标准库函数

前面已经介绍过一些标准库函数，C++有着丰富的库函数。库函数按功能可以分为：数学运算函数、字符串处理函数、标准输入/输出函数、类型转换函数、文件管理函数等。这些库函数分别在不同的头文件中声明，例如：cmath 头文件中对 $sin(x)$、$cos(x)$、$exp(x)$（求 e^x）、$fabs(x)$（求|x|）、$log(x)$等数学函数做了声明；cstring 中包含了 strcat、strcpy、strlen、strcmp 等函数的声明。如果用户在程序中想调用这些函数，则必须在程序中用编译预处理命令把相应的头文件包含到程序中。

【例3.2】计算一个数的正弦值。

程序代码如下：

```
//***** ex3_2.cpp *****
#include<iostream>
#include<cmath>                    //包含 cmath 头文件
using namespace std;
int main()
{
    double a, b;
    cin>>a;                        //输入弧度到变量 a
    b=sin(a);                      //调用 sin 库函数，计算 sin(a)的值
    cout<<b<<endl;
    return 0;
}
```

3.2.2 函数的定义

在 C++程序中，完成某件工作的一种典型方式就是调用一个函数去做那件事情。定义函数就是把完成一个子任务程序写成一个函数，这种函数称为用户自定义函数。一个函数只有在预先定义或声明之后才能调用。

定义函数的一般形式如下：

```
类型名 函数名([形式参数列表])
{
声明语句
    执行语句
}
```

说明：

（1）函数的第一行称为函数首部，其中的"类型名"为一个数据类型关键字，用来定义该函数返回值的数据类型。"函数名"是编程人员自己为函数取的名称，可以是任何合法的标识符；函数的取名一般尽量反映该函数的功能。

（2）函数名后面括号中的内容为函数的参数，定义时的参数称为形式参数，简称形参。

（3）如果函数省略形式参数（即为空括号）或者括号内填写 void 关键字，则该函数就是一个无参函数。如果函数带有形式参数，则它称为有参函数；有参函数通过参数列表列出每个参数的数据类型、参数变量名，参数之间用逗号分隔。

例 3.1 的 print_s 函数为无参函数，calc_sum 函数是带有一个整数参数的有参函数。

【例3.3】自定义函数 power，其功能是求 x 的 n 次方。

函数定义如下：

```
//***** ex3_3.cpp *****
double power(float x, int n)
{
    float t=1;
    for (int i=1; i<=n; i++)
        t=t*x;                     //1×x×x×…×x，共乘 n 次
    return t;                      //返回 t 的值
}
```

power 函数有两个参数，第 1 个是单精度实型，第 2 个是整型，函数的返回值类型是双精度实型。

（4）函数首部后紧跟一对花括号，里面的内容就是函数体，主要包括两类语句：一类是声明语句，用于声明该函数体中要使用的一些变量，以及将要调用的函数；另一类语句是执行语句，用于实现本函数功能，这类语句是函数体的主要内容。

如果函数有返回值，则需要返回语句 return。return 语句的一般形式如下：

   return (表达式);

或

   return 表达式;

执行时，先计算出表达式的值，再将该值返回给主调函数中的调用表达式。如果函数的类型与 return 语句的表达式的类型不一致，则以函数的类型为准。返回时自动进行数据类型转换。

例如调用例 3.3 定义的 power 函数，传给它不同的 x 和 n 值，将得到不同的 t 值。t 的数据类型为 float，函数类型为 double，返回时 t 值类型将自动转换为 double 型。

这种转换有时可能会使得函数返回值与 return 语句后面的表达式值之间出现一些误差。例如，假定 power 函数首部为 "int power(float x, int n)"，则 2.2^2 应为 4.84，但函数值自动取整为 4。因此，在定义函数时，应尽量注意 return 的返回值类型与函数类型一致。

3.2.3 函数的声明

在一个函数调用另一个函数之前，一般先要对被调函数提出声明。

声明的作用实际上是提前通知编译系统本函数将要调用某个函数的函数名、函数类型、参数个数、参数类型。只有在以下情况下可以不需要声明：被调函数是自定义函数，且出现在同一文件的主调函数之前。对于被调函数出现在主调语句之后的情况是需要提前声明的。

如何声明被调函数？

（1）对库函数的声明。对库函数的声明语句已经写在有关包含文件中了，因此只要在程序文件头用 include 语句将这些包含文件包含到本程序中来，就完成了对库函数的声明。

（2）对自定义函数的声明。必须在调用某自定义函数的语句之前写上如下声明语句：

   类型名 函数名([类型 1 参数名 1][, 类型 2 参数名 2][, ...]);

函数声明语句由函数定义的首部加分号（;）构成。如果在声明语句中略去参数的名称，或写一个任意名称，这叫作函数原型（function prototype），即声明函数原型。函数原型的表示形式如下：

   类型名 函数名([类型 1][, 类型 2][, ...]);

   类型名 函数名([类型 1 标识符 1][, 类型 2 标识符 2][, ...]);

C++中的函数原型说明了函数的类型、函数名、函数各形式参数类型。

【例 3.4】函数声明示例。

程序代码如下：

```
//***** ex3_4.cpp *****
#include<iostream>
using namespace std;
int main()
```

```
{
    float add(float x, float y);              //声明 add 函数
    float subtract(float, float);             //声明 subtract 函数
    double multiply(double p, double q);      //声明 multiply 函数
    float a,b,c1,c2;
    double c3;
    cout<<"Please input a,b:";
    cin>>a>>b;
    c1=add(a, b);
    c2=subtract(a, b);
    c3=multiply(a, b);
    cout <<c1<<","<<c2<<","<<c3<<endl;
    return 0;
}
float add(float x, float y)                   //定义 add 函数
{
    float z;
    z=x+y;
    return (z);
}
float subtract(float x, float y)              //定义 subtract 函数
{   return (x-y);   }
double multiply(double x, double y)           //定义 multiply 函数
{   return   x*y ;   }
```

程序运行结果如下：

```
Please input a,b:4.25 2.00
6.25,2.25,8.5
```

例 3.4 中的主函数调用了 3 个自定义函数 add、subtract 和 multiply，它们都定义在主函数之后，因此在调用之前都要声明。

函数的声明和函数的定义是两个不同的概念。声明表示该函数已存在，先把函数的名字、类型以及参数的个数、类型和顺序通知编译系统，以便编译时系统可以根据声明内容对该函数进行对照检查；而定义则是表示该函数怎么去运行，要实现什么样的函数功能。因此，声明只需要函数首部后面加上分号以构成语句即可，而定义必须在函数首部后给出函数体，后面不能有分号。

函数声明语句可以放在主调函数中，也可放在函数外面，只要出现在调用语句之前即声明有效。如果函数声明语句放在函数外面，且处在所有函数定义之前，则各主调函数中就可以都不必对调用函数再做声明。

3.2.4 函数的调用

在函数定义或声明之后，需要通过函数调用才能实现函数功能。

1. 调用函数的语法格式

调用函数的一般语法格式如下：

```
函数名([实际参数列表])
```

函数调用时函数名后面括号里的参数称为实际参数，简称实参。

根据函数的有参数和无参数两种不同形式，"实际参数列表"可能有，也可能没有。如果调用的是无参函数，则没有"实际参数列表"，但括号不能省略，如例 3.1 中的 print_s 函数的调用。如果是有参函数，则调用时必须提供实际参数，如 calc_sum(n)。如果有多个参数，则多个实参之间用逗号分隔，如例 3.3 中 power 函数的调用：power(2, 3)。

注意：在提供的实际参数列表中，只要列出每个实际参数即可，而不需要加值的数据类型关键字。

实参可以是常量、变量或表达式，必须与函数定义的形式参数在个数、类型、顺序各方面严格一致。实参将与形参按顺序一对一地传递数据。在 Visual C++ 2022 中，当实参个数大于 1 时，实参表达式按自右至左的顺序求值。例如，若变量 n 的值为 3，有以下函数调用：

        power(n, ++n);

则该函数调用相当于 power(4, 4)，传给形参的两个数据依次为 4、4。

2. 函数调用形式

函数调用可以有三种形式：函数语句、函数表达式、函数参数。

（1）函数语句。把函数调用作为一个语句，并不需要函数的值。如：

        print_s();   //函数调用后面加分号

（2）函数表达式。函数调用出现在表达式中，函数值参与该表达式的运算。如：

        c=3*power (2, 3);   //函数调用优先于表达式的其他运算

（3）函数参数。函数调用值作为另一次函数调用的实际参数。如：

        m= power (2, power (2, 3));   //power (2, 3)为另一次函数调用的实参

这里，C++将先进行参数中的函数调用，再进行外层函数调用。

3. 函数的嵌套调用

C++不允许在一个函数定义中完整地包含另一个函数的定义，但一个被调函数的函数体中又可以出现函数调用语句，这种调用现象称为函数的嵌套调用。

比如，主函数 main 调用了 f1 函数，而 f1 函数在执行中又调用 f2 函数，代码如下：

```
int main()
{   …
    f1();                   //主函数中调用函数 f1
    return 0;
}
void f1()                   //定义函数 f1
{   …
    f2();                   //f1 中调用函数 f2
}
void f2()                   //定义函数 f2
{   …   }
```

这就是嵌套调用，该嵌套调用过程可用图 3.2 示意。

图 3.2 表示的是函数的 3 层嵌套调用（包括 main 函数），图中每一根带箭头的线代表一类操作步骤，共总结出 3 类操作。其中竖直向下的箭头线表示执行同一函数内的语句，从左下往右上的箭头线表示函数调用，从右下往左上的箭头线表示函数返回。每根线旁边标注的数字代表执行的顺序，即，第①步从主函数开始执行，第②步执行主函数调用 f1 函数的操作，…，最后第⑨步执行主函数的末尾代码，直到整个程序运行结束。可以看出，嵌套调用有这样一个

规律：最先执行的主函数最后结束，而最后被调用的 f2 函数却最先结束。这在计算机中称作"后进先出"规则。

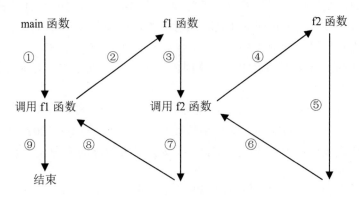

图 3.2　函数的嵌套调用

【例 3.5】编程求组合 $C_m^n = \dfrac{m!}{n!(m-n)!}$，其中求组合的功能要求用函数完成。

分析：根据组合的计算公式，可知组合函数有两个形参，即 m 和 n，可以用自定义函数 comb(int n,int m) 求组合。而在 comb 函数中需要 3 次计算阶乘，可以定义函数 fac(int k) 计算 k 的阶乘，然后在 comb 函数中调用 fac 函数，调用语句为"c=fac(m) / (fac(n)*fac(m-n));"。

程序代码如下：

```cpp
//***** ex3_5.cpp *****
#include <iostream>
using namespace std;
int fac(int k)                    //定义求阶乘的函数
{   int i,f=1;
    for(i=1;i<=k;i++) f = f*i;
    return f;
}
int comb(int n, int m)            //定义组合函数
{   int c;
    c=fac(m)/(fac(n)*fac(m-n));   //嵌套调用阶乘函数
    return   c;
}
int main()
{   int n,m,c;
    cout<<"Input m,n:"<<endl;
    cin>>m>>n;
    c=comb(n,m);                  //调用组合函数 comb
    cout<<"c="<<c<<endl;
    return 0;
}
```

程序运行结果如下：

```
Input m,n:
5 3
c=10
```

主函数调用 comb 函数，comb 函数在执行过程中又调用了 fac 函数。fac 函数的调用被嵌套在 comb 函数的调用中。

3.3　函数的参数传递

在 C++中，大多数函数是带参数的。形参是函数定义时所带的参数，系统没有为其分配内存单元，实际上是不存在的。实参是函数调用时所带的参数，是实际存在的常量、变量或表达式，具有特定值。

函数调用时，被调函数开始运行，形参被分配内存单元，主调函数能将实参数据传递给形参。在调用结束后（即函数值返回后），形参所占用的内存单元也被释放（即形参又不存在了）。

【例 3.6】形参和实参及其数据传递。

程序代码如下：

```
//***** ex3_6.cpp *****
#include <iostream>
using namespace std;
double volume(double r, double h)     //定义函数 volume，求圆柱体体积，r 和 h 是形参
{    double v;
     v=3.14*r*r*h;
     return (v);
}
int main()
{    double a,b,c;
     cout<<"Input r & h:";
     cin >> a >> b;
     c=volume(a, b);                  //调用函数 volume，a 和 b 是实参。函数值赋给变量 c
     cout << "volume="<<c<<endl;
     return 0;
}
```

程序运行结果如下：

```
Input r & h:2 5
volume=62.8
```

本例中，volume 函数调用表达式中的变量 a 和 b 是实参，a 和 b 在 main 函数执行时赋值；r 和 h 是函数定义时的形参，在函数未被调用前无具体值。函数调用时，形参 r 和 h 被分配存储单元，实参 a 和 b 分别把两个具体值（如 2 和 5）传递给形参 r 和 h，使 r 得到 a 的值，h 得到 b 的值；然后执行 volume 函数体中的语句计算体积；最后将结果返回给主调函数中的 c。

函数调用时，实参与形参的类型应相同或赋值兼容。如果实参与形参的类型不同但可以相互转换，原则上不出现语法错误，但结果可能带来某些非期望的误差。例如实参 a 的值是实数 3.5，而被调函数的形参 x 为整型，则调用该函数时会将 3.5 转化为整数 3，然后送到形参 x，故 x 得到的是 3，使得计算出的函数值与期望值之间存在差别。

3.3.1　参数的传递方式

在 C++中，参数传递的方式是"实虚结合"的，具有三种方式：值传递、地址传递、引用传递。

1. 值传递

函数的参数传递最常见的方式是值传递方式。例 3.6 中 volume 函数就是采用值传递方式。在 main 函数中调用 volume 函数时，按位置对应分别把 a 和 b 的值传给 r 和 h，最后返回 volume 函数值到 main 函数中。实际上，值传递参数的实现是系统将实参拷贝一个副本给形参，拷贝后两者就断开关系。在被调函数中，形参可以被改变，但这不会影响调用函数的实参值。所以这种参数传递机制是单向的，即只能由实参将值传给形参（实参影响形参）；而形参不会反过来影响对应的实参。

【例 3.7】参数值传递示例。

程序代码如下：

```
//***** ex3_7.cpp *****
#include <iostream>
using namespace std;
int max(int x,int y)            //定义函数 max 求两数最大值，x 和 y 是形参
{   int m;
    cout<<"初始  x,y: "<<x<<","<<y<<endl;
    m=x>y?x:y;
    x=2*x;
    cout<<"更新  x,y: "<<x<<","<<y<<endl;
    return (m);
}
int main()
{   int a,b,c;
    cout<<"输入 a 与 b："；
    cin>>a>>b;
    c=max(a,b);                 //调用函数 max，a 和 b 是实参，函数值赋给变量 c
    cout << "最大值："<<c<<endl;
    cout << "函数调用后 a,b: "<<a<<","<<b<<endl;
    return 0;
}
```

程序运行结果如下：

```
输入 a 与 b：3 5
初始 x,y：3,5
更新 x,y：6,5
最大值：5
函数调用后 a,b：3,5
```

例 3.7 的运行结果表明，虽然被调函数在执行过程中形参 x 和 y 的值发生了变化，但不能反过来影响其原来对应的实参 a 和 b，即 a 和 b 的值还是原来的值。

2. 地址传递

除了值传递方式外，函数调用还有一种参数传递形式，传递的数据不是数值本身，而是数值所在的内存单元的地址，这种传递方式称为地址传递。在这种参数传递形式中，无论是函数定义时的形参还是调用时的实参，都代表一些内存单元地址，而不是一般的数值。

在地址传递时，实参可以是一个有确定值的普通变量的地址，或者是一个已定义的指针变量、数组名、函数名。而形参可以是一个任意普通变量的地址，或是一个任意指针变量、数组名、指向函数的指针变量。

这种参数传递机制就是在函数调用时把一个内存单元地址传递给形参，使形参也具有实参的内存单元地址（即两者对应同一个内存单元），称作形参和实参地址结合，两者合二为一。这样一来，任何时候形参的值等于实参的值；而实参的值也等于形参的值。因此，形参在函数中发生变化后，也会引起实参跟着变化。这种传递机制是双向影响的。有关数组、指针等内容将会在"数组与指针"一章中详细介绍。

3. 引用传递

引用传递是 C++非常重要的特性。引用传递能够将变量或者对象本身作为参数传递，而不是复制一份副本后，传递副本。因此，在函数调用时，对形参的改变也会影响到实参的值。这种传递机制也是双向影响的。

3.3.2 参数的默认值

C++语言中，允许在函数声明或定义时给一个或多个参数指定默认值。通常调用函数时，要为函数的每个形式参数给定相应的值。例如下面的 delay 函数的作用是时间延迟，在没有使用默认值参数的情况下，是按如下普通方式声明和定义的。

【例 3.8】延迟函数的使用。

程序代码如下：

```cpp
//***** ex3_8.cpp *****
#include <iostream>
using namespace std;
void delay(int loop);              //函数声明
int main()
{   cout<<"begin"<<endl;
    delay(1000);                   //函数调用
    cout<<"end"<<endl;
    return 0;
}
void delay(int loop)               //函数定义
{    for(int i=0;i<loop;i++)
        cout<<i<<" ";              //输出 i 的值是为了清楚看到程序执行的情况
}
```

delay 函数每次调用时都需要给定一个实参来确定延迟时间。如果延迟时间基本一样，使用 C++中带默认值参数函数形式，可以省去实参的设置。解决的方法就是在函数的声明或定义时给定默认值。例如把 delay 函数的声明修改为下列形式：

```cpp
void delay(int loop=1000);         //指定参数默认值为 1000
```

如此对于延迟时间为 1000 的调用都可以不必指定实参的值而直接调用：

```cpp
delay();                           //不指定实参的调用语句，形参将得到默认值 1000
```

对于延迟时间为 500 的调用，则只要指定实参即可：

```cpp
delay(500);                        //给定实参的调用语句，形参将得到指定值 500
```

如果有多个形参，可以使每个形参有一个默认值，也可以只对部分形参指定默认值。如例 3.6 中的求圆柱体体积的函数 volume，可以这样声明：

```cpp
double volume(double r, double h=8.5);      //只对形参 h 指定默认值 8.5
```

这时函数调用可采用以下形式：

```
    volume(6.0);              //相当于 volume(6.0, 8.5)
    volume(6.0, 7.2);         //r 的值为 6.0, h 的值为 7.2
```

C++中实参和形参的结合是从左至右进行的，第 1 个实参必然与第 1 个形参结合，第 2 个实参与第 2 个形参结合，……。因此，指定默认值的参数必须放在参数列表中的最右边。

如果函数定义在函数的调用之前，且声明语句被省去（这时可以省去），则应在函数定义中给出默认值。如果函数定义在函数调用之后，则在函数调用之前需要有函数声明，此时必须在函数声明中给出默认值，而不再在定义中给出默认值。总之，必须在函数调用之前将默认值的信息通知编译系统。

3.4 递归函数

在程序执行过程中，一个函数可以调用另一个函数，一个函数还可以直接或间接地调用该函数自身。C++称后一种调用现象为递归调用，称这种可以调用自身的函数为递归函数。

函数在该函数体内直接调用该函数，称为直接递归。直接递归调用的代码形式可以是：

```
    int fun1()                //函数 fun1 的定义
    {   ...                   //函数其他部分
        z=fun1();             //直接调用自身
        ...                   //函数其他部分
    }
```

在 fun1 函数中直接调用了 fun1，直接递归调用过程如图 3.3 所示。

某函数调用其他函数，而其他函数又调用了该函数，这种调用过程称为间接递归。间接递归调用的代码形式可以是：

```
    int fun2()                //函数 fun2 的定义
    {   ...                   //fun2 的其他部分
        x=fun3();             //调用 fun3
        ...                   //fun2 的其他部分
    }
    int fun3()                //函数 fun3 的定义
    {   ...                   //fun3 的其他部分
        y=fun2();             //调用 fun2
        ...                   //fun3 的其他部分
    }
```

在 fun2 函数中调用了 fun3 函数，而在 fun3 函数中又调用了 fun2 函数，相当于 fun2 间接地调用了 fun2。这种调用称为间接递归调用，调用过程如图 3.4 所示。

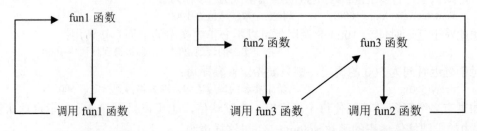

图 3.3 函数的直接递归调用   图 3.4 函数的间接递归调用

可以看出，递归调用是一种特殊的嵌套调用。如果按图 3.3 和图 3.4 所示的两种形式进行调用，会发现这两种递归调用似乎都是无限地调用自身。显然，这样的程序将出现类似于"死循环"的问题。因此，应当限制递归调用出现的次数，当达到某种条件时使递归调用终止，这种条件称为递归终止条件。在使用递归时应特别注意确定递归终止条件。

递归在解决某些问题时是一个十分有用的方法。其一，因为有的问题它本身就是递归定义的；其二，因为它可以使某些看起来不易解决的问题变得容易描述和容易解决，使一个蕴含递归关系且结构复杂的程序变得简洁精炼，程序可读性强。

【例 3.9】 用递归计算 n!。

分析：n! 本身就是以递归的形式定义的：

$$n! = \begin{cases} 1 & n = 1 \\ n(n-1)! & n > 1 \end{cases}$$

根据以上式子求 n!，需要先求(n-1)!；而求(n-1)!，又需要先求(n-2)!；而求(n-2)!，又变成求(n-3)!，…，如此继续，直到最后变成求 1! 的问题。根据公式有 1! = 1，这就是本问题的递归终止条件。由终止条件得到 1!结果后，再反过来依次求出 2!，3!，…，直到最后求出 n!。

设求 n! 的函数为 fac(n)，函数体内求 n! 时，只要n>1，可用 n*fac(n-1)表示，即 fac 函数体内将递归调用 fac 自身；一旦参数 n 变为 1，则终止调用函数自身并给出函数值 1。

程序代码如下：

```
//***** ex3_9.cpp *****
#include <iostream>
using namespace std;
int    fac(int n)
{   int f;
    if (n==1)
        f=1;
    else
        f=n*fac(n-1);              //递归调用，求(n-1)!
    return f;
}
int main()
{   int y, n;
    cin>>n;
    y=fac(n);                     //调用 fac(n)求 n!
    cout<<"n="<<n<<","<<"y="<<y<<endl;
    return 0;
}
```

程序运行时，如果输入"3"，主程序执行调用语句 y = fac(3)，引起第 1 次调用函数 fac，如图 3.5 ①所示。进入函数后，形参 n=3，应执行计算表达式：

3*fac(2)

为了计算 fac(2)，又引起对函数 fac 的第 2 次调用（此乃递归调用），如图 3.5②所示，新进入函数 fac，形参 n=2，应执行计算表达式：

2*fac(1)

为了计算 fac(1)，第 3 次调用函数 fac（又是递归调用），如图 3.5③所示，新进入函数 fac，形参 n=1，此时执行语句 f = 1，完成第 3 次调用，执行 return 1 返回结果，回到本次调用处（即回到第 2 次调用层），如图 3.5④所示。

计算 2*fac(1)=2*1=2，完成第 2 次调用，return 2，返回第 1 次调用处，如图 3.5⑤所示。

计算 3*fac(2)=3*2=6，完成第 1 次调用，return 6，返回主程序，如图 3.5⑥所示。

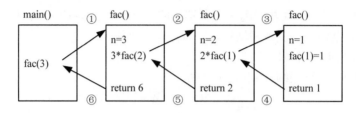

图 3.5　求 3! 的递归过程

从求 n! 的递归程序中可以看出，递归定义有两个要素。

（1）递归终止条件。也就是所描述问题的最简单情况，它本身不再使用递归的定义，即程序必须终止。如例 3.9，当 n=1 时，fac(n)值为 1，不再使用 f(n-1)来定义。

（2）递归定义使问题向终止条件转化的规则。递归定义必须能使问题越来越简单，即参数越来越接近终止条件的参数；达到终止条件参数时函数有确定的值。如例 3.9，fac(n)由 fac(n-1)定义，fac(n-1)由 fac(n-2)定义，…，如此越来越靠近 fac(1)，即参数 n 越来越接近终止条件参数 1；达到终止条件参数时有确定的函数值 1。

采用递归调用的程序结构清楚，但是递归调用的程序执行效率往往很低，比较费时且占用较多内存空间。因为在递归调用的过程当中，系统需要为每一层的返回点、局部量等开辟栈来存储。递归次数过多容易造成栈溢出等问题。

【例 3.10】汉诺塔问题。

用递归算法来做汉诺塔问题的程序是很有趣的，可以使复杂的过程变得意想不到的简单。汉诺塔问题据说来源于布拉玛神庙。该问题的装置如图 3.6（图上仅画三个金片以简化问题的原理，原问题有 64 个金片）所示，底座上有三根金刚石的针，第一根针 a 上放着从大到小 64 个金片。解决该问题就是要想办法把所有金片从第一根针 a 上移到第三根针 c 上，第二根针 b 作为中间过渡。要求是每次只能移动一个金片，并且任何时候不允许大的金片压在小的金片上面。寻求该问题的解就是寻找正确的移动步骤。

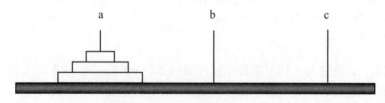

图 3.6　三个金片的汉诺塔问题装置

移动金片是一个很烦琐的过程。通过计算，对于 64 个金片至少需要移动 $2^{64}-1=1.8\times10^{19}$ 次。写这样的程序初看似乎无从着手，我们可以用递归的方法来分析此题。

（1）本问题的递归终止条件。如果只有 1 个金片，显然问题的解就很明显：直接把金片从 a 移到 c。因此终止条件是 n = 1，终止条件对应的操作是直接把金片从 a 移到 c，示意 a→c。

（2）本问题的递归分析：移动 n 个金片从 a 到 c，必须先将 n-1 个金片从 a 借助 c 移动到 b，移动 n-1 个金片与原问题相同，但规模变小，即向终止条件接近，因此，此问题可以用递归过程完成。递归过程可以用如下步骤表示：

① 将 n-1 个金片从 a 经过 c 移动到 b。

② 将第 n 个金片从 a 直接移动到 c。

③ 再将 n-1 个金片从 b 经过 a 移动到 c。

一般地，设将 n 个金片从 x 针借助 y 针移动到 z 针的函数原型如下：

```
void hanoi(int n,char x,char y,char z)
```

根据解题步骤（算法），可以写出求解 n 个金片的汉诺塔函数如下：

```
//***** ex3_10.cpp *****
#include <iostream>
using namespace std;
void hanoi(int n, char x, char y, char z)
{
    if (n==1)
        cout << x << "->" << z << endl;      //n=1 时，直接将金片从 x 移动到 z，句④
    else                                     //n>1 时
    {
        hanoi(n-1, x, z, y);                 //先将 n-1 个金片借助 z 移动到 y，句①
        cout << x << "->" << z << endl;      //将第 n 个金片从 x 移动到 z，句②
        hanoi(n-1, y, x, z);                 //再将 n-1 个金片从 y 借助 x 移动到 z，句③
    }
}
```

当 n>1 时，递归调用 hanoi 函数，每次 n 减 1。最后当 n=1 时，直接移动该金片就可以了。主函数如下：

```
int main()
{
    int n;
    cout << "Input n:" ;
    cin >> n;
    hanoi(n, 'a', 'b', 'c');                 //n 个金片从 a 针借助 b 针移动到 c 针
    return 0;
}
```

下面以 n=3 为例，具体分析一个小规模汉诺塔问题的计算机求解过程。在本题的程序中特意将函数中 if 结构的 4 个关键语句加了"句①"～"句④"的编号，是为了下面讲解程序执行过程的方便。程序执行流程如图 3.7 所示。

根据执行流程次序，得到递归调用输出的总结果（即正确顺序的移动操作）如下：

a -> c, a -> b, c -> b, a -> c, b -> a, b -> c, a -> c

对该递归过程的执行流程说明：

（1）每次调用 hanoi 函数时 n 的参数值不同，共有 3 层调用（分别对应于 n=3、n=2、n=1）。在同一层次的框内，执行顺序是从上到下的。在不同层次的框之间，执行顺序按直线箭头方向，向右代表函数调用，向左代表调用返回，箭头旁边的数字表示该操作的先后顺序。

（2）第 1 次调用 hanoi 函数。所在层次为 1；主调者为 main 函数；调用语句及实参为 hanoi(n, 'a', 'b', 'c')；进入 hanoi 函数后形参 n、x、y、z 得到的值分别为 n=3, x='a', y='b', z='c'；转入 else

分支，执行句①。

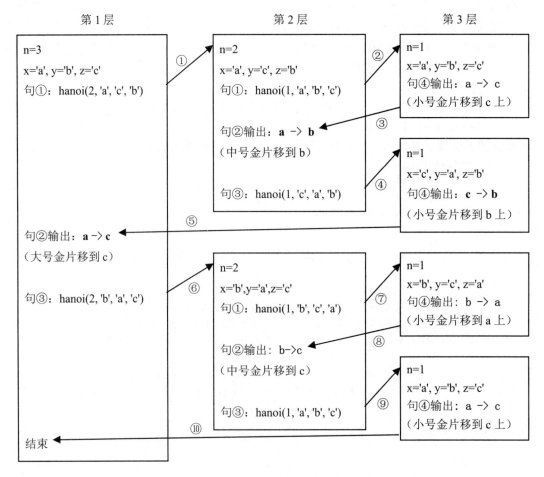

图 3.7 将 3 个金片从 a 移到 c 的全过程

（3）第 2 次调用 hanoi 函数。所在层次号为 2；主调者为 else 分支的句①；调用语句及实参为 hanoi(2, 'a', 'c', 'b')；进入 hanoi 函数后形参 n、x、y、z 得到的值分别为 n=2, x='a', y='c', z='b'；又转入 else 分支，执行句①。

（4）第 3 次调用 hanoi 函数。所在层次号为 3；主调者为 else 分支的句①；调用语句及实参为 hanoi(2-1, 'a', 'b', 'c')；进入 hanoi 函数后形参 n、x、y、z 得到的值分别为 n=1, x='a', y='b', z='c'；因此转入句④执行 "cout << x << "->" << z << endl;"，得到第 1 个输出结果：

      a->c   （1）

递归终止，返回到最近的那次调用（即第 2 层）的主调语句（else 分支中句①），执行该位置的下一句即句② "cout << x << "->" << z << endl;"，此 x 和此 z 存储的是第 2 层的形参，形参值分别是 n=2, x='a', y='c', z='b'，于是该句得到第 2 个输出结果：

      a->b   （2）

接着执行 else 分支下的句③ "hanoi(n-1，y，x，z);"，引起第 4 次调用 hanoi 函数（注意参数值是第 2 层的形参：n=2, x='a', y='c', z='b'）。

（5）第 4 次调用 hanoi 函数。进入层次为第 3 层；主调者为 else 分支句③；调用语句及实参为 hanoi(2-1, 'c', 'a', 'b')；进入 hanoi 函数后形参 n、x、y、z 得到的值分别为 n=1, x='c', y='a', z='b'，转入句④执行 "cout << x << "->" << z << endl;"，得到第 3 个输出结果：

  c->b　　　　　　　　　　　　　　　　　(3)

第 3 层执行完毕，接着返回到最近的那次调用层（即第 2 层）；第 2 层也执行完毕（后面已无语句）；继续返回第 1 层（见标有⑤的箭头线）；往下执行第 1 层下面的句② "cout << x << "->" << z << endl;"，注意这里的形参 x 和 z 是第 1 层先前保存的形参（即 x='a', z='c'）。于是输出第 4 个结果：

  a->c　　　　　　　　　　　　　　　　　(4)

接着执行第 1 层下面的句③，继续调用 hanoi 函数进入第 2 层。接下来的道理与前面(1)～(5)所述类似，不再赘述。可见，虽然递归调用在写程序时很简单，但执行起来却很复杂（时间、存储空间都开销大）。对于规模较大的汉诺塔问题，人工分析相当困难。

3.5　内置函数

一般函数的调用过程是：执行函数调用语句，再转移到被调用函数入口并进行参数传递，然后执行被调用函数体并返回函数值，接着执行主调函数中未执行的语句。当流程转去被调函数之前，需要保存当时程序上下文信息，以便从被调函数返回后恢复现场信息继续执行。可以看出，参数的传递、保存和恢复当前程序上下文信息都需要花费时间和空间。如果有函数需要频繁使用，则所需要的开销就会增大，程序的执行效率就会降低。而且被调函数越小，调用越频繁，所需要的调用开销就越大。

为此，C++提供了一种提高效率的方法，即在编译时将所调用函数的代码直接嵌入到主调函数中，而不是将流程转出去。这种嵌入到主调函数中的函数称为内置函数，也称内联函数、内嵌函数。

内置函数的定义很简单，只要在函数定义的首部加上关键字 inline 就可以了，函数定义的具体格式如下：

```
inline  类型名  函数名([形参列表])
{
    …           //函数体
}
```

内置函数的声明也使用 inline 关键字，具体声明格式如下：

```
inline  类型名  函数名([形参类型列表]);
```

编译器识别到 inline 关键字后，即为该函数创建一段代码，称为内置函数体，以便在后面每次碰到该函数的调用时都用相应的内置函数体来替换。

【例 3.11】编写函数 is_number，判断用户从键盘输入的系列字符是否为数字字符。

程序代码如下：

```
//***** ex3_11.cpp *****
#include <iostream>
using namespace std;
inline int is_number(char ch)       //定义内置函数
{   return (ch>='0'&& ch<='9')?1:0; }
int main()
```

```
        {
            char c=' ';
            for(int i=0; c!='\n' && i<10; i++)
            {   cin>>c;
                if (is_number(c))           //调用 is_number 函数
                    cout<<c;
            }
            return 0;
        }
```

在以上程序的 if 语句中用内置函数体 "(ch>='0'&& ch<='9')?1:0" 替换了函数调用。在程序运行时，免去了大量的函数调用开销，提高了一些执行效率。

关于内置函数的说明：

（1）内置函数与一般函数的区别在于函数调用的处理。一般函数进行调用时，要将程序流程转移到被调用函数中，然后返回到主调函数中；而内置函数在调用时，是将调用部分用内置函数体来替换。

（2）内置函数必须先声明（或定义）后调用。因为程序编译时要对内置函数进行替换，所以在内置函数调用之前必须声明是内置的（inline），否则将会像一般函数那样产生调用而不是进行替换操作。

（3）在内置函数中，不能含有复杂的结构控制语句，如 switch、for 和 while。如果内置函数有这些语句，则编译器将该函数视同一般函数那样产生函数调用。

（4）递归函数不能用作内置函数。

（5）以后讲到的类中，所有定义在说明内部的函数都是内置函数。

内置函数既体现了结构化和可读性，又使效率尽可能地得以提高，非常适用于代码量少且被频繁调用的函数。

3.6 变量和函数的属性

每一个变量除了有数据类型属性外，还有空间、时间两大属性。

所谓变量的空间属性是指变量都有其有效的作用范围，这个范围叫作变量的作用域。只有在变量的作用域内程序才能访问到该变量。所谓时间属性是指变量都有其存储的时间段，这个时间段叫作变量的生存期。只有在变量的生存期内才能访问到该变量。

每一个函数除了数据类型属性外，也有空间属性，即函数可以被使用的范围。

3.6.1 变量的作用域

C++中所有的变量都有自己的作用域，按作用域范围进行分类，可以分为局部变量和全局变量。

变量作用域的大小和它们的存储区域有关。全局变量存储在全局数据区（也称为静态存储区），在程序运行时被分配存储空间，当程序结束时释放存储空间。局部变量存储在堆栈数据区，当程序执行到该变量声明所在的函数（或程序块）时才开辟存储空间，当函数（或程序块）执行完毕时释放存储空间。

1. 局部变量

局部变量是指定义在函数或程序块内的变量，它们的作用域分别在所定义的函数体或程序块内。所有函数中定义的形参和函数体内定义的变量都是局部变量。

下面程序段说明局部变量的作用域：

```
void fun(int s)
{    char ch ;                //s、ch 为 fun 函数的局部变量，其作用域在 fun 函数内
     …
}
int main()
{    int x ;                  //x 为 main 函数的局部变量，其作用域在 main 函数内
     …
     {    int y ;             //y 为程序块内的局部变量，其作用域在程序块内
          …
     }
     …
     return 0;
}
```

由于局部变量只在其定义的函数（或程序块）内有效，因此不同函数内名称相同的变量是不同的变量，它们不会相互干扰。这个性质为多函数的程序设计提供了方便，使得程序员不必担心自己编写的函数中是否有变量与其他程序员编写函数中的变量同名，只需致力于编写函数的功能就可以了。

【例 3.12】局部变量的使用。

程序代码如下：

```
//***** ex3_12.cpp *****
#include <iostream>
using namespace std;
double fun1(double a, double b)     //fun1 函数中有 3 个局部变量，分别取名 a、b、c
{
    double c;
    c=a+b;
    return c;
}
int main()                          //main 函数中有 3 个局部变量，也分别取名 a、b、c
{
    double a,b,c;
    cout<<"Input a & b:";
    cin>>a>>b;
    c=fun1(a,b);
    cout<<"a+b="<<c<<endl;
    return 0;
}
```

程序运行结果如下：

```
Input a & b: 3 6
fun1 a,b: 4,7
main a+b=3+6=9
```

可见，main 函数和 fun1 函数中的变量虽然名称相同，但它们代表不同的内存空间，是

相互独立的局部变量，即"此 a 非彼 a"，main 函数中 a、b 的值不会因为 fun1 函数的调用而改变。

2. 全局变量

全局变量是定义在函数以外的变量（一般的全局变量也称外部变量），它们原则上对整个文件的函数都是可见的，甚至对本程序的其他文件的函数也可见。但通常条件下的全局变量的作用域是从定义变量的位置到该文件的结束。

【例 3.13】全局变量的使用。

程序代码如下：

```
//***** ex3_13.cpp *****
#include <iostream>
using namespace std;
int a;                        //a 为全局变量，其作用域为整个文件
void fun1()                   //定义 fun1 函数
{   a=6; }                    //fun1 函数中使用全局变量 a
int main()
{
    cout<<a<<endl;            //main 函数中使用了全局变量 a
    fun1();                   //调用 fun1 函数
    cout<<a<<endl;            //main 函数中再次使用全局变量 a
    return 0;
}
```

程序运行结果如下：

```
0
6
```

说明：

（1）例 3.13 中，main 函数和 fun1 函数使用的都是全局变量 a。main 函数第 1 次输出 a 时，a 还没有赋值，但是执行结果显示 0。这是因为当程序执行时，全局变量被分配存储空间的同时被系统初始化为 0（定义全局变量时，专门初始化除外，如例 3.1 的 sum 变量）。调用 fun1 函数后，a 在 fun1 函数中被赋值为 6，所以 main 函数中第 2 次输出 a 时结果为 6。

（2）全局变量可以定义在任何位置，但其作用域是从定义的位置开始到文件的末尾。一般来说，全局变量定义在所有函数上面，这样所有的函数就可以使用该全局变量了。而定义在文件中间的全局变量就只能被其下面的函数所使用，全局变量定义之前的所有函数不会知道该变量。例如：

```
#include <iostream>
using namespace std;
void fun1();
int main()
{
    x=4;                      //不能使用全局变量 x，此时 x 尚未定义，编译时出错
    cout<<x<<endl;
    return 0;
}
int x;                        //定义全局变量 x
void fun1()
{   cout<<x<<endl;   }        //可以使用全局变量 x
```

（3）全局变量为函数间数据的传递提供了通道。由于全局变量可以被其定义后的函数所使用，因此可以使用全局变量进行函数间数据的传递。而且这种传递数据的方法可以传递多个数据的值。

【例 3.14】编写两个函数分别求给定两个数的最大公约数和最小公倍数。其中，要求用全局变量存放最大公约数和最小公倍数，而不用函数值返回。

分析：由于求最小公倍数要依赖于最大公约数，因此应先求最大公约数。故应将求最大公约数的函数声明写在前面，求最小公倍数的函数声明放在后面。

程序代码如下：

```cpp
//***** ex3_14.cpp *****
#include <iostream>
using namespace std;
void gc_divisor(int,int);                    //声明求最大公约数的函数
void lc_multiple(int,int);                   //声明求最小公倍数的函数
int maxg, minl;                              //两全局变量分别存放最大公约数、最小公倍数
int main()
{
    int a,b;
    cout<<"输入 a & b: ";
    cin>>a>>b;
    gc_divisor(a,b);
    lc_multiple(a,b);
    cout<<"最大公约数："<<maxg<<endl;       //使用全局变量 maxg
    cout<<"最小公倍数："<<minl<<endl;       //使用全局变量 minl
    return 0;
}
void gc_divisor(int x,int y)
{
    int r;
    r=x%y;
    while(r!=0)
    {   x=y; y=r; r=x%y;   }
    maxg=y;
}
void lc_multiple(int x,int y)
{   minl=x*y/maxg; }                          //使用全局变量 maxg 求 minl
```

程序运行结果如下：

```
输入 a & b: 32 12
最大公约数：4
最小公倍数：96
```

本例中利用全局变量 maxg 和 minl 存储最大公约数和最小公倍数。最大公约数是在函数 gc_divisor 中计算并赋给 maxg 的；最小公倍数是在函数 lc_multiple 中计算并赋给 minl 的。而 maxg 和 minl 又在 main 函数中使用。整个程序就是利用全局变量 maxg 和 minl 由 gc_divisor 函数向 lc_multiple 函数再向 main 函数传递数据实现的。

（4）其他文件也可以使用文件外定义的全局变量，但要求该变量是外部变量类型的全局

变量，而且要求在使用该变量的文件中有对该变量的声明。外部变量跨文件使用的例子，请参考例 3.19。

（5）全局变量降低了函数的通用性，建议不在必要时不要使用全局变量。因为如果函数在执行时使用了全局变量，那么其他程序使用该函数时也必须将该全局变量一起移过去。另外，全局变量在程序的整个执行过程都占用存储空间，而不是需要时才开辟存储空间。

3. 重名局部变量和全局变量作用域规则

在 C++中，虽然不允许相同作用域的变量同名，但允许不同作用域的变量同名。

【例 3.15】全局变量和局部变量重名示例。

程序代码如下：

```
//***** ex3_15.cpp *****
#include <iostream>
using namespace std;
int    a=4;                          //全局变量 a
int main()
{   cout<<a<<endl;             //输出①
    int a=1;                      //函数内局部变量 a
    cout<<a<<endl;             //输出②
    return 0;
}
```

程序运行结果如下：

```
4
1
```

在例 3.15 程序中，有两个同名变量 a 定义在两个不同的作用域，这是两个不同的变量，对应不同的存储单元。

由前面的介绍已知全局变量的作用域是其定义位置开始到文件末尾，局部变量的作用域是其定义所在的函数或程序块。当它们重名且作用域重叠时，程序到底使用哪个变量呢？作用域规则是：局部变量和全局变量同名时，全局变量被遮蔽，想要引用全局变量需要使用一元运算符::（如::a）。

在上述例子中，全局变量 a 在 main 函数的"int a=1;"语句之前是可见的，因此输出①显示的是全局变量 a 的值 4。"int a=1;"语句之后，它被 main 函数中定义的重名局部变量 a 遮蔽，此时输出②显示的是函数局部变量 a 的值 1。

【例 3.16】函数中变量和程序块中变量重名示例。

程序代码如下：

```
//***** ex3_16.cpp *****
#include <iostream>
using namespace std;
int main()
{   int a=1, b=2, c=3;
    cout<<a<<","<<b<<","<<c<<endl;        //输出①
    {   int b=4;                               //程序块❶
        cout<<a<<","<<b<<","<<c<<endl;        //输出②
        a=b;
        {   int c;                             //程序块❷
            c=b;
```

```
            cout<<a<<","<<b<<","<<c<<endl;          //输出③
        }
        cout<<a<<","<<b<<","<<c<<endl;              //输出④
    }
    cout<<a<<","<<b<<","<<c<<endl;                  //输出⑤
    return 0;
}
```

程序运行结果如下：

```
1,2,3
1,4,3
4,4,4
4,4,3
4,2,3
```

在例 3.16 中，main 函数体内定义了三个变量 a、b 和 c，因此输出①显示结果为：1,2,3。在外层程序块❶中定义了变量 b，它遮蔽了函数级变量 b，这样函数级变量 a、c 和程序块❶的变量 b（b 值初始化为 4）可见，因此输出②的结果为：1,4,3。接下来，语句"a=b;"改变了函数级变量 a 的值，使之为 4。在内层程序块❷中定义了变量 c，它遮蔽了函数级变量 c，此时函数级变量 a、程序块❶变量 b、程序块❷变量 c 可见，所以语句"c=b"将程序块❶变量 b 的值赋给程序块❷变量 c，其值为 4，所以输出③的结果为：4,4,4。之后，程序块❷结束，释放程序块❷变量 c，该变量的遮蔽作用消失，使得函数级变量 c 重新可见，所以输出④结果为：4,4,3。最后，程序块❶结束，释放程序块❶变量 b，重新使函数级变量 b 可见，所以输出⑤结果为：4,2,3。读者可以自行思考一下为什么输出④和输出⑤结果中 a 的值是 4 而不是 1。

3.6.2　变量的生存期

从变量的时间属性考虑变量具有生存期，即变量值在内存中存在的时间。而变量的生存期是由变量的存储类型决定的，存储类型分为动态存储方式与静态存储方式，由 4 个类型说明符 auto、register、static、extern 说明。

1. 动态存储方式

所谓动态存储方式，是指在程序运行期间动态地分配存储空间给变量的方式。这类变量存储在动态存储空间（堆或栈），执行其所在函数或程序块时开辟存储空间，函数或程序块结束时释放存储空间，生存期为函数或程序块的运行期间，主要有：函数的形参，函数或程序块中定义的局部变量（未用 static 声明）。

使用动态存储方式的变量有两种：自动变量和寄存器变量。

（1）自动变量。函数中的局部变量默认是自动变量，存储在动态数据存储区。自动变量可以用关键字 auto 作为存储类型的声明。自动变量的生存期为函数或程序块的运行期间，作用域也是其所在函数或程序块。例如：

```
int fun()
{  auto int a;  }                    //a 为自动变量
```

实际编程过程中，关键字"auto"可以省略。例如上述自动变量也可声明为

```
int fun()
{  int a; }
```

（2）寄存器变量。寄存器变量也是动态变量，可以用 register 作为存储类型的声明。寄

存器变量存储在 CPU 的通用寄存器中，由于 CPU 读/写寄存器中的数据比读/写内存中的数据要快，因此可以提高程序运行效率。寄存器变量的生存期为函数或程序块的运行期间，作用域为其定义所在的函数或程序块。一般情况下，可将局部最常用到的变量声明为寄存器变量，如循环变量。

【例 3.17】寄存器变量使用示例。

程序代码如下：

```
//***** ex3_17.cpp *****
#include <iostream>
using namespace std;
int main()
{   register int i;                      //定义变量 i 为寄存器变量
    int sum=0;
    for(i=1; i<=100; i++) sum+=i;        //循环变量 i 就使用了寄存器变量
    cout<<"1+2+...+100="<<sum<<endl;
    return 0;
}
```

程序运行结果如下：

```
1+2+...+100=5050
```

寄存器变量使用时应注意以下问题：

1）寄存器变量不宜定义过多。计算机中寄存器数量是有限的，不能允许所有的变量都为寄存器变量。如果寄存器变量过多或通用寄存器被其他数据使用，那么系统将自动把寄存器变量转换成自动变量。

2）寄存器变量的数据长度与通用寄存器的长度相当。一般是 char 型和 int 型变量。

2. 静态存储方式

所谓静态存储方式，是指在程序运行期间分配固定的存储空间给变量的方式。这类变量存储在全局数据区（也称为静态存储区），当程序运行时开辟存储空间，程序结束时释放存储空间，生存期为程序运行期间。采用静态存储方式的变量有外部变量、静态变量（静态局部变量和静态全局变量）。

（1）外部变量。外部变量就是全局变量，是只用数据类型关键字而未用 static 关键字定义的全局变量。外部变量存储在全局数据区，生存期为程序执行期间。如果不对外部变量另加声明，则它的作用域是从定义位置到所在文件的末尾。如果要将其作用域扩展到整个程序，可以使用以下声明语句：

```
[extern] 数据类型名 外部变量名;
```

两种作用域扩展使用情况说明：

1）对文件内容后面位置所定义的外部变量 x，要将其作用域扩展到本文件前面的函数。这时只要在该文件的前面用 extern 对该变量 x 声明即可，这种方式叫作提前引用声明。

【例 3.18】对定义在同一文件中的外部变量，进行提前引用声明以扩展其使用范围到文件前面。

程序代码如下：

```
//***** ex3_18.cpp *****
#include <iostream>
using namespace std;
```

```
    extern int x;                          //提前引用声明
    int main()
    {   x=4;
        cout<<x<<endl;
        return 0;
    }
    int x;                                 //外部变量 x 的定义
```

在例 3.18 中，通过对外部变量 x 进行提前引用声明，提前告诉编译系统：该变量是本文件后面定义的外部变量，或者是本程序另一个文件中定义的外部变量。避免在函数中引用时出现"变量 x 未定义"的错误。

2）对本程序的另一个源文件 B 中定义的外部变量 y，要想扩展到本文件 A 中使用，这时只要在本文件 A 的前面用 extern 对该变量 y 声明即可，可称此为跨文件引用声明。

【例 3.19】对定义在另一文件中的外部变量，进行跨文件引用声明以扩展其作用域到本文件。

程序代码如下：

```
    //*****ex3_19_1.cpp*****      （文件 ex3_19_1.cpp 的内容）
    #include <iostream>
    using namespace std;
    extern int w;                          //跨文件引用声明
    int main()
    {
        cout<<w<<endl;                     //使用 ex3_19_2.cpp 文件中定义的变量 w
        return 0;
    }
    //*****ex3_19_2.cpp*****      （文件 ex3_19_2.cpp 的内容）
    int w=10;                              //外部变量 w 的定义
    int fun(int x,int y)
    {   return (x+y);    }
```

程序运行结果如下：

```
    10
```

例 3.19 中 ex3_19_1.cpp 文件使用了在 ex3_19_2.cpp 中定义的变量 w。

无论是提前引用声明还是跨文件引用声明，编译系统看到 extern 声明语句时，首先是在本文件的后面找是否该变量是本文件的外部变量，本文件中没有找到时才到其他文件中找。

（2）静态变量。静态变量存储在全局数据区，使用 static 声明。静态变量有两种：静态局部变量和静态全局变量。

1）静态局部变量是在定义语句开头再添加一个 static 关键字所定义的。静态局部变量的特点是：程序执行时，为其开辟存储空间直到程序结束，但只能被其定义所在的函数或程序块所使用。所以静态局部变量的生存期为程序执行期间，作用域为其定义所在的函数或程序块内。如果没有为静态局部变量初始化，则系统自动将其初始化为 0。

【例 3.20】静态局部变量的使用。

程序代码如下：

```
    //***** ex3_20.cpp *****
    #include <iostream>
    using namespace std;
    void fun();
```

```
int main()
{
    int i;
    for(i=0;i<3;i++)
        fun();
    return 0;
}
void fun()
{
    int a=0;
    static int b=0;                    //定义静态局部变量
    a=a+1;
    b=b+1;
    cout<<a<<","<<b<<endl;
}
```

程序运行结果如下：

```
1,1
1,2
1,3
```

在例 3.20 中，main 函数调用 fun 函数三次。fun 函数中定义了自动局部变量 a 和静态局部变量 b，每次被调结束前输出 a 和 b 的值。静态局部变量在程序执行开始就被存储在全局数据区并初始化为 0，值得注意的是：静态局部变量只被初始化一次，以后每次调用 fun 函数时，都在相同的存储单元存取数据，前一次调用后拥有的值可以被保存，所以三次输出的 b 分别是 1、2 和 3。动态局部变量 a 存储在动态数据区，每次调用 fun 函数时开辟存储空间，fun 函数结束时释放存储空间，值不能被保存，所以每次调用函数时重新初始化为 0，故每次输出的 a 值都是 1。

2）静态全局变量是在定义语句开头再添加一个 static 关键字所定义的。静态全局变量的特点是：程序执行时，为其在全局数据区开辟存储空间并初始化为 0，生存期为程序执行期间，作用域只能被其定义所在的文件使用，而不能借助跨文件引用声明扩展到文件外。

【例 3.21】静态全局变量的使用。

程序代码如下：

```
//***** ex3_21_1.cpp *****    （文件 ex3_21_1.cpp 的内容）
#include <iostream>
using namespace std;
static int u=10;               //定义静态全局变量
void fun()
{   cout<<"This is ex3_18.cpp";  }
//***** ex3_21_2.cpp *****    （文件 ex3_21_2.cpp 的内容）
#include <iostream>
using namespace std;
extern int u;                  //试图对 u 进行跨文件引用声明，此时行不通
int main()
{
    cout<<u<<endl;             //出现"变量 u 未定义"错误
    return 0;
}
```

在例 3.21 中，文件 ex3_21_1.cpp 中使用 static 关键字定义全局变量，u 为静态全局变量，因此不能扩展作用域到文件 ex3_21_2.cpp 中。所以 ex3_21_2.cpp 编译时产生变量未定义错误。

全局变量和静态全局变量都是静态存储方式，两者的区别在于作用域的扩展上。非静态全局变量的作用域可以扩展到整个源程序，静态全局变量则限制了其作用域，即静态全局变量的作用域局限于一个源文件内，只能为该源文件内的函数使用。

3.6.3　内部函数和外部函数

函数按其存储类型也可以分为两类：内部函数和外部函数。

1. 内部函数

内部函数是只能在定义它的文件中被调用的函数，而在同一程序的其他文件中不可调用。内部函数定义时，在函数类型前加 static，所以也称为静态函数，定义格式如下：

```
static 函数类型 函数名([参数列表])
{
    函数体
}
```

内部函数的作用域只限于定义它的文件，所以在同一个程序的不同文件中可以有相同名称的内部函数，它们互不干扰。

【例 3.22】静态函数的示例。

程序代码如下：

```
//***** ex3_22_1.cpp *****      （文件 ex3_22_1.cpp 中的内容）
#include <iostream>
using namespace std;
static void fun();
int main()
{
    fun();
    return 0;
}
static void fun()            //文件 ex3_22_1.cpp 中定义静态函数，名称为 fun
{   cout<<"This in ex3_20_1.cpp."<<endl;   }
//***** ex3_22_2.cpp *****      （文件 ex3_22_2.cpp 中的内容）
#include <iostream>
using namespace std;
static void fun()            //文件 ex3_22_2.cpp 中定义静态函数，名称也为 fun
{   cout<<"This in ex3_20_2.cpp."<<endl;   }
```

程序运行结果如下：

```
This in ex3_20_1.cpp.
```

结果表明，两个文件中都可出现同名 fun 函数，它们互不干扰。

2. 外部函数

外部函数是可以在整个程序各个文件中被调用的函数。

（1）外部函数的定义。

在函数类型前加存储类型关键字 extern，定义格式如下：

```
[extern] 类型名 函数名([参数列表])
{
```

　　函数体
　　}
extern 为默认关键字。
（2）外部函数的声明。
文件 A 在需要调用文件 B 中所定义的外部函数时，需要在文件 A 中用关键字 extern 对被调函数提出声明，声明格式如下：

```
extern 函数类型 函数名([参数类型列表]);
```

【例 3.23】文件 ex3_23_1.cpp 利用文件 ex3_23_2.cpp 中的外部函数实现阶乘运算。
程序代码如下：

```
//***** ex3_23_1.cpp *****      （文件 ex3_23_1.cpp 中的内容）
#include <iostream>
using namespace std;
int main()
{
    extern double fac(int);        //声明将要调用在其他文件中定义的 fac 函数
    int n;
    cout<<"Input n:";
    cin>>n;
    cout<<n<<"!="<<fac(n)<<endl;
    return 0;
}
//***** ex3_23_2.cpp *****      （文件 ex3_23_2.cpp 中的内容）
#include <iostream>
using namespace std;
extern double fac(int m)         //定义 fac 函数
{
    int n;
    double s;
    s=1;
    for(n=1; n<=m; n++) s=s*n;
    return s;
}
```

程序运行结果如下：

```
Input n: 5
5!=120
```

文件 ex3_23_2.cpp 中可以将 extern 省略，形式为

```
double fac(int m) { ... }
```

3.7　编译预处理

预处理是指在对程序进行通常的编译前，对源文件中的预处理代码进行的"提前处理"。预处理主要用于改进程序设计环境，提高编程效率。预处理类型主要有三种：宏定义、文件包含和条件编译。

预处理代码不是 C++中的语句，为了和 C++语句区别，在预处理代码前通过加"#"符号进行说明，并且预处理代码不加分号结束。

3.7.1　宏定义

宏定义的作用是用一个标识符来表示一个字符串，以实现文本替换。宏定义有两种格式：不带参数的宏定义和带参数的宏定义。

1. 不带参数的宏定义

不带参数宏定义的格式如下：

```
#define  宏名 字符串
```

其中，define 是宏定义关键字，"宏名"是一个标识符，"字符串"是字符序列。该语句的意思是用"宏名"代表"字符串"。执行该预处理代码时，编译系统将对程序语句中出现的"宏名"统统用"字符串"直接替代。

【例 3.24】利用宏表示圆周率，求圆面积。

程序代码如下：

```
//*****ex3_24.cpp*****
#include <iostream>
#define PI 3.14159          //宏定义。宏名是 PI
using namespace std;
int main()
{
    double s,r;
    cout<<"Input r:";
    cin>>r;
    s=PI*r*r;                //宏调用，PI 代替 3.14159
    cout<<"s="<<s<<endl;
    return 0;
}
```

程序运行结果如下：

```
Input r:3
s=28.2743
```

程序在编译时，先将程序语句中出现的宏名（PI）用所定义的字符串（3.14159）替换，再进行编译。实际编译过程是对 s=3.14159*r*r 进行编译。

说明：

（1）在定义宏时，"宏名"和"字符串"之间要用空格分开。而"字符串"中的内容不要有空格。

（2）宏名通常用大写字母定义。

（3）宏定义是在编译前对宏进行替换的，但对程序中用双引号括起来的字符串内容，如果其中有与宏名相同的部分，是不进行文本替换的。例如：

```
#define PI 3.14159
int main()
{
    cout<<"PI="<<PI<<endl;
    return 0;
}
```

程序运行结果如下：

```
PI= 3.14159
```

以上程序中，对于双引号中的 PI 没有替换而直接输出，只是把第 2 个 PI 进行了替换。

（4）宏定义后，可以在本文件各个函数中使用。也可以使用#undef 取消宏的定义。

（5）宏定义可以嵌套，已被定义的宏可以用来定义新的宏。例如：

```
#include <iostream>
using namespace std;
#define  M  3
#define  N  M+2              //嵌套宏定义，用已定义的宏 M 来定义新的宏 N
#define  L  4*N +6           //嵌套宏定义，用已定义的宏 N 来定义宏 L
int main()
{
    cout<<L<<endl;
    return 0;
}
```

程序运行结果如下：

```
20
```

在以上程序运行结果是 20，而不是 26，因为在编译时经过宏替换之后 main 函数中的 L 被替换为 4*M+2+6=4*3+2+6=20。可见宏替换是机械性地将宏名用所定义的字符串内容替换。

（6）在 C++语言中，常用 const 型数据代替宏定义。在求圆面积的例子中，也可以在 main 函数中定义如下常量：

const double PI=3.14159;

程序执行结果是一样的。所以说，有时候宏定义可以代替 const 型常量。但宏和 const 型常量是有区别的。宏定义的作用是文本替换而不占用内存空间；而 const 变量是一个局部变量，在函数执行期间需要开辟内存空间。另外宏定义不能判断"字符串"是否有错误的信息。

2．带参数的宏定义

宏定义中的参数称为形式参数，宏调用中的参数称为实际参数。带参数宏定义的格式如下：

#define 宏名(参数列表) 字符串

带参数宏定义不只是简单的文本替换，还要用实参去替换形参。

【例 3.25】利用带参数的宏求圆面积。

程序代码如下：

```
//***** ex3_25.cpp *****
#include <iostream>
using namespace std;
#define PI 3.14159
#define S(r) PI*r*r
int main()
{
    double s,x;
    x=3.0;
    s=S(x);
    cout<<"s="<<s<<endl;
    return 0;
}
```

程序运行结果如下：

```
s=28.2743
```

预处理时，将实参 x 替换形参 r，S(r)被替换成 PI*r*r，然后再将 PI*r*r 替换成 3.14159*r*r。

实际编译时，是对替换后的式子 3.14159*3.0*3.0 进行编译的。

说明：

（1）在"宏名"和"参数列表"之间不能有空格出现，否则会将空格左边的部分当作宏名，空格右边的部分被当作宏名所代表的内容。例如：

```
#define S   (r) PI*r*r
```

这时，会误将 S 作为宏名，将(r) PI*r*r 作为宏 S 的替换文本。

（2）带参数宏定义时，"字符串"中的参数要适当地加上括号，否则将可能出现优先级不符的问题，导致结果与人们通常期望的不同。

【例 3.26】带参数的宏展开示例。

程序代码如下：

```
//***** ex3_26.cpp *****
#include <iostream>
using namespace std;
#define S(a,b) a+b
int main()
{
    double s,a,b;
    a=2, b=3;
    s=S(a,b)* S(a,b);
    cout<<"s="<<s<<endl;
    return 0;
}
```

程序运行结果如下：

```
s=11
```

人们通常可能期望得到的是(2+3)*(2+3)=25。那么为什么出现结果为 11 呢？这与宏的机械性替换过程有关，在编译前只将语句中出现的 S(a,b)机械性地替换为 a+b，不会智能性地加上括号，因此替换后的表达式是 s=a+b*a+b 形式。程序执行时用变量 a 和 b 的值计算表达式 s=a+b*a+b=2+3*2+3=11。由此导致和期望的结果不同。如果将带参数宏定义为如下形式：

```
#define   S(a,b) (a+b)
```

对这样的预处理语句进行处理时，执行语句中出现的 S(a,b)将被替换成带括号的(a+b)，于是 s= S(a,b)* S(a,b)就将替换成 s=(a+b)*(a+b)，此时的语句结果就是(2+3)*(2+3)，结果为 25。

所以，对于带参数的宏定义，宏替换只是机械性的替换而不涉及计算，替换时一是一，二是二，决不增减替换内容。进行宏定义时要注意，不要把宏定义当函数使用。

（3）C++中常用内置函数代替带参数的宏定义。因为内置函数可以识别参数，不用再特意地添加括号。另外内置函数可以识别参数类型，而带参数的宏定义不能。

3.7.2　文件包含

文件包含是 C++预处理程序的另一个重要功能。文件包含的命令格式如下：

```
#include <文件名>
```

或

```
#include "[路径\]文件名"
```

文件包含命令的功能是把指定包含的文件插入该命令行位置取代该命令行，从而把指定包含的文件和当前的源程序文件连成一个源文件。使用带尖括号的格式时，程序首先到 C++

的系统目录寻找被包含的文件，若找不到则给出错误信息。使用带双引号的格式时，文件名前可以带路径，程序首先到指定路径位置寻找被包含的文件（若默认路径则默认到程序的当前文件夹寻找）；找不到再到 C++系统文件夹寻找；如果两处都不存在该文件，就出错。

说明：

（1）一个文件包含命令只能包含一个文件，若想包含多个文件须用多个文件包含命令。

（2）文件包含命令不仅可以包含系统的头文件，也可以包含用户定义的文件。

（3）头文件中一般存放变量和函数的声明和定义。用户可以将程序常用的函数或变量定义在自己的头文件中。

【例 3.27】 将存于相同位置的文件 ex3_27_2.cpp 的内容包含到文件 ex3_27_1.cpp 中。

程序代码如下：

```
//***** ex3_27_2.cpp *****        （文件 ex3_27_2.cpp 的内容）
double fun(float r)
{    return 3.14159*r*r ;    }
//***** ex3_27_1.cpp *****        （文件 ex3_27_1.cpp 的内容）
#include <iostream>
#include "ex3_24_2.cpp"
using namespace std;
int main()
{
    cout<<"s = "<<fun(3)<<endl;
    return 0;
}
```

程序运行结果如下：

```
s = 28.2743
```

编译预处理时，将文件 ex3_27_2.cpp 中的内容复制到文件 ex3_27_1.cpp 中，然后进行正式编译时，要编译的程序如同下面的程序：

```
#include <iostream>
using namespace std;
double fun(float r)
{    return 3.14159*r*r;    }
int main()
{
    cout<<"s = "<<fun(3)<<endl;
    return 0;
}
```

即 ex3_27_1.cpp 中的正式编译内容就是将#include "ex3_27_2.cpp"语句替换成 ex3_27_2.cpp 文件的内容。

习题 3

一、选择题

1. 以下有关函数定义和调用的说法中，正确的是（   ）。

　　A．函数的定义就是指"函数"这个名词的概念

  B．函数的声明就是提前写出函数定义的首部

  C．一个函数只能调用除自己以外的函数

  D．函数的返回值只能返回给它的直接调用者

2．以下有关函数参数的叙述不正确的是（　　）。

  A．函数的形参命名可以任意，只要符合标识符规则

  B．实参只能是常数

  C．形参的值与实参的值不一定时刻保持一致

  D．函数参数的值也可以是内存单元地址

3．以下有关变量时间与空间属性的叙述不正确的是（　　）。

  A．变量的时间属性是指变量有一定的生存期

  B．变量的空间属性是指变量有一定的作用域

  C．static 关键字加在变量定义语句前只能使变量的生存期延长

  D．静态全局变量是指其作用域最多只局限于本文件范围

4．以下有关函数存储类别的叙述不正确的是（　　）。

  A．内部函数又叫作静态函数，定义时用到 static 关键字

  B．内部函数不能被定义它的文件之外的语句调用

  C．必须加 extern 关键字定义的函数才是外部函数

  D．外部函数可以被定义它的文件之外语句调用，只是调用前需要用 extern 声明

5．以下有关编译预处理的叙述正确的是（　　）。

  A．宏定义与 const 型常量是一样的，宏名相当于一个内存变量

  B．宏替换是用宏后面表达式的值去替换程序代码中出现的宏名

  C．文件包含命令中如果指定了被包含文件的路径则只到该路径位置查找文件

  D．一个文件包含命令只允许包含一个文件

6．以下函数定义中能正确编译的是（　　）。

  A．double fun(int x, int y) {double z; z=x+y ; return z;}

  B．double fun(int x, int y) { z=x+y; return z;}

  C．double fun(int x, int y) {int x, y; double z; z=x+y ; return z; }

  D．double fun(int x, y) {int z=x+y; return z; }

7．下列叙述中，不正确的是（　　）。

  A．一个函数中可以有多个 return 语句

  B．函数可以通过 return 语句返回数据

  C．必须用一个独立的语句来调用函数

  D．函数 main 也可以带有参数

8．已知函数 f 的定义：

```
int f(int n)
{  n*=2 ; return n+1; }
```

则执行 "int m=5, n=3; m=f(n);" 后变量 m 和实参 n 的值分别是（　　）。

  A．7　6　　　　　B．7　3　　　　　C．3　3　　　　　D．6　7

二、填空题

1．函数的声明语句类似于函数定义中的_____，但它们之间有如下区别：函数的声明语句中，形参名称可以_____，函数定义中的形参名称不_____；函数声明语句末尾_____，函数定义中的_____部分的末尾_____。

2．若有函数定义：

float f(int x, char y){…}

将该函数声明为内置函数的语句为_____。

3．全局变量定义在_____位置，包括_____和_____两种。其中，后者的作用域不超出定义它的文件范围，且后者的定义比前者的定义要多一个_____关键字；前者的作用域原则上可以扩展到程序所有_____中的所有_____，前提是只要在使用它的文件开头写形如_____格式的声明语句。

4．static 加在局部变量定义前,改变局部变量的_____但不改变它的_____;static 加在全局变量定义前，改变全局变量的_____但不改变它的_____。static 加在函数定义首部时，是限制函数的_____，使函数最多只能在_____范围内可以被调用。

5．若有宏定义：

```
#define F(a,b) a-b
#define G(a,b) (a+b)
```

而程序执行语句中有如下语句：

```
a=6, b=4;
cout<<F(a,b)*F(a,b)<<G(a,b)*G(a,b)<<G(a,b)/(F(a,b))<<endl;
```

则输出的三个数据按次序分别是_____、_____、_____。

三、程序阅读题，写出输出结果。

程序 1：

```
#include <iostream>
using namespace std;
long f1(int p)
{
    long f2(int);
    long c=1,s;
    int i;
    for(i=1;i<=p;i++)
        c=c*i;
    s=f2(c);
    return s;
}
long f2(int q)
{
    long r;
    r=q*q;
    return r;
}
int main()
```

```
        {
            long s;
            s=f1(2)+f1(3);
            cout<<"s="<<s<<endl;
            return 0;
        }
```

程序 2：若程序运行时输入"5"。

```
        #include <iostream>
        using namespace std;
        long fun(int n)
        {
            long f;
            if(n<0) cout<<"n<0,input error";
            else if(n==0) f=1;
            else f=fun(n-1)*(n-1)+n;
            return(f);
        }
        int main()
        {
            int n;
            long y;
            cout<<"input a inteager number:\n";
            cin>>n;
            y=fun(n);
            cout<<"y="<<y<<endl;
            return 0;
        }
```

程序 3：

```
        #include <iostream>
        using namespace std;
        int a=3,b=5;
        int max(int a,int b)
        {   int c;
            c=a>b?a:b;
            return(c);
        }
        int main()
        {   int a=8;
            cout<<"max="<<max(a,b)<<endl;
            return 0;
        }
```

程序 4：若程序运行时输入"3"和"4"。

```
        #include <iostream>
        using namespace std;
        #define M (x+y)
        #define N x-y
        int main()
        {   int s,x,y;
            cout<<"input two number:x,y\n";
```

```
        cin>>x>>y;
        s=3*M+4*N;
        cout<<"s="<<s<<endl;
        return 0;
    }
```

四、程序设计题

1. 对任意给定的两个正整数 m、n，用函数实现求 s=m!+n!。要求编写两个自定义函数：其一为求两数之和，函数原型为 float add(int x,int y)；其二为求某数阶乘，函数原型为 float fac(int n)。主函数中给出实参，调用两者得到最终结果。

2. 编写求[1,100]中所有素数之和的程序。其中，判断某个数 n 是否为素数用函数实现，函数原型可为 int isprime(int n)。

3. 试分别用非递归与递归函数方式编写求 a 的 n 次幂的函数，函数原型为 float pow(float a,int n)，限定 n≥0。

4. 试分别用非递归与递归函数方式编写求 s=1+2+…+n 的函数，函数原型为 float sum(int n)，限定 n≥1。

5. 编程实现对用户输入的英文字符进行输出，其中，判断输入字符为英文字符的功能用内置函数实现。

6. 将一个求阶乘的函数 fac（函数原型同第 1 题）专门写在一个文件 file1.cpp 中，定义为外部函数；然后在另一文件 file2.cpp 中计算 y=a!/b^n，其中，调用 fac 计算 a!，调用本文件中的求幂运算函数 pow（函数原型同第 3 题）计算 b^n。

第 4 章　数组与指针

前面章节的程序设计所处理的数据个数较少，用少数几个变量来描述它们就够了。但在有的应用中，需要程序处理大批量的数量，数据之间甚至有某种逻辑上的联系，这时可以采用数组，它适合表示大批量的同类型数据。指针是 C++中很有特色的一种数据类型，它为复杂数据结构的建立、变量的间接访问与函数的间接调用提供了有效手段，它使函数调用中参数和返回值的传递更灵活，对数组的访问更方便。利用指针引用动态分配的内存，可以建立更为复杂的动态数据结构。本章介绍数组、指针以及它们的应用。

4.1　数组及其应用

4.1.1　数组的概念

某些程序在运行过程中要处理大批量的数据，而且这批数据中数据之间有某种逻辑上的联系，从而构成逻辑上的整体。如成绩分析程序，要对一个班级全体学生的若干门课程成绩进行多种处理（输入成绩、计算每位学生的总分、按总分从高到低排序、求各课程的平均分、找出某门课程不及格的学生、找出某学生不及格的课程、对某门课程分数或总分进行人数分段统计等），显然，要对成绩表中数据进行多次访问，所以在成绩一次性输入机器后在程序运行过程中必须一直保存在内存中以便后面各种成绩处理采用。又如要解一个多元（例如 100 个未知数）的一次方程组，程序运行时要一直保存方程组的几十甚至上百个系数，从而实现对它们有规律的运算。从成绩分析程序和解方程组程序还可以发现，这种批量数据在程序运行时要被多次访问而且批量数据中的各数据具有相同的数据类型。

对一批数据中的每一个数据定义一个变量显然过于麻烦，也难以反映出数据之间的联系。在程序设计时，将这种批量数据作为一个整体处理，即用数组来描述。

数组是相同类型的一组数据所构成的整体。数组的名字称为数组名。所以数组名代表一批数据。数组中的数据称为数组元素（或数组分量），数组元素可以用下标（顺序号）来区分。例如，一个班 60 名学生的某门课程成绩构成一批数据，可以用一个数组 g 来表示它们，每个学生的成绩分别表示为

　　　g[0],g[1],g[2],...,g[i],...,g[59]

又如二元一次方程组：

$$\begin{cases} a_{00}x_0 + a_{01}x_1 = b_0 \\ a_{10}x_0 + a_{11}x_1 = b_1 \end{cases}$$

未知数 x 的系数可以用数组 a 表示，其元素为

　　　a[0][0],a[0][1]
　　　a[1][0],a[1][1]

在这里，区分 g 数组的元素需要一个顺序号，故称为一维数组；而区分 a 数组的元素需要

两个顺序号，故称为二维数组。

引入数组的概念后，我们可以用循环语句控制下标的变化，从而实现对数组元素有规律的访问。例如，输入 60 名学生的成绩，可描述为

```
for(i=0;i<60;i++)
    cin>> g[i];
```

此处利用单个语句，就可输入各个数据。一旦各个数据项存于数组中，将能随时引用其中任一数据，而不必重新输入该数据。

4.1.2　一维数组

如同简单变量一样，数组在使用之前也要定义，即确定数组的名字、类型、大小和维数。

1. 一维数组的定义

一维数组的定义形式为

```
类型符  数组名[常量表达式];
```

其中，方括号中的常量表达式的值表示数组元素的个数，即数组的大小或长度。常量表达式可以包括字面常量和符号常量以及由它们组成的常量表达式，但必须是整型。方括号之前的数组名是一个标识符。类型符指出数组（数组元素）的类型。

例如数组

```
int a[10];
```

表示定义了一个数组名为 a 的一维数组，它有 10 个元素，每个元素都是整型。

要注意的是数组元素的个数不能动态定义，即方括号中不能含有变量，下面的定义是错误的：

```
int  N;
cin>>N;              //输入数组的长度
int  a[N];           //企图根据 N 的临时输入值定义数组的长度
```

但如果 N 是已经定义的符号常量则合法，例如：

```
#define N 10          //或者  const int N=10;
int  a[N];
```

此时对数组 a 的定义是合法的。

2. 一维数组元素的引用

一维数组元素的引用形式为

```
数组名[下标]
```

一个数组元素的引用就代表一个数据，它和简单变量等同使用。

C++规定，数组元素的下标从 0 开始。在引用数组元素时要注意下标的取值范围。当所定义数组的数组元素的个数为 M 时，下标值取 0 到 M-1 之间的整数。例如上面定义的数组 a 有 10 个元素，即 a[0],a[1],…,a[9]，如程序引用数组元素 a[i]，就要保证程序运行时 i 不超出 0～9 的范围。

下标可以是整型常量、整型变量或整型表达式。要给上面的数组 a 中数组元素输入数据可表示如下（假设 i 是已定义的整型变量）：

```
for(i=0;i<10;i++)
    cin>>a[i];           //输出则改为 cout<<a[i];
```

其功能相当于语句：

```
cin>>a[0]>>a[1]>>a[2]>>a[3]>>a[4]>>a[5]>>a[6]>>a[7]>>a[8]>>a[9];
```

3. 一维数组的存储结构

如前面章节所述，每个变量总是与一个特定的存储单元相联系（该单元的字节数与变量类型和具体的 C++编译系统有关，如 Visual Studio 2022 的 int 整型占 4 字节单元）。C++编译系统为所定义的一维数组在内存中分配一片连续的存储单元，数组元素按下标从小到大连续排列，每个元素占用相同的字节数。数组是"有序"的即体现如此。

例如，定义数组 a 如下：

    int a[5];

则数组 a 的存储结构如图 4.1 所示。数组名代表数组在内存的起始地址，即第一个元素的地址（该元素首字节的地址），图中数字 1000 表示内存地址。而每个数组元素所占字节数相同，因此，根据数组元素序号可以求得数组各元素在内存中的地址，由此地址也可访问数组元素。后面指针与数组一节会进一步解释。

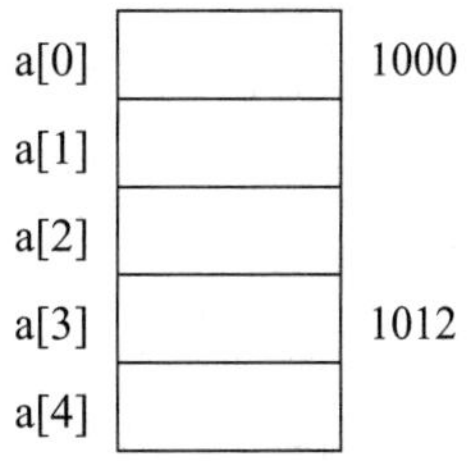

a[0]		1000
a[1]		
a[2]		
a[3]		1012
a[4]		

图 4.1　一维数组存储结构

数组元素地址=数组起始地址+元素下标×sizeof(数组类型)。假设数组 a 的起始地址为 1000，则元素 a[3] 的地址为 $1000+3\times4=1012$。

4. 一维数组的初始化

对于程序每次运行时，数组元素的初始值是固定不变的场合，可在定义数组的同时，给出数组元素的初值。这种表达形式称为数组的初始化。数组的初始化可用以下几种方法实现。

（1）顺序列出数组全部元素的初值。

数组初始化时，将数组元素的初值依次写在一对花括号内。例如：

    int x1[5]={0,1,2,3,4};

经上面定义和初始化之后，使得 x1[0]、x1[1]、x1[2]、x1[3] 的初值分别为 0、1、2、3 和 4。

注意，如提供的初值个数超过了数组元素个数，编译源程序时会出现语法错误。

（2）仅对数组的前面一部分元素设定初值。

    int x2[10] ={0,1,2,3};

对 x2 前四个元素设定了初值，依次为 0，1，2，3。编译系统默认后六个元素为 0。

（3）对全部数组元素赋初值时，可以不指定数组元素的个数。

    int x3[]={0,1,2,3,4,5,6,7,8,9};

编译系统根据花括号中数据的个数确定数组的元素个数。所以数组 x3 有 10 个元素。但若提供的初值个数小于数组应有的元素个数，则方括号中的数组元素个数值不能省略。

在程序中可以用表达式 sizeof(x3)/sizeof(int) 自动求出数组元素的个数。

5. 一维数组简单应用举例

【例 4.1】用数组求费氏（Fibonacci）数列前 20 项。

费氏数列：

$$F_0=\begin{cases} F_1=1 & (i=0，1) \\ F_i=F_{i-1}+F_{i-2} & (i>1) \end{cases}$$

分析：数列即有次序的一系列数，在程序中正好可以将它的各项存于数组的元素中，如将数列的 F_0 存于 f[0] 中，F_i 存于 f[i] 中，先根据费氏数列的递推公式求出 F_i 存于 f[i] 中，然后输出 f 数组的各元素就得到数列的各项。

程序代码如下：

```cpp
//*****ex4_1.cpp*****
#include <iostream>
#include <iomanip>
using namespace std;
int main()
{
    int   i,   f[20]={1,1};
    for(i=2;i<20;i++)
        f[i]=f[i-1]+f[i-2];
    cout<<"The    results:"<<endl;
    for(i=0;i<20;i++)
    {
        if(i%5==0)
            cout<<endl;
        cout<<setw(6)<<f[i];
    }
    cout<<endl;
    return   0;
}
```

思考：还可用哪些方法解答此题？

【例 4.2】找出一维数组中最大、最小元素及它们的下标。数组元素值从键盘输入。

分析：此处定义数组 a，用变量 max、min 来分别保存数组中的最大值、最小值，首先假定第一个元素既是最大的，也是最小的，即用语句 max=min=a[0]对 max、min 进行初始化。然后用 max、min 与（后面）所有元素（a[i]）一一比较，把比当前 max 更大的元素值赋给 max，比当前 min 更小的赋给 min，同时用变量 j、k 分别记录目前最大、最小元素的下标。这种有规律的比较过程正好可用 for 语句控制，控制 i 从 0 或 1 递增到 N-1。比较完后，输出 max、min、j、k 即可。

程序代码如下：

```cpp
//*****ex4_2.cpp*****
#define    N   5
#include <iostream>
using namespace std;
int main()
{
    int i,j,k,max,min;
    int a[5];
    for (i=0;i<5;i++)
        cin>>a[i];
    max=min=a[0];         //假定第一个元素既是最大的，也是最小的
    j=k=0;                //将最初最大元素、最小元素下标值赋给变量 j、k
    for (i=0;i<5;i++)
    {
        if (max<a[i])
        {
            max=a[i];
            j=i;          //把当前找到的最大值送 max，下标送 j
        }
```

```
            else
            if (min>a[i])
            {
                min=a[i];
                k=i;                //把当前找到的最小值送 min，下标送 i
            }
        }
        cout<<"\nmax:a["<<j<<"]="<<max<<", min:a["<<k<<"]="<<min<<'\n';
        return 0;
    }
```

输入：8   2   312   0 -10↙

输出：max:a[2]=312，min:a[4]=-10

思考：若将上面的 else 去掉，让循环体包含两条 if 语句，程序的功能是否变化，执行过程有何变化？

【例 4.3】将 n 个数按从小到大顺序排列后输出。

分析：

第一步：将需要排序的 n 个数存放到一个数组中（设 x 数组）。

第二步：将 x 数组中的元素从小到大排序，即 x[0]最小、x[1]次之、…、x[n-1]最大。

第三步：将排序后的 x 数组输出。

其中第二步是关键，实现这一步的排序算法非常多，如选择法、冒泡法、插入法、归并法等。此处采用选择排序法。

选择排序法的基本思路是：设有 n 个元素（数）要排序，则从中选择最小的元素与第一个元素交换，然后从剩余的 n-1 个元素中，找一个最小的数，将它与第二个元素互换，这样重复 n-1 次后即可将 n 个数按由小到大的顺序排序。若要由大到小只需每次选择最大的元素。

具体过程是：先把第一个元素作为最小者，将它与后面的 n-1 个元素依次逐个比较，如第一个元素大，则与其交换（保证第一个元素总是最小的），这样，第一遍就找出了最小数，并保存在第一个元素位置。再以第二个元素（剩余数据中的第一个元素）作为剩余元素中的最小者，也将它与后面元素一一比较，若发现后面元素较小，则与第二个元素交换。这样，第二小的数就找到了，并保存在数组的第二个元素中。依次类推，总共经过 n-1 遍处理后就完成了将 n 个数由小到大排序。该过程的流程图如图 4.2（a）所示。

程序代码如下：

```
//*****ex4_3.cpp*****
#define N   10
#include <iostream>
#include <iomanip>
using namespace std;
int main()
{
    int i,j,t;
    int a[N];
        cout<<"please   input 10 numbers:"<<endl;
    for (i=0;i<N;i++) cin>>a[i];        //从键盘输入 10 个元素
    for (i=0;i<N-1;i++)                 //10 个元素选择 9 遍
        for (j=i+1;j<N;j++)            //每遍进行 10-(i+1) 次比较
```

```
        if (a[i]>a[j])
        {
            t=a[i];                    //利用中间变量 t 来实现 a[i]与 a[j]的交换
            a[i]=a[j];
            a[j]=t;
        }
    cout<<"The sorted numbers:"<<'\n';
    for(i=0;i<N;i++) cout<<setw(6)<<a[i];
    return  0;
}
```

输入： 1　5　6　2　8　7　9　0　100　88✓

输出： 0　1　2　5　6　7　8　9　88　100

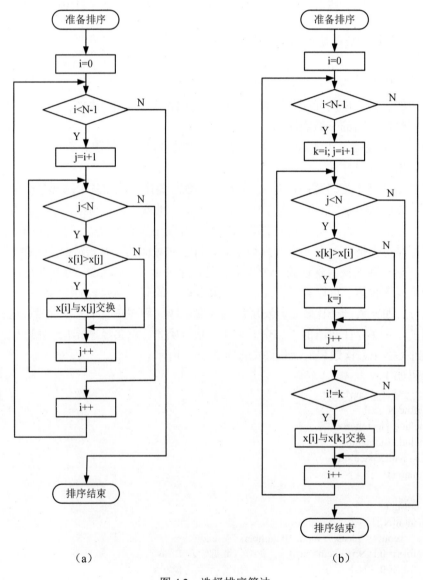

（a）　　　　　　　　　　　　　　　（b）

图 4.2　选择排序算法

此例中,使用两重循环来实现排序。外层循环控制选择遍数,若数组有 N 个元素,则共进行 N-1 遍,每一遍选出一个当前范围最小数排到合适的位置。内层循环控制每遍选择的具体操作过程。循环控制变量 j 的初值与外循环执行次数有关:j=i+1。当后面元素较小时,马上交换。值得注意的是以上程序执行时元素的交换并不都是必需的。事实上,只要记住比较时小元素的位置,即序号(用 k 表示),在内循环结束后做一次交换即可,从而提高程序执行的效率。该过程的流程图如图 4.2(b)所示。

将上面程序稍做修改即可,补充 int k;再将第二个 for 语句修改如下:

```
for (i=0;i<N-1;i++)
{
    k=i;                      //本轮排序中的第一个元素序号保存在 k 中
    for (j=i+1;j<N;j++)
        if (a[k]>a[j]) k=j;   //记住新的小元素的序号
    if (k!=i)                 //若 k 已变化,则找到了新的大数,交换
        { t=a[i]; a[i]=a[k]; a[k]=t; }
}
```

经过改进后的程序每选一个元素只交换一次,提高了程序执行效率。

程序稍做修改就可以实现由大到小排序的功能,读者可以考虑如何修改。

4.1.3 二维数组

数组的维数是指数组元素的下标个数,一维数组的元素只有一个下标,二维数组的元素则有两个下标。或者说二维数组中的元素需要两个下标才能区分。

1. 二维数组的定义

二维数组的定义形式为

类型符 数组名[常量表达式 1][常量表达式 2];

例如:

float a[3][4];

定义二维数组 a,它有 3 行 4 列,逻辑上对应于下面二维阵列:

```
a[0][0]    a[0][1]    a[0][2]    a[0][3]
a[1][0]    a[1][1]    a[1][2]    a[1][3]
a[2][0]    a[2][1]    a[2][2]    a[2][3]
```

C++把二维数组看作一种特殊的一维数组,而它的成分又是一个数组。对于上述定义的数组 a,把它看作具有 3 个元素的一维数组,即 a[0]、a[1]和 a[2],逻辑上分别对应于上面二维阵列的第一行、第二行、第三行,每个元素又是一个包含 4 个元素的一维数组,如 a[0]包含上面二维阵列的第一行 4 个元素 a[0][0]、a[0][1]、a[0][2]、a[0][3]。通常,一个 n 维数组可看作一个一维数组,而它的元素是一个 n-1 维的数组。C++对多维数组的这种观点和处理方法,使数组的初始化、数组元素的引用以及数组的指针表示变得更方便。

由二维数组可以推广到多维数组。多维数组的定义形式有连续多个"[常量表达式]"。例如:

float b[2][2][3];

定义了三维数组 b。

2．二维数组元素的引用

二维数组元素的引用形式为

数组名[下标1][下标2]

下标1称第一维下标，下标2称第二维下标。因二维数组逻辑上对应一张表格，故下标1又称行标，下标2又称列标。如同一维数组一样，下标可以是整型常量、变量或表达式。各维下标的下界都是0。

n维数组元素的引用形式为数组名之后紧接连续n个"[下标]"。

3．二维数组的初始化

二维数组的初始化方法有以下几种：

（1）按行给二维数组赋初值，例如：

int y1[2][3]={{1,2,3},{4,5,6}};

第一个花括号内的数据给第一行的元素赋初值，第二个花括号内的数据给第二行的元素赋初值，依次类推。这种赋初值的方法比较直观。

（2）按元素的排列顺序赋初值，例如：

int y2[2][3]={1,2,3,4,5,6};

其效果与上一方式相同，但这种赋初值的方法结构性差，容易遗漏。

（3）对部分元素赋初值。例如：

int y3[3][4]={{1,2},{0,5},{4}};

y3各元素为

```
1    2    0    0
0    5    0    0
4    0    0    0
```

显然，其效果是使 y3[0][0]=1，y3[0][1]=2，y3[1][0]=0，y3[1][1]=5，y3[2][0]=4，其余元素均为0。也可对部分行赋初值，例如：

int y3[3][4]={{1,2},{0,5}};

y3各元素为

```
1    2    0    0
0    5    0    0
0    0    0    0
```

中间的行不赋初值则对应的一对括号不能省，例如

int y3[3][4]={{1,2},{},{4}};

y3各元素为

```
1    2    0    0
0    0    0    0
4    0    0    0
```

（4）如果对数组的全部元素都赋初值，定义数组时，第一维的元素个数可以不指定，例如：

int y4[][3]={1,2,3,4,5,6};

编译系统会根据给出的初始数据个数和其他维的元素个数确定第一维的元素个数。所以数组y4有2行。

在程序中可以用表达式 sizeof(y4)/sizeof(y4[0]) 自动求出数组的行数。

也可以用分行赋初值的方法，只对部分元素赋初值而省略第一维的元素个数，例如：

int y5[][3]={{0,2},{}};

也能确定数组 y5 共有 2 行。

4. 二维数组元素在内存中的存储顺序

C++编译系统为一个数组分配一片连续的内存单元，每个存储单元存放一个数组元素。前面讲过一维数组中的元素按下标从小到大的顺序存放，二维数组是如何存放的呢？在 C++中，二维数组元素在内存中是按行的顺序存放的，即从数组的首地址开始，先顺序存放第一行的各元素，再存放第二行的各元素，依次类推。例如：

int x[2][4];

定义了二维数组 x，它的元素在内存中的排列顺序如图 4.3 所示。

图 4.3　二维数组的存储结构

对于一个多维数组，它的元素在内存中的存放顺序为：第一维的下标变化最慢，最右边的下标变化最快。显然，元素 x[i][j]的地址可按如下方式求出：

x[i][j]地址=数组起始地址+(i×4+j)*sizeof(数组类型)

数组元素地址的多种计算方式将在 4.3 节详细介绍。

5. 二维数组应用举例

二维数组比较适合用来描述逻辑上构成二维表格的一批数据，如矩阵、线性方程组的系数、组成元素具有相同数据类型的各种表格。

【例 4.4】 矩阵 $A_{2\times3}$ 存于一个二维数组 a 中，现要求 A 的转置矩阵，且将结果存于另一二维数组 b 中。矩阵 A 从键盘输入，且输出 A'到屏幕。

分析：因为 $A'_{ij} = A_{ji}$，即要求 b[i][j]=a[j][i]，求 b 时可以采用二重循环控制，外循环控制求每一行，内循环控制求当前行的各列元素。

程序代码如下：

```
//*****ex4_4.cpp*****
#include <iostream>
#include <iomanip>
using namespace std;
int main()
{
    int    a[2][3],b[3][2],i,j;        //定义数组
    for(i=0;i<2;i++)                   //输入矩阵 A 存于数组 a
        for(j=0;j<3;j++)
            cin>>a[i][j];
    for(i=0;i<3;i++)                   //求 a 数组中 A 的转置矩阵结果送入 b 数组
        for(j=0;j<2;j++)
            b[i][j]=a[j][i];
    for(i=0;i<3;i++)                   //输出 b 数组
        {
            for(j=0;j<2;j++)
```

```
                    cout<<setw(6)<< b[i][j];
                    cout<<'\n';
            }
        return    0;
    }
```

【例 4.5】找出矩阵 $A_{3\times4}$ 中第一个最大元素以及它的行号和列号（从 0 开始计算）。

分析：可以将 $A_{3\times4}$ 存于二维数组 a 中，然后在 a 中找第一个最大元素以及它的行号和列号，此题与例 4.2 类似，此处要用变量 max 保存数组中的最大值，首先假定第 0 行（最前面一行）的第 0 列元素是最大的，即用语句 max= a[0][0]对 max 进行初始化。然后用 max 与后面所有元素（a[i][j]）一一比较，把比 max 更大的元素值赋给 max，同时用变量 row、colum 分别记录其行下标和列下标；这种有规律的比较过程正好可用二重循环控制，控制 i 和 j 变化。比较完后，输出 max、row、colum 即可。

程序代码如下：

```
//*****ex4_5.cpp*****
#define M    3
#define N    4
#include <iostream>
using namespace std;
int main()
{
    int i, j, row, colum, max;
    int a[M][N];
    for(i=0;i<M;i++)                    //输入 a 数组
        for(j=0;j<N;j++)
            cin>>a[i][j];
    max=a[0][0];                        //假定第一行第一列元素是最大的
    row=0,colum=0;                      //对分别记录最大元素行、列下标的变量 row、colum 进行初始化
    for (i=0;i<M;i++)
        for(j=0;j<N;j++)
            if (max<a[i][j])
              {   max=a[i][j];
                  row=i;
                  colum=j;}             //把当前最大值送 max，其行下标、列下标送 row、colum
    cout<<"\nmax="<<max<<",row="<< row<<",colum="<<colum<<'\n';
    return 0;
}
```

【例 4.6】矩阵乘法。已知 m×n 矩阵 A 和 n×p 矩阵 B，试求它们乘积：C=A×B。

分析：求两个矩阵 A 和 B 的乘积分三步。

（1）输入矩阵 A 和 B。

（2）求 A 和 B 的乘积并用 C 表示。

（3）输出矩阵 C。

依照矩阵乘法规则，乘积 C 必为 m×p 矩阵，且 C 的各元素的计算公式为

$$C_{ij} = \sum_{k=1}^{n} A_{ik} \cdot B_{kj} \qquad (1 \leqslant i \leqslant m, \ 1 \leqslant j \leqslant p)$$

为了计算 C，需要采用三重循环。其中，外层循环（设循环变量为 i）控制矩阵 C 的行（i 从

1 到 m）；中层循环（设循环变量为 j）控制矩阵 C 的列（j 从 1 到 p）；内层循环（设循环变量为 k）控制计算 C_{ij} 的值。显然，求 C 的各元素属于累加问题。A、B 和 C 用数组 a、b 和 c 存储，注意，A_{ij} 存于 a[i-1][j-1]中。

程序代码如下：

```
//*****ex4_6.cpp*****
#define M 3
#define N 2
#define P 4
#include <iostream>
#include <iomanip>
using namespace std;
int main()
{
    int a[M][N]={{2,1},{3,5},{1,4}};
    int b[N][P]={{3,2,1,4},{0,7,2,6}};
    int c[M][P];
    int i,j,k,t;
    for(i=0;i<M;i++)
        for(j=0;j<P;j++)
            {   t=0;
                for(k=0;k<N;k++)
                    t+=a[i][k]*b[k][j];
                c[i][j]=t;
            }
    cout<<"Matrix A:\n";
    for(i=0;i<M;i++)                //输出矩阵 A
      {   for(j=0;j<N;j++)
                cout<<setw(6)<<a[i][j];
            cout<<'\n';
      }
    cout<<"Matrix B:\n";
    for(i=0;i<N;i++)                //输出矩阵 B
      {   for(j=0;j<P;j++)
                cout<<setw(6)<< b[i][j];
            cout<<'\n';
      }
    cout<<"Matrix C:\n";
    for(i=0;i<M;i++)                //输出矩阵 C
      {   for(j=0;j<P;j++)
                cout<<setw(6)<< c[i][j];
            cout<<'\n';
      }
    return   0;
}
```

程序运行结果如下：

```
Matrix A:
        2     1
        3     5
        1     4
```

Matrix B:
```
    3    2    1    4
    0    7    2    6
```
Matrix C:
```
    6   11    4   14
    9   41   13   42
    3   30    9   28
```

4.1.4　数组作函数参数

常量、变量和表达式可以作为函数的实参，数组元素相当于单个变量，因此数组元素和含有数组元素的表达式同样可以作为函数的实参。数组元素作为函数的实参，与普通变量作为实参一样，是将数组元素的值传给形参，形参的变化不会影响实参数组元素，这种参数传递方式称为"值传递"。

前面章节介绍的函数只对少数几个参数进行处理，当函数要对一批数据进行处理时，定义函数时可以采用数组作为函数的形参。如前所述，数组名代表数组存储区域的首地址，亦即数组第一个元素的地址，因此，调用函数时实参应该用数组名或地址值。数组名作为实参，函数调用时计算机系统会把实参数组的起始地址传给形参数组名，从而形参数组与实参数组对应同一存储区域，形参数组的改变就是对实参数组的改变。地址是一种特别数据值，后面指针部分会详细介绍。实参数组与形参数组的类型要相同，维数要相同。

【例 4.7】编写函数，求 n 个数据之和。

分析：函数要对 n 个数据求和，故可采用一维数组作为函数形参，且用另一整型形参指出数组中待求和数据的个数。

程序代码如下：

```cpp
//*****ex4_7.cpp*****
#include <iostream>
using namespace std;
int    sum(int x[],int n)
{
    int i,s=0;
    for(i=0;i<n;i++) s+=x[i];
    return   s;
}
int main()
{
    int a[5]={1,2,3,4,5}; int s1,s2;
    s1=sum(a,5);
    s2=sum(&a[2],3);
    cout<<"s1="<<s1<<",   s2="<<s2<<endl;
    return   0;
}
```

程序运行结果如下：
```
s1=15,   s2=12
```

参数结合过程如图 4.4 所示。函数调用 sum(a,5)将实参 a 数组的首地址&a[0]传递给形参 x 数组，即 x 的首地址是&a[0]，从而使得 x[0]和 a[0]共用同一存储单元。由于数组占用一片连续的存储单元，故以后的元素按存储顺序一一对应。调用 sum(a,5)，求得 x 的前 5 个元素之和等于 15。函数调用 sum(&a[2],3)将数组元素 a[2]的地址&a[2]传递给形参 x，即 x 的首地址是&a[2],从而使得 x[0]和 a[2]共用同一存储单元。以后的元素按存储顺序一一对应。调用 sum(&a[2],3)，求得 x 的前 3 个元素之和等于 12。

实参数组 a	a[0]	a[1]	a[2]	a[3]	a[4]	
	1	2	3	4	5	
形参数组 x	x[0]	x[1]	x[2]	x[3]	x[4]	sum(a,5)
			x[0]	x[1]	x[2]	sum(&a[2],3)

图 4.4　数组名作为函数形参时参数结合

通常情况下，一维形参数组可以不指定数组元素的个数，而用另一整型形参指出与形参数组对应的实参数组的元素个数。如上面 sum(int x[],int n)中没指出 a 的长度，而用 n 确定元素个数。

由于实参数组名或实参数组元素地址传递给形参数组名，即形参数组的首地址是与实参数组某元素的地址相同的，此时整个实参数组（或其一段）与形参数组占用同一片存储单元，一个形参数组元素总与某个实参数组元素共用同一存储单元，所以，函数运行时对形参数组元素的访问就是对实参数组元素的访问，对形参数组元素的操作就是对实参数组元素的操作，形参数组元素的改变会引起相应实参数组元素的改变。

【例 4.8】编写函数对其形参数组中的 n 个数用冒泡法按由小到大顺序排序。

分析：冒泡法的基本思想是：相邻两数比较，若前面数大，则两数交换位置，直至最后一个元素被处理，最大的元素就"沉"到最下面，即在最后一个元素位置上。这样，如有 n 个元素，共进行 n-1 轮处理，每轮让剩余元素中最大的元素"沉"到下面，从而完成排序。n-1 轮是最多的排序轮数，而事实上，只要在某一轮排序中没有进行元素交换，说明已排好序，可以提前退出外循环，结束排序。例 4.8 中通过设置标志变量 flag 来实现，其初值为 0，有交换，flag=1，否则 flag=0 不变，用 break 提前结束排序过程。

程序代码如下：

```
//*****ex4_8.cpp*****
#define   N   10
#include <iomanip>
#include <iostream>
using namespace std;
void sort(int b[],int k)
{
    int i,j,t,flag;
    for (j=0;j<k-1;j++)
    {
        flag=0;
        for (i=0;i<k-j-1;i++)            //控制每一轮处理
            if (b[i]>b[i+1])
            { t=b[i]; b[i]=b[i+1]; b[i+1]=t;
                flag=1; }                //有元素交换位置，标志
            if (flag==0) break;          //没有交换元素，结束循环
```

```
        }
    }
    void print(int b[],int k)
    {
        int i;
        for (i=0;i<k;i++)
        { if (i%5==0) cout<<'\n'; cout<<setw(6)<< b[i]; }
    }
    int   main()
    {
        int a[N]; int i;
        cout<<"\ninput:";
        for (i=0;i<N;i++) cin>>a[i];              //输入 N 个数据到数组 a 中
        sort(a,N);
        print(a,N);
        return 0;
    }
```

在调用 sort 函数的过程中，形参 b 与实参 a 共用相同的存储区域，sort 函数将 b 数组排好序，也就是将 a 排好了序。

【例 4.9】编写函数求其二维数组（4 列）形参的各行元素之和，并将结果存于一个一维数组中。

程序代码如下：

```
    //*****ex4_9.cpp*****
    #define   N   4
    #define   M   3
    #include <iomanip>
    #include <iostream>
    using namespace std;
    void sum_row(int b[][N],int c[],int k)        //求其二维数组 b 的各行元素之和
    {
        int i,j;
        for (i=0;i<k;i++)
            for (c[i]=0,j=0;j<N;j++) c[i]+=b[i][j];
    }
    void print(int b[],int k)                     //输出数组 b 的元素
    {
        int i;
        for (i=0;i<k;i++)
            {   if (i%5==0) cout<<'\n';
                cout<<setw(6)<< b[i];
            }
    }
    int   main()
    {
        int x[M][N],y[M];
        int i,j;
        cout<<"\ninput:";
        for(i=0;i<M;i++)                          //输入 a 数组
            for(j=0;j<N;j++) cin>>x[i][j];
```

```
        sum_row(x,y,M);
        print(y,M);
        return 0;
    }
```

　　从例 4.9 可发现二维形参数组的第一维大小可以省，但第二维大小必须指定。用多维数组作为函数参数时，形参的第一维可以不指定大小，但其他维必须指定。另外可发现函数调用 sum_row(x,y,M)可以用实参数组 y 一次带回 M 个数据。一般而言，用数组作为参数可以将函数处理中得到的多个结果值带回主调函数，这也是从被调函数获得多个结果的一种方法。

4.2　指针及其应用

　　指针是 C++的一种重要数据类型，借助指针，用户可用灵活多变的方式来访问内存中的变量、数组、字符串、类对象和调用函数；而且用指针可以构造非常复杂的数据结构，尤其是可以用指针来引用程序在运行过程中动态地申请的内存空间或创建的变量,用指针建立变量之间的逻辑指向关系；利用指针作为函数参数，在主调函数和被调函数间传递数据更方便。正确使用指针能写出特别紧凑高效的程序，但使用不当则反而会增加程序运行时出错的机会。指针是 C++学习的难点与重点之一，读者要通过多编程、多上机调试程序来体会指针的概念及其使用规律并应用于今后的实际编程中。

4.2.1　指针的概念

　　程序装入内存进行运行时，程序中的变量（数据）和指令都要占用内存空间。计算机如何找到指令，执行的指令又如何找到它要处理的变量呢？这得从内存地址说起。内存是以字节为单位的一片连续存储空间，为了便于访问，计算机系统给每个字节单元一个唯一的编号，编号从 0 开始，第一字节单元编号为 0，以后各单元按顺序连续编号，这些编号称为内存单元的地址，利用地址来使用具体的内存单元，就像用房间编号来管理一栋大楼的各个房间一样。地址的具体编号方式与计算机体系结构有关，如同大楼房间编号方式与大楼结构和管理方式有关一样。在 C++程序中定义一个变量，根据变量类型的不同，编译系统会为其分配一定字节数的存储单元。如有下列定义：

```
        int a;
        char b,c;
        float x;
```

则给整型变量 a 分配 4 个字节的存储空间，给字符变量 b 和 c 各分配 1 字节，给变量 x 分配 4 字节的存储空间。内存空间分配如图 4.5 所示。

　　系统分配给变量的存储空间的首字节地址称为该变量的地址。如 a 的地址为 2000，b 的地址为 2004，x 的地址为 2006。可见，地址就像是要访问的存储单元的指示标，在高级语言中形象地称之为指针。

　　在 C++源程序中，语句对数据（变量）的访问使用变量名，

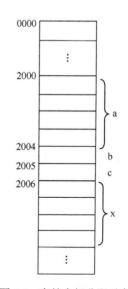

图 4.5　存储空间分配示意

C++编译系统完成变量名到变量所占内存单元地址的变换，变量分配存储空间的大小由其类型决定。机器指令对内存单元的访问则使用其地址。因此，我们编程时直接使用变量名 a 来存取 2000 字单元的内容，实际上是直接使用变量所对应的存储单元地址来访问，因为 C++编译系统在编译时会将变量名转化成相应的地址。这种直接按变量名或地址存取变量值的方式称为变量的"直接存取"方式。

按变量名访问内存，本质上是通过地址进行访问，但高级语言都不直接用地址（值）存取变量的值，那样麻烦且易出错，只有汇编语言或机器语言才可直接按地址存取内存单元的值。再次强调，程序对变量的操作，实际上是对变量对应的某个存储单元的操作。

与"直接存取"方式相对应的是"间接存取"方式。这种方式是通过定义一种特殊的变量来存放内存单元或变量的地址，然后根据该地址值再去访问相应的存储单元，如图 4.6（a）所示，系统为特殊变量 p（用来存放地址的）分配的存储空间地址是 4000，p 中保存的是变量 a 的地址，即 2000，当要读取 a 变量的值时，不是直接通过变量名 a，也不是直接通过 a 对应内存单元的地址 2000 去取其值 123，而是先通过变量 p 得到 p 的值 2000，即 a 的地址，再根据地址 2000 读取它所指向单元的值 123。这种通过变量 p 获得变量 a 的地址，再由该地址存取变量 a 的值的方式称为"间接存取"。通常称变量 p 指向变量 a，变量 a 是变量 p 所指向的对象，它们之间的关系可以用图 4.6（b）表示。

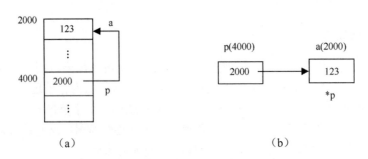

（a）   （b）

图 4.6　间接存取示意图

指针就是地址，一个变量的地址称为该变量的指针，如 2000 就是指向变量 a 的指针。专门存放地址的变量，称为指针变量，如 p 是一个指针变量，它存放的是 a 的地址 2000。通过指针变量可访问它所"指向"的变量，通过这种"指向"关系可建立变量之间的逻辑联系。

如上所述，指针和指针变量是有区别的，但有时统称为指针，请读者根据上下文理解其具体含义。

4.2.2　指针变量的定义及初始化

指针变量定义的一般格式为

　　　　数据类型符　*标识符;

其中，类型符表示该指针变量能指向的对象的类型，也称为指针变量的基类型。标识符是指针变量的名，标识符之前的符号"*"表示该变量是指针变量。例如：

```
int *p;          //指针变量 p 能指向整型变量
char *q;         //指针变量 q 能指向字符类型变量
float *r;        //指针变量 r 能指向浮点类型变量
```

定义指针变量时也可指定其初值，如：

```
int a,*p=&a;           //&为取地址运算符
```

这里在定义指针变量 p 时，将其初值设为变量 a 的地址，说明指针 p 指向 a，a 是 p 指向的对象，此时，可用*p 来引用 a，此处"*"是指针运算符，或叫间接访问运算符、间址运算符，用来访问指针所指对象，与指针定义处"*"的含义、功能不同。简单应用示例如下：

```
a=123;
*p=123
cout<<*p<<' '<<a;
```

上面第一、二条语句都是对变量 a 进行赋值，第三条语句两次输出变量 a 的值。*p 与 a 是等价的，表示同一存储空间，如图 4.6（b）所示，*p 可以像变量 a 一样使用。

引用指针变量访问其他变量前，应首先给它们指定初值或赋值。因为在 C++中，定义局部指针变量后，如未对它进行初始化或赋值，则其值是不确定的。通过其值不确定的指针变量引用其他变量（内存单元）会引起意想不到的错误。例如下面的用法：

```
int *p;
cin>>*p;
```

编译源程序时一般会出现警告提示，若忽略此警告，则程序运行时很可能出错。因为指针变量 p 的值未明确指定，p 中的随机数可能恰好是系统或其他程序的所占存储单元的地址，即 p 指向那个存储单元，修改了那个存储单元可能破坏系统或其他程序的指令或数据,导致错误出现,另外，计算机系统也可能阻止程序越权访问，终止程序运行。应当这样用：

```
int *p,a;
p=&a;                  //让 p 指向确定的变量 a
cin>>*p;;
```

先使 p 有确定的值，然后输入数据到 p 所指向的存储单元。

为明确表示一指针变量不指向任何变量,在 C++中,约定用 0 值表示这种情况,记为NULL。也称指针值为 0 的指针变量为空指针。对于静态的指针变量，如在定义时未给它指定初值，系统自动给它指定初值为 0。

4.2.3　指针的运算

1. 通过间接访问运算符*引用某个存储单元

前面已经使用了运算符*，指针指向的对象可以表示成如下的形式：

*指针变量名

间址运算符*的运算对象必须出现在它的右侧，且运算对象只能是指针变量或地址。

运算符*和&都是单目运算符且具有相同的优先级，结合方向从右到左。这样，&*p 即表示&(*p)，是对变量*p 取地址，它与上面&a 等值；p 与&(*p)等价，a 与*(&a)等价。

注意：&a 算出 a 的地址，是指针常量。

请思考：*p 是否等于&a？p 是否等于&a？定义中的"*p=&a;"与赋值语句"*p=a;"的区别。

2. 指针变量的赋值

给指针变量赋值，可以使用取地址运算符&取出变量的地址并赋给指针变量，也可以把一个指针变量的值直接赋给另一指针变量，此时两指针变量指向同一对象。还可以给指针变量赋NULL 值。例如：

```
int i,*p1,*p2,*p3;
```

```
p1=&i;
p2=p1;
```

第一条赋值语句将 i 的地址赋给 p1，即 p1 指向 i，第二个赋值语句将 p1 的值赋给 p2，这样 p1 和 p2 均指向 i，此时*p1 和*p2 都可表示 i。

若 p3 未指向确定的变量，则在程序首部可给它赋空值，即：

```
p3= NULL;
```

一种基类型的指针变量或指针赋给另一种基类型的指针变量时，要进行强制类型转换，例如，若接上述指针定义之后，还有：

```
char   *pc;
```

若要让 pc 指向 i，则可用 pc=(char *)p1;或者 pc=(char *)&i;。

3. 指针的移动

当指针变量 p 指向某一连续存储区中的某个存储单元时，可以通过加、减某个整数 n 或自增自减运算来移动指针。

在对指针进行加减整数 n 时，其结果不是指针值直接加或减 n，而是与指针所指对象的数据类型，即指针基类型有关。指针变量的值（地址）应增加或减少"n×sizeof(指针基类型)"。在 Visual Studio 2022 编译系统中，基类型为字符型的指针加 1 时，移动 1 个字节；基类型为整型的指针加 1 时，移动 4 个字节（整型数据占 4 个字节）；基类型为 float 类型的指针加 1 时，则指针移动 4 个字节，其他类推。

例如有下列定义：

```
int *p,a=1,b=3,c=5;
```

假设 a、b、c 三个变量被分配在一个连续的内存区，a 的起始地址为 4000，如图 4.7（a）所示。

语句 p=&a;表示使 p 指向 a 变量，即 p 的内容是 2000，如图 4.7（b）所示。

语句 p=p+2;表示指针向下移两个整型变量的位置，p 的值为 4000+2×sizeof(int)=2000+2×4=2008，而不是 2002，因为整型变量占 4 个字节，如图 4.7（c）所示。

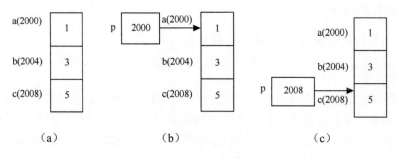

图 4.7　指针移动示意图

与以上所述类似，指针变量自增运算，指针变量值增加其基类型数据所占的字节数量，如++p,则 p 的值为 4000+1×sizeof(int)=2000+1×4=2004；指针变量自减运算则减少 4。

另外，指向某一连续存储区，如一个数组存储区的两个同基类型指针相减，可直接求出两指针间相距的存储单元或数组元素个数，而不用再除以 sizeof(指针基类型)。显然，两指针相加没有含义。

4. 指针的比较

一般情况下，当两个指针指向同一个数组（或同一连续存储区）时，可在关系表达式中对两个指针进行比较。指向前面的数组元素（低地址端的存储单元）的指针变量要小于指向后面的数组元素（高地址端的存储单元）的指针变量。例如：

```
int *p1,*p2,a[10];
p1=&a[1];
p2=&a[6];
```

则 p1 的值要小于 p2 的值，或者说关系表达式 p1<p2 的值为 1。

注意，如果 p1 和 p2 不指向同一数组（同一连续存储区）则比较无含义。

4.2.4 指针作函数参数

指针变量可以作函数的形参，对应的实参用指针变量或变量的地址。实参和形参的传递方式也遵循值传递规则，但此时传递的内容是地址（值），使得实参变量和形参变量指向同一个变量（内存单元）。尽管调用函数不能改变实参指针的值，但可以改变实参指针所指变量的值。因此，指针变量参数为被调用函数改变调用函数中的数据对象提供了手段。

【例 4.10】编写交换两整型变量值的函数 swap()。

分析：用两个指向整型变量的指针变量作函数形参，函数利用指针变量间接访问存储单元。调用 swap()函数时，两个实参分别是两个待交换值的整型变量的地址。

程序代码如下：

```
//*****ex4_10.cpp*****
#include <iostream>
using namespace std;
void swap(int *p1,int *p2)
{    int p;
     p=*p1;
     *p1=*p2;
     *p2=p;
}
int main()
{    int a,b;
     cin>>a>>b;
     swap(&a,&b);              //此处实参为指针常量
     cout<<"a="<<a<<",b="<<b;
     return   0;
}
```

调用函数 swap()时，两个实参分别为变量 a、b 的地址，按值传递规则，函数 swap()的形参 p1 和 p2 分别得到了它们的地址值。函数 swap()利用这两个地址间接访问变量 a、b。执行 swap()函数后使*p1 和*p2 的值互换，也就是使 a 和 b 的值互换。函数调用结束后，虽然 p1 和 p2 已释放不存在了，但 a 与 b 的值已经互换。交换过程如图 4.8 所示。

为进一步说明指针参数与非指针参数的区别，不妨将函数 swap()改写成以下形式的函数 swap1()，并进行比较。

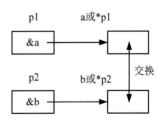

图 4.8 交换两变量的值

```
void swap1(int x,int y)
{ int z; z=x; x=y; y=z; }
```

如有函数调用 swap1(a,b)，实参 a、b 的值分别传递给形参 x、y；函数 swap1()完成形参 x、y 的值交换，但实参 a、b 的值未进行任何改变，即实参向形参单向值传递，形参值的改变不影响对应的实参的值。所以不能达到 a、b 值互换的目的。

再看下面的程序：

```
#include <iostream>
using namespace std;
int main()
{
    int a,b,*pa,*pb;
    void swap2(int *,int *);
    pa=&a;
    pb=&b;
    cin>>a>>b;                      //或者 cin>>*pa>>*pb;
    cout<<"the first: a="<<a<<",b="<<b;
    swap2(pa,pb);                   //此处实参为指针变量
    cout<<"the second: a="<<*pa<<",b="<<*pb;
    return 0;
}
void swap2(int *p1,int *p2)
{
    int *p;
    p=p1;
    p1=p2;
    p2=p;
}
```

程序运行结果如下：

```
10,20↙
the first: a=10    b=20
the second: a=10   b=20
```

程序设计者的本意是调用函数 swap2()交换 pa 和 pb 的值，使 pa 指向 b，pb 指向 a，这样输出*pa 和*pb 的值分别是 20 和 10。但实际的输出分别是 10 和 20，说明 pa 仍然指向 a，pb 仍然指向 b，如图 4.9 所示。

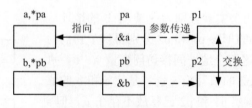

图 4.9　指针参数的单向传递

原因仍在于实参和形参之间的数据传递是单向传递，指针变量作形参也如此。程序中尽管形参 p1 和 p2 的值互换了，但所对应的实参 pa 和 pb 的值并未变化。

将上面的 swap2()改成前面的 swap()就能得到正确结果，实参可以用指针变量 pa、pb，也可直接用变量地址&a、&b。

本例表明，指针变量作函数形参时，对应的实参是一个变量的地址，将该变量的地址传给形参，则形参指向该变量。这样在被调用的函数中，可以用形参指针变量间接访问该变量，函数执行完毕返回到主用函数后，该变量就得到了新的值。所以除函数调用 return 语句返回一个值外，还可通过多个指针变量形参带回多个变化了的值，这也是指针变量作函数形参的一个功能。用指向结构、类对象等复杂数据的指针作函数形参，在函数调用时可以避免复制大量数据，从而提高运行效率。

【例 4.11】一个自然数是素数，且它的数字位置经过任意对换后仍为素数，则称为绝对素数，例如 13，试求所有两位绝对素数。

分析：考虑到求两位绝对素数要多次用到判断整数是否为素数的程序段，故将该程序段定义成函数。而且设计一个指针变量作函数形参，以便带回判断的结果。

程序代码如下：

```
//*****ex4_11.cpp*****
#include <iostream>
using namespace std;
int main()
{
    int m,m1,flag1,flag2;
    void prime(int,int *);
    for(m=10;m<100;m++)
        {
            m1=(m%10)*10+m/10;      //交换 m 个位和十位上的数字，结果赋给 m1
            prime(m,&flag1);
            prime(m1,&flag2);
                if (flag1&&flag2) cout<<"   "<<m;
        }
    return 0;
}
void prime(int n,int *f)
{
    int k;
    *f=1;                           //首先假设 n 是素数，将 f 所指变量置 1
    for(k=2;k<=n/2;k++)
        if(!(n%k)) *f=0;            //发现 n 有因子，说明 n 不是素数，改将 f 所指变量置 0
}
```

函数 prime()用于判断 n 是否为素数，判断结果保存在 f 所指变量中。主函数调用 prime()时，prime()通过形参指针变量 f 间接访问 f 所指的变量 flag1 或 flag2，调用返回后，主函数中的 flag1 和 flag2 会获得具体的判断结果值。

4.2.5　返回指针值的函数

指针可以作为函数的参数，函数也可以返回指针类型的数据，即地址。返回指针值的函数与前面介绍的函数在概念上完全一致，只是这类函数的返回值类型是指针类型而已。返回值为指针即地址的函数也称为指针函数。

定义指针函数的一般形式为

类型标识符　*函数名(形式参数表)

例如：

```
int *f(int x,int y)
{局部变量定义
      函数体语句

}
```

函数 f()即是一个指针函数，返回值为一个指向 int 类型变量的指针，即基类型是 int 的指针，这就要求在函数体中有返回指针或地址的语句，形式如下：

return　 (&变量名);

或

return　 (指针变量);

返回值不能是本函数中局部变量的地址，因为函数执行完毕返回主调函数后，函数中的局部变量全部释放，主调函数再去访问它，不能保证结果正确。返回值应该是主调函数可寻址或可见的内存单元或变量的地址。

注意，在函数名之前的*，表示函数返回指针类型的值。

【例 4.12】编写函数 minp()求两整型变量中值小者的地址。

程序代码如下：

```
//*****ex4_12.cpp*****
#include <iostream>
using namespace std;
int   *minp(int   *x,int *y)        //注意 minp 的形参类型
{
     int *q;
     q=*x<*y?x:y;
     return (q);                    //指针变量 q 的值作为指针函数的返回值
}
int main()
{
     int   a,b,*p;
     cin>>a>>b;
     p=minp(&a,&b);                 //注意 minp 的形参类型
     cout<<"\nmin="<<*p<<'\n';  //输出最小值
     return 0;
}
```

程序运行结果如下：

输入：15　10↙

输出：min=10

注意，函数调用 minp(&a,&b)是求指针值，所以表达式*minp(&a,&b)代表 a、b 中值较小的变量，因此，也可以直接输出*minp(&a,&b)，将最后两条语句合成为

cout<<"\nmin="<<*minp(&a,&b)<<'\n';

若要将 a、b 中较小的变量赋 100，可写成

　　　　*minp(&a,&b)=100;

函数调用可出现在赋值符号左端。

4.2.6　指向函数的指针

　　程序装入内存运行时，一个函数包括的指令序列要占据一段内存空间，这段内存空间的起始地址（首字节编号）称为函数的入口地址，编译系统用函数名代表这一地址。如函数 fun()，其存储示意如图 4.10 所示，函数名 fun 就表示第一条指令的地址。运行中的程序调用函数时就是通过该地址找到这个函数对应的指令序列，故称函数的入口地址为函数的指针，简称函数指针。可以定义一个指针变量，用来存放函数的入口地址，通过这个指针变量也能调用函数。这种存放函数入口地址的指针变量称为指向函数的指针变量。

图 4.10　函数存储示意图

　　用函数名调用函数称为函数的直接调用，用函数指针变量调用函数称为函数的间接调用。

　　1．指向函数的指针变量的定义

　　定义指向函数的指针变量的一般形式为

　　　　类型标识符(*指针变量名)(形参类型表);

　　例如：

　　　　int (*fp)(int,float);
　　　　　　void　(*fq)();

则 fp 能指向一个返回整型值的函数，该函数第一个形参为整型，第二个形参为浮点型；fq 能指向一个无返回值的函数，且该函数无形参（可省掉 void）。注意 int (*fp)(int,float);与 int *fp(int,float);的差别，前者定义 fp 为一个指向函数的指针变量，后者 fp 是一个函数的说明，该函数返回值为指针，格式不能写错。若要让函数指针变量 fpp 指向一个返回指针值的函数，且指针值基类型为整型，则有如下定义：

　　　　int　　*(*fpp)(int,float);

　　一个函数指针变量只能指向某类函数中的一个，该类函数的形参个数、类型、顺序相同且返回值类型也相同，只是名称可不同。这里暂且称该类函数为函数指针的相容类函数。

　　2．用指向函数的指针变量调用函数

　　定义了指向函数的指针变量，就可给它赋相容类函数的入口地址。函数名代表函数入口地址，故采用如下形式赋值：

　　　　指针变量=函数名;

　　当一个指向函数的指针变量指向某个函数时，就可用它调用所指的函数。一般调用形式为

　　　　指针变量 (实参表)

或者

　　　　(*指针变量)(实参表)

　　【例 4.13】函数 min()用来求两整数中的较小者，要求在主调函数中用函数指针变量调用该函数。

程序代码如下：

```cpp
//*****ex4_13.cpp*****
#include <iostream>
using namespace std;
int main()
{
    int min(int,int),x,y,z;
    int (*p)(int,int);              //定义指向函数的指针 p
    cout<<"Enter x,y\n";
    cin>>x>>y;
    p=min;                          //函数名（函数入口地址）赋给指针 p
    z=p(x,y);                       //或者写成 z=(*p)(x,y);，用指针方式调用函数，等效于 z=min(x,y)
    cout<<"Min("<<x<<","<<y<<")="<<z<<"\n";
    return 0;
}
int min(int a,int b)
{ return a<b?a:b; }
```

注意不要把 p=min 写成 p=min(x,y)。

3. 函数指针变量作函数的参数

编写程序时，若知道要调用某函数，一般直接用函数名调用该函数，没必要用函数指针，但有时要在程序运行过程中根据情况临时确定调用哪一个函数,此时用函数指针变量调用函数就显得更方便，让同一函数指针变量指向不同的函数就能调用不同的函数。此时可将函数指针变量作为函数形参,不同的函数指针实参传递过来后,就可执行相应的函数来完成不同的功能,这也是函数指针作函数参数的意义所在。为说明具体运用过程，举简例如下。

【例4.14】输入长方形相邻两边的长度，求它的面积和周长。要求编写 float fun(float a, float b,float (*p)(float, float))，它根据参数 p 来调用不同的函数求面积或周长。

分析：定义函数 area()和 perimeter()，分别用于求长方形面积和周长值。为了说明函数指针参数的用法，程序另设一个函数 fun()。主函数不直接调用上述两个基本函数，而是调用函数 fun()，并提供两相邻边的长度和基本求值函数名作为参数。由函数 fun()根据主调函数传递来的参数值再去调用相应的函数。

程序代码如下：

```cpp
//*****ex4_14.cpp*****
#include <iostream>
using namespace std;
int main()
{
    float m,n,s,l;
    float (*q)( float, float);                    //定义函数指针变量 q
    float   area(float, float), perimeter(float, float);    //函数声明
    float   fun(float,float,float (*)(float, float));       //含有函数指针形参的函数的声明
    cout<<"input length of two sides:\n";
    cin>>m>>n;                      //输入两条边
    q=area;                         //求面积函数函数名（入口地址）赋给 q
```

```
        s=fun(m,n,q);                        //用函数指针变量作实参，通过函数 fun 求面积
        l=fun(m,n,perimeter);                //直接用函数名作实参，通过函数 fun 求周长
        cout<<"Area:"<<s<<endl;
        cout<<"Perimeter:"<<l<<endl;
        return 0;
    }
    float area(float    a, float b)          //求直角三角形面积
    { float z; z=a*b; return(z); }
    float perimeter(float    a, float b)     //求斜边长
    { float z; z=a+a+b+b; return(z); }
    //用形参 p 所得实参传来的函数入口地址调用相应函数
    float fun(float a, float b,float (*p)(float, float))
    { float y; y=p(a,b); return(y); }
```

注意：系统提供的库函数，如 sin、cos 等，如有必要，同样可用函数指针来调用。

函数指针与数据类型指针性质相同，都是内存地址，区别是数据指针指向内存中的数据区，而函数指针指向内存中的函数指令代码区。函数指针的主要作用体现在函数调用过程中传递函数指针，即传递函数执行代码的入口地址。当主调函数（如例 4.14 中的 fun）的形参是函数指针变量时，可以用不同的函数名实参与形参对应，从而实现在不对主调函数进行任何修改的前提下调用不同的函数（如例 4.14 中的 area、perimeter），完成不同的功能；或者用函数指针变量作实参，当给该指针变量赋不同的函数入口地址（指向不同的函数）时，即可实现在主调函数中调用不同的函数。

4.3　指针与数组

数组的指针就是数组的首地址，而数组名代表数组的首地址（起始地址或第一个元素的地址），故数组名就是数组的指针值。数组元素的指针就是元素的地址。像指针变量可以指向各基本类型变量一样，亦可以定义指针变量来指向数组与数组元素。根据数组各元素在内存中连续存放这一特点，并且利用前面介绍的指针运算，借助指针可以实现对数组或数组元素灵活多变的引用方式，这使得程序编写方便，运行高效。另外，数组名和指针作函数参数时，在函数定义、说明、调用时，两者可通用，可相互替换，因此，这也使得程序编写方便。

4.3.1　指针与一维数组

1. 指向数组元素的指针变量的定义与赋值

指向一维数组元素的指针变量的定义方法与一般指针变量的定义方法完全一样，实际上就是用前面的方法定义的一般指针变量，如果将数组名或数组元素的地址赋给它，这样就得到指向数组或数组元素的指针变量。

例如：

```
    int a[5]={1,2,3,4,5};
    int *p;
```

为了让 p 指向数组 a，可以给它赋值：p=a;等效于 p=&a[0];。数组指针示意如图 4.11 所示。

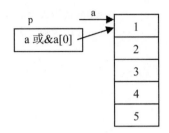

图 4.11　数组指针示意图

如要使 p 指向数组 a[3]，则执行：p=&a[3];。

注意，数组名 a 是常量指针（或称指针常量），而 p 是指针变量。虽然两者此时都指向数组的首元素，但含义不同，a 是常量指针，其值在数组定义时亦已确定，不能改变，不能进行 a++、a=a+1 等类似的操作，而 p 是指针变量，其值是可改变的，当赋给 p 不同元素的地址值时，可指向不同元素，如下面的操作使 p 下移一个元素：

    p++;

在定义指针变量时亦可同时赋给初始值，让它指向数组或数组元素，例如：

    int a[5]={1,2,3,4,5};
    int *p=a;   //等效于 int *p=&a[0];

2．一维数组元素的指针引用法

如上定义了 a 和 p，且 p 指向数组的首元素后，则 a、&a[0]、p 的值相等，故*a、*p 可表示a[0]；由指针的运算规则和数组的存储特点可知,a+1、p+1 都等于 a[1]的地址& a[1],故*(a+1)、*(p+1)都表示 a[1]；类似地，a+i、p+i 都等于 a[i]的地址&a[i]，故*(a+i)、*(p+i)都表示 a[i]，也称为 a[i]的指针表示法，如图 4.12 所示。

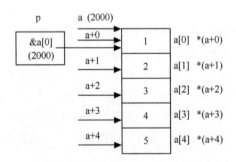

图 4.12　数组元素的多种表示法

指针变量 p 也可以带下标，亦即*(p+i)可以写成 p[i]，p[i]也表示 a[i]，称 p[i]为 a[i]的指针下标表示法；&p[i]也等于&a[i]。此时数组元素及其地址的表示法汇总于表 4.1。

表 4.1　数组元素及其地址的表示法

元素地址描述	含义	数组元素描述	含义
a、p、&a[0]	a[0]的地址（a 的首地址）	*a、*p、a[0]、p[0]	a[0]的值
a+1、p+1、&a[1]	a[1]的地址	*(a+1)、*(p+1)、a[1]、p[1]	a[1]的值
a+i、p+i、&a[i]	a[i]的地址	*(a+i)、*(p+i)、a[i]、p[i]	a[i]的值

可见，指向数组（元素）的指针变量 p 和数组名 a 在表示数组元素及其地址时可相互替换。

思考：如果 p 已指向 a[3]，则 p+i 代表哪个数组元素地址？*(p+i)、p[i]代表哪个数组元素？p-i 代表哪个数组元素？

【例 4.15】使用不同方法输出整型数组 a 各元素。

程序代码如下：

```
//*****ex4_15.cpp*****
#include <iostream>
#include <iomanip>
using namespace std;
int main()
{
    int a[5]={1,2,3,4,5};
    int i,*p=a;
    for (i=0;i<5;i++)
        cout<<setw(6)<< a[i];          //下标法
    cout<<'\n';
    for(i=0;i<5;i++)
        cout<<setw(6)<<*(a+i);          //指针法；或用 *(p+i)
    cout<<'\n';
    for(p=a;p<a+5;p++)
        cout<<setw(6)<<*p;              //指针法，但此处 p 向下移动
    cout<<'\n';
    for(p=a,i=0;i<5;i++)
        cout<<setw(6)<<p[i];           //指针下标法
    cout<<'\n';
    return 0;
}
```

思考：如果要按从后向前的顺序输出有哪些控制方法？

上面的输出还可以写成如下循环语句：

```
for(p=a,i=0;i<5;i++) cout<<setw(6)<<*p++;
```

当指针变量与自增运算符、自减运算符、间接访问运算符构成如下表达式时，要注意其运算顺序。

（1）p++使 p 指向数组的后一个元素；p--使 p 指向数组的前一个元素。

（2）*p++等价于*(p++)，其作用是先得到 p 指向变量的值（即*p），然后再使 p 增 1。

（3）*(++p)的作用是先使指针变量 p 的值加 1，再取*p。

（4）(*p)++表示 p 所指向的变量值加 1。

思考：上面的 for 语句执行完毕，p 指向哪个内存单元？

4.3.2　数组名与指针作函数参数

前面 4.1.4 节介绍了数组名作函数的实参和形参时，传递的是实参数组首元素的地址，由上面知识可以推想：用指针变量作函数的形参同样可以接收从实参传递来的数组首元素地址，然后在函数中将形参指针变量所指存储单元为首的一片连续内存单元作数组处理即可，且可用上面介绍的指针法和指针下标法引用其中的元素。这片连续内存单元也就是实参数组所占内存空间。

可将例 4.7 中的函数 int sum(int x[],int n)定义改写成

```
int    sum(int *x,int n)              //改形参数组为指针变量
{    int i,s=0;
     for(i=0;i<n;i++) s+=x[i];        //也可写成 s+=*(x+i)
     return   s;}
```

而原来的函数调用语句不用改动。

前面强调过，数组名是指针常量，程序运行时其值不能被修改，但作为形参的数组名相当于指针变量，其值可以修改。例如，例 4.7 中的函数 int sum(int x[],int n)可改写为

```
int    sum(int x[],int n)
{    int i,s=0;
     for(i=0;i<n;i++) s+=*x++;        //原来是 x[i]
     return   s;}
```

数组名和指针作函数参数时可以通用，如上面的函数定义首部 int   sum(int x[],int n)和 int sum(int *x,int n)效果等价。数组名和指针分别作函数实参和形参时，参数类型相互兼容，在类型对应关系上共有 4 种情况。形参用数组名，对应实参可用数组名或指针。形参用指针，对应实参也可用数组名或指针。两者都用指针：若函数只处理形参所指的单个存储单元，这与 4.2.4 小节介绍的指针变量作函数参数情况一致;若函数处理形参所指存储单元为首一片连续内存单元，则与 4.1.4 小节介绍的数组作形参一样。

二维数组名和行指针作函数参数时也可以通用，见例 4.16。

4.3.3　指针与二维数组

二维数组的指针在概念上比一维数组的指针复杂，而且表达形式多样化。二维数组的地址涉及数组首地址、每行地址和每个元素地址，下面针对一个具体数组来介绍它们的具体含义和表达形式。

1.　二维数组的地址

前面已经介绍，二维数组可看成一个一维数组，只不过其数组元素又是一个一维数组而已。例如，有下面的二维数组定义:

int a[3][4]={{1,2,3,4},{5,6,7,8},{9,10,11,12}};

a 数组是一个由 a[0]、a[1]和 a[2]三个元素组成的一维数组，而 a[0]、a[1]和 a[2]又各代表一个一维数组。如其中 a[0]中包含 a[0][0]、a[0][1]、a[0][2]和 a[0][3]四个元素，a[1]和 a[2]类似地也各包含四个元素。a 的 12 个元素逻辑上构成如下 3 行 4 列二维阵列，如图 4.13 所示。

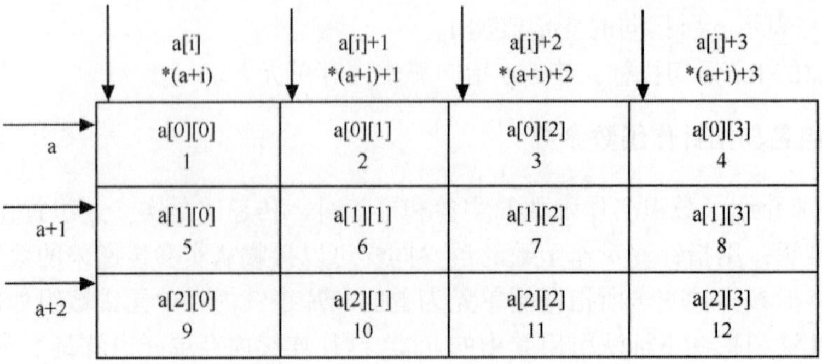

图 4.13　二维数组的指针表示

视 a 为一维数组，则数组名 a 代表其首地址，即第一个元素 a[0]的地址&a[0]，代表阵列第一行地址，a+1 代表&a[1]，代表第二行地址，a+i 代表&a[i]，代表阵列第 i 行地址。视 a[0]为一维数组，则数组名 a[0]代表其首地址，即第一个元素 a[0][0]的地址&a[0][0]，a[0]+1 代表&a[0][1]，…，a[0]+j 代表&a[0][j]；类似地，a[1]+j 代表&a[1][j]；a[i]代表&a[i][0]，a[i]+1 代表&a[i][1]，…，a[i]+j 代表&a[i][j]。

视 a[0]、a[1]、a[i]为一维数组 a 的元素时，则 a[0]形式上可以表示成*(a+0)，a [1] 可表示为*(a+1)，a[i]表示为*(a+i)，但与前面一维数组元素的指针表示法不同，它们并不代表数据值，而是代表各行第一个元素（第一列各行元素）的地址值 &a[0][0]、&a[1][0]和&a[i][0]，相应地，*(a+i)+j 就代表&a[i][j]。

由上可知，a[i][j]的指针引用形式有*(a[i]+j)、*(*(a+i)+j)，后者还可用指针下标法形式(*(a+i))[j]。对于特例 a[0][0]，其等价表示形式有*a[0]、**a 和(*a)[0]。

a 数组有 3 行 4 列，它们在内存中按行顺序存储，所以元素 a[i][j]的地址表示可写成

&a[0][0]+4*i+j

所以对 a[i][j]的引用还可以写成

*(&a[0][0]+4*i+j)

将上面二维数组的各种地址和数组元素指针表示法汇总于表 4.2，为描述方便，此处将最前面一行称为第 0 行，最前面一列称为第 0 列。

表 4.2　二维数组的各种地址和数组元素指针表示法汇总表

含义	表示形式
二维数组名、数组首地址、第 0 行首地址	a、&a[0]
第 0 行第 0 列元素地址	a[0]、*(a+0)、*a、&a[0][0]
第 1 行首地址	a+1、&a[1]
第 1 行第 0 列元素地址	a[1]、*(a+1)、&a[1][0]
第 i 行首地址	a+i、&a[i]
第 i 行第 0 列元素地址	a[i]、*(a+i)、&a[i][0]
第 i 行第 j 列元素地址	a[i]+j、*(a+i)+j、&a[i][j]
第 i 行第 j 列元素的值	*(a[i]+j)、*(*(a+i)+j)、(*(a+i))[j]、a[i][j]

请注意，a+i 代表&a[i]，指向行（行指针），*(a+i)代表&a[i][0]，指向行首元素，两指针数值相等，但基类型不同。

对于上面的数组 a，指针运算&a[0][0]+1 表达式中的 1 对应的内存字节数为 sizeof(a[0][0])或者 sizeof(int)，也就是 4，而指针运算 a+1 表达式中的 1 对应的内存字节数为 sizeof(a[0])，也就是 4×4 字节/元素=16，a+1 是指向一行，是行指针，不同于指向元素的指针，下面介绍行指针变量。

2. 行指针变量

行指针是指向一个由 n 个元素所组成的一维数组整体的指针，存储行指针的变量叫行指针变量。如

int (*p)[4];

定义指针变量 p 能指向一个包含四个 int 型元素的一维数组。在以上定义中，圆括号是必需的，若写成

```
int *p[4];
```

则定义了一个指针数组 p[]，共有四个元素，其中每个元素是一个指针类型。定义

```
int   (*p)[4];
```

中的指针变量 p 不同于前面介绍的指向整型变量或数组元素的指针。在那里，指向整型变量的指针变量指向整型数组的某个元素时，指针增加 1 运算，表示指针向数组的下一个或前一个元素移动。在这里，p 是一个指向由四个整型元素组成的数组，对 p 进行增减 1 运算就表示向前进或向后退四个整型元素。

下面用例子说明指向包含 n 个元素的一维数组的指针的用法。设有变量定义：

```
int a[3][4],(*p)[4];
```

则赋值语句

```
p=a;                          //a 表示数组最前面一行，叙述为第 0 行首地址
```

使 p 指向二维数组 a 的第 0 行，表达式 p+1 的值指向二维数组 a 的第 1 行，p+i 指向二维数组 a 的第 i 行，这与 a+i 一样。同样 p[i]+j 或*(p+i)+j 指向 a[i][j]，所以，数组元素 a[i][j] 的引用形式可写成*(p[i]+j)、*(*(p+i)+j)、(*(p+i))[j]、p[i][j]，与表 4.2 对照可知，用 p 表示二维数组元素和地址与用数组名表示格式一致。

注意，指向数组元素的指针与指向行的指针相互之间不能赋值，必须进行强制类型转换。例如：

```
int a[3][4],(*p)[4]=a,x,*px=&x;
px=(int *)p;                  //将 p 进行强制类型转换
px=(int *)a;                  //a 代表二维数组首行的地址，其基类型为 int (*)[4]
p=(int (*)[4])px;
```

函数调用时，若实参指针基类型与形参指针基类型不一致，要对实参进行强制类型转换。

一维数组中的元素也可以通过行指针引用，如：

```
int b[4],(*p)[4];
p=(int (*)[4])b;              //b 表示&b[0]，基类型为 int * ，要将 b 进行强制类型转换
```

此时，(*p)[i]就表示 b[i]。

【例 4.16】下面的函数 input() 用来输入含 4 列的二维整型数组，output1()等可以用来输出有 4 列的二维整型数组，请读者体会二维数组指针表示形式的多样化以及函数实参、形参指针基类型的一致性。

程序代码如下：

```
//*****ex4_16.cpp*****
#define   M   3
#define   N   4
#include <iostream>
#include <iomanip>
using namespace std;
void   input(int x[][N],int m)
{
```

```
        int i,j;
        cout<<"Input Matrix :\n";
        for(i=0;i<m;i++)
            for(j=0;j<N;j++)
                cin>>x[i][j];              //*(x[i]+j)、*(*(x+i)+j)、(*(x+i))[j]、x[i][j] 中的任一形式都可
}
void    output1(int (*x)[N],int m)         //等效于 void    output1(int x[][N],int m)
{   int i,j;
        cout<<"Output1 Matrix :\n";
        for(i=0;i<m;i++)
        {
            for(j=0;j<N;j++)
                cout<<setw(6)<< x[i][j];
            //*(x[i]+j)、*(*(x+i)+j)、(*(x+i))[j]、x[i][j]中的任一形式都可
            cout<<'\n';
        }
}
void    output2(int (*x)[N],int m)         //等效于  void    output2(int x[][N],int m)
{
        int i,j;
        cout<<"Output2 Matrix :\n";
        for(i=0;i<m;i++)
        {
            for(j=0;j<N;j++)
            cout<<setw(6)<< x[0][j];       //*(x[0]+j)、*(*x+j)、(*x)[j]、x[0][j]
            cout<<'\n';
            x++;                           //x 指向下一行
        }
}
void    output3(int *x,int m)              //等效于 void    output3(int x[],int m)
{
        int i,j;
        cout<<"Output3 Matrix :\n";
        for(i=0;i<m;i++)
        {
            for(j=0;j<N;j++)
                cout<<setw(6)<<*x++ ;      //输出*x 然后 x++，等效于 x[i*N+j]
            cout<<'\n';
        }
}
int main()
{
        int    a[M][N];                    //定义数组
        input(a,M);
        output1(a,M);                      //等效于 output1(&a[0],M);
        output2(a,M);
```

```
        output3(a[0],M);              //等效于 output3(&a[0][0],M);
        return 0;
    }
```

如有必要，还可定义指向二维数组整体的指针变量，例如：

```
    int (*px)[3][4];
```

通过它可以引用三维数组的元素，甚至可以定义这样的指针变量数组，例如：

```
    int (*py[2])[3][4];
    int (*pz[2][2])[3][4];
```

它们是从一维向高维的自然推广。

4.4　字符串

计算机可以处理数值类型数据，也能处理非数值类型数据，字符、文字就是一种非数值类型数据。C 语言用字符数组和指针表示字符串，C++仍然支持这两种表示方法，另外，C++还可以用字符串类型（string）对象表示字符串，用 string 字符串类对象（字符串变量）来存放和处理字符串，编程简单，而且程序运行安全。学好前两种表示方法对学习 string 类型是有帮助的，本节介绍这两种方法。

4.4.1　字符串的概念

字符串是指若干个字符构成的序列。在源程序中其表示方法是用一对双引号将字符序列括起来，如"China"，这对双引号只充当界限符，不是字符串的成员，仅便于编译系统识别源程序中的字符串。字符串中字符的个数叫字符串的长度。

程序运行时，字符串在内存中占据一片连续的字节，串中每个字符占一个字节，运行中的程序根据串首字符所占字节的地址就可以找到整个字符串；为了让程序检测到串尾字符或测定字符串的长度，C++语言规定在字符串尾额外加一个串结束标识字符'\0'作为字符串结束标志，这样程序从串首字符向后找，遇到了串结束标识字符'\0'就表示找到了整个字符串，也就识别了字符串。"China"的存储示意如图 4.14 所示，图中 1000 表示首字符所占字节的地址。

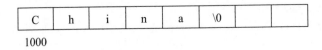

```
1000
```

图 4.14　字符串存储示意图

字符串可以包括转义字符及 ASCII 码表中的字符（控制字符以转义字符出现）。字符串可以包含汉字，如"中国"、"中国=China"。一个汉字占两个字节，长度计为 2；要处理某个汉字时，要将其对应的两个字节都处理掉，如删除或替换等，否则输出会出现乱码。

输出字符串时，作为界限标志的双引号和'\0'均不输出。

4.4.2　字符串的存储表示法

1. 字符数组表示法

字符数组是指每个元素都是字符型数据的数组，它在内存中占据一片连续的字节空间，因此正好可以用字符数组的元素来依次存储字符串中的各字符。内存中字符串尾总附加'\0'字符，它要占一个字节，所以长度为 *L* 的字符数组能容纳长度不超过 *L*–1 的任何字符串，若试图容纳长度超过 *L*–1 的字符串，将在编译时出现语法错误或运行时数组越界，必须设法避免。字符数组名代表首字节地址，通过字符数组名就可以找到存于其中的字符串。用数组元素就可以找到存于其中的字符。字符数组为字符串提供存储空间，因此字符数组相当于字符串变量。

如有定义：

　　　　char　s1[]={'s','t','u','d','e','n','t','\0'};

其存储状态如图 4.15 所示。

图 4.15　字符数组存储示意图

显然，一个元素存放一个字符。

若通过赋值语句将各字符分别赋给字符数组的各元素，注意串尾要添上'\0'。

上面的定义虽然将字符序列或字符串保存到数组 s1 中了，但操作低效且麻烦。在编写程序时，可以直接用字符串初始化字符数组：

　　　　char　s1[8]={"student"};

也可省略花括弧，简单地写为

　　　　char　s1[8]="student";

为避免计算字符串的长度。可以写成

　　　　char　s1[]="student";

系统将双引号括起来的字符依次存于字符数组的各个元素，并自动在末尾补上字符串结束标志字符'\0'，且一起存到字符数组中，上面数组 s1 的长度为 8，有效字符只有 7 个。若有定义：

　　　　char　s2[]={'s','t','u','d','e','n','t'};

s2 的长度为 7，s2 中未存放完整字符串，如执行语句

　　　　cout<<s2;

将得不到正确输出结果，将在输出 student 之后继续输出，直至遇到 8 位全 0 代码（即'\0'）为止。但写成

　　　　char　s2[8]={'s','t','u','d','e','n','t'};

可以得到正确输出，字符数组的初始化也与其他数组的初始化一样，对部分未明确指定初值的那些元素，系统自动设定 0 值字符，即'\0'，它是字符串结束标志符。

若要表示多个字符串，可以采用二维字符数组，例如：

　　　　char str2[][30]={"I am happy!","I am a student."};

用数组存储的字符串，其中的元素字符同样可以采用下标法和指针法来引用，例如：

　　　　char s[]="I am a student.";

*(s+i)或 s[i]就是访问数组中字符串的第 i 个字符。

以上说明了用字符数组存储字符串，另一方面也表示可以用字符串初始化字符数组。

2．指针表示法

若将字符串首字符所占据字节的地址存于字符基类型的指针变量中，则程序可通过该指

针变量访问字符串或其中的某个字符，因此，指针是字符串的一种表示法，例如：

```
char *cp ="I am a student.";
```

定义了指向字符的指针变量 cp，并初始化 cp 使它指向字符串的第一个字符（'I'）。以后就可通过 cp 间接访问字符串或其中的某个字符，如*cp 或 cp[0]就是'I'，*(cp+i)或 cp[i]就是访问字符串中的第 i 个字符。故也称 cp 是指向字符串的指针变量。显然，指向字符串的指针就是指向字符数据的指针，只是我们对它赋予的含义和处理方式不同而已，定义一个指向字符串的指针变量就是定义一个指向字符的指针变量。也可以先定义 cp，事后再赋值，如下：

```
char *cp;
cp="I am a student.";
```

这里是将字符串首字符所占据字节的地址赋给 cp，而不是将字符串赋给 cp，cp 并不为字符串提供存储空间。可以把该字符串"I am a student."看作字符串常量，由编译系统为它分配存储空间。

使用字符数组和字符指针变量都能表示字符串并参加各种运算，但两者之间是有区别的。字符数组是由若干元素组成的，这些元素在内存中占据一片固定的连续内存空间，每个元素可存放一个字符，因此，字符数组为字符串提供存储空间。在程序运行过程中，字符数组所占据的这片固定内存空间在不同时刻可存放不同的字符串，所以，字符数组相当于字符串变量。数组名代表这片内存空间的首地址，是常量指针，因此它只能指向位于这个固定地址内存中的字符串。而字符指针变量并不为字符串提供存储空间，但同一指针变量在不同时刻可指向内存中不同地址处的字符串，当然也可指向存于数组中的字符串。既然数组名是指针常量，就不能用一个字符串给一个字符数组赋值，例如：

```
char str[50];
str="I am a student.";
```

编译时将产生错误，原因是数组名 str 是一个地址常量，不能向它赋值。但能用一个字符串对一个字符数组进行初始化。当然，字符数组各个元素可单独赋值。

4.4.3 字符串的输入/输出

字符串的输入/输出总的来说有两种方式：

（1）逐个字符输入/输出，即每次输入/输出一个字符，用循环结构控制整个串的输入/输出。

（2）将整个字符串作为一个整体一次性完成输入/输出。

每种方式具体完成输入/输出操作又有两种方法。一种是调用标准 C 输入/输出（Standard C I/O）函数库中的字符/字符串输入/输出函数（scanf、printf、getchar、putchar、gets、puts 等），C++同样支持这些函数。另一种是用 C++的标准输入/输出流对象 cin 和 cout，这种方法使用简单，举例如下：

设有

```
char s1[20]="I am a student.";
```

逐个输出字符语句：

```
for(i=0;s1[i];++i)              //s[i]不为 0 也代表逻辑真
    cout<<s1[i];
```

将字符串一次性输出：

```
cout<<s1;
```

两种输出结果都为

　　I am a student.

若要从第 i 个字符起输出字符串后面一截，则写成

　　cout<<&s1[i];　　　　　//s1+i

若指针变量 cp 指向某个字符串，同样可以用上面两种方式输出。

若程序运行时要输入字符串，那么程序必须为它提供存储空间，一般采用一个够长的字符数组，若有数组定义：

　　char s2[100]

则逐个字符输入语句：

　　for(i=0;i<15;++i)
　　　　cin>>s2[i];
　　s2[i]= '\0';　　　　　//额外补加串结束标志

这种方式使用不方便，要预先确定要输入的串的长度，而且要在串末加上'\0'，故最好不用，而将字符串作为一个整体一次性输入：

　　cin>>s2;

这种方式输入数据是以空白字符（空格符、Tab 控制符、回车符）作为终止标志，即字符串中不能含这些空白字符。若要输入以回车键为终止标志的一整行字符，则用 cin.getline()。

两种输入方式要必须保证输入的字符串长度比数组长度少 1。

上面是用重载运算符>>和<<进行输入/输出的，还可以用成员函数 cout.put()、cin.get()、cin.getline()进行灵活的输入/输出控制。

4.4.4　字符串函数

为了便于使用字符串，标准 C 的字符串和字符函数库（Standard C String & Character）包含丰富的字符串处理函数，如 strcat()、strcpy()等，C++仍然兼容它们，在 Visual Studio 2005 之后，为了防止数据溢出问题，C++标准中使用了更为安全的字符串函数 strcat_s()、strcpy_s()等，且这些安全函数与原有的字符串函数的功能几乎是一样的，这里介绍其中几个比较常用的字符串处理函数。

以下给出的函数调用形式中的参数 str、str1 和 str2，除特别声明外，均是指字符串常量、字符数组名或字符串存储空间开始地址（字符串指针）。

1. 连接函数 strcat_s()

函数原型：

　　errno_t strcat_s(char *strDestination,size_t numberOfElements,const char * strSource);

参数说明：

● errno_t 是一种数据类型，实际上是一个整型，代表错误号码。
● strDestination 为目标字符串缓冲区。
● size_t 即 size of type，是某种类型的大小（字节数）。
● numberOfElements 为源字符串追加到目标字符串缓冲区后的总大小，单位是字节。
● strSource 为源字符串缓冲区。

函数返回值：

0：成功

EINVAL：目标字符串或者源字符串没有初始化。

ERANGE：越界。

调用格式：strcat_s(str1,str2);或 strcat_s(str1, strlen(str1)+strlen(str2)+1,str2);。

函数功能：将字符串 str2 连接到 strl 的后面，str2 的值不变。

函数调用返回一个指针值，仍为 str1。numberOfElements 表示目标缓冲区的大小，要求必须足够大，以便能容纳连接后的内容。注意，连接前，str1 和 str2 都有'\0'。连接后，str1 中的 '\0'在连接时被覆盖掉，而在新的字符串有效字符之后保留一个'\0'。例如：

```
char str1[30]="this";
char str2[30]=" is";
strcat_s(str1,str2);
```

或

```
strcat_s(str1,strlen(str1)+strlen(str2)+1,str2);    //结果在 str1 中
cout<<str1;
```

输出：

```
this is
```

图 4.16 表示连接前后 str1 与 str2 的内容。

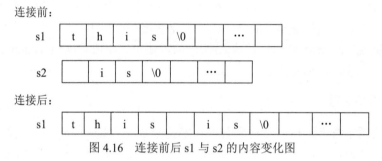

图 4.16　连接前后 s1 与 s2 的内容变化图

2. 字符串拷贝函数 strcpy_s()和 strncpy_s()

函数原型：

```
errno_t strcpy_s(char *Destination, size_t    SizeInBytes, const char *Source);
```

调用格式：strcpy_s(str1,str2);。

函数功能：将字符串 str2 整个复制到字符数组 str 1 中，str2 的值不变。

调用该函数时，一般 str1 是字符数组，且 str1 定义得足够大，以便能容纳被拷贝的 str2 的内容。例如：

```
strcpy_s(str1,"Changsha");
```

在某些应用中，需要将一个字符串的前面一部分拷贝，其余部分不拷贝。调用函数 strncpy_s()可实现这个要求。函数调用格式为

```
strncpy_s(str1,n1,str2,n2)
```

其作用是将 str2 中的前 n2 个字符拷贝到 str1（附加'\0'）。其中 n1、n2 是整型表达式，n1 是 str1 的长度，可表示为 sizeof(str1);，n2 指明欲拷贝的字符个数。

注意不能利用赋值语句将一个字符串赋给一个字符数组。例如：设 str1 是字符数组名，则 str1="Changsha";是非法的。

3. 求字符串长度函数 strlen()

函数原型：

```
int    strlen(char *str);
```

调用格式：strlen(str);。

函数功能：求字符串的实际长度（不包括'\0'），由函数值返回。例如：strlen("good")函数值为 4。

4. 字符串比较函数 strcmp()

函数原型：

       int strcmp(char *str1,char *str2);

调用格式：strcmp(str1,str2);。

函数调用 strcmp(str1,str2)比较两个字符串大小。对两个字符串自左至右逐个字符相比较（按字符的 ASCII 代码值的大小），直至出现不同的字符或遇到'\0'为止。如全部字符都相同，则认为相等，函数返回 0 值；若出现不相同的字符，则以这第一个不相同的字符比较结果为准。若 str1 的那个不相同字符小于 str2 的相应字符，函数返回一个负整数；反之，返回一个正整数。

注意，对字符串不允许施行相等"=="和不相等"!="运算，必须用字符串比较函数对字符串进行比较。例如：

       if (str1==str2) printf("Yes\n");

是非法的。而只能用

       if (strcmp(str1,str2)==0)printf("Yes\n");

5. 字符串大写字母转换成小写字母函数 strlwr()

函数调用 strlwr(str)将 str 中的大写字母转换成小写字母，要求 str 不能是字符串常量。

6. 字符串小写字母转换成大写字母函数 strupr()

函数调用 strupr(str)将 str 中的小写字母转换成大写字母，要求 str 不能是字符串常量。

7. 子串查找函数 strstr()

函数调用 strupr(str1,str2)，在 str1 中查找是否包含子串 str2，若找到，则返回第一次出现 str2 的位置，否则，返回空指针 NULL。

与字符串有关的库函数还有很多，例如：

int atoi(char *str); 将 str 字符串转换成整数。

long atol(char *str); 将 str 字符串转换成长整数。

double atof(char *str); 将 str 字符串转换成 double 型数值。

以上三个函数在 stdlib.h 中声明。

例如，有以下定义：

       char s[]="12345";

       long n;

则语句 n=atol(s);执行后 n 的值为 12345。

如有必要，读者可查阅相关 C++参考手册。

注意：如果要在 Visual Studio 2022 中使用 strcpy() strcat()等字符串函数，在函数头或者预处理器加上报错指令#pragma warning(disable:4996)。

4.4.5 字符串的简单应用举例

【例 4.17】编写一函数 char * cat_str(char *str1,char *str2)，将 str2 所指字符串连接到 strl 所指字符串的后面，str2 的值不变；返回值仍为 str2；即功能相当于标准字符串库函数 strcat_s()。且编写主函数调用它。

程序代码如下：

```
//*****ex4_17.cpp*****
#include <iostream>
using namespace std;
char * cat_str( char *str1,char *str2 )
{
    while(*str1!='\0') str1++;          //指针 str1 移至串尾
    while(*str2!='\0')
    {
        *str1=*str2;                    //将指针 str2 所指字符赋给 str1 所指空间
        str1++; str2++;                 //将指针 str2、str1 都后移
    }
    *str1='\0';                         //在 str1 所指空间添加'\0'构成完整字符串
    return str1;
}
int main()
{
    char   s1[100] = "abc";
    char *s2;
    s2 = (char *)"ABC";                 //s2 指针指向字符串"ABC"
    cat_str(s1, s2);
    cout << '\n' << s1 << '\n';
    return   0;
}
```

注意，str1 对应的实参应是字符数组，而且剩余空间要能容纳 str2 所对应的实参字符串。cat_str 还有多种写法，另举例子如下：

```
char * cat_str( char *str1,char *str2 )
{
    while(*str1!='\0') str1++;          //指针 str1 移至串尾
    while((*str1=*str2)!='\0')
        {str1++; str2++;}
    return str1;
}
```

还可写成

```
char * cat_str( char *str1,char *str2 )
{
    while(*str1!='\0') str1++;          //指针 str1 移至串尾
    while((*str1++=*str2++)!='\0');
    return str1;
}
```

或

```
char * cat_str( char *str1,char *str2 )
{
    while(*str1!='\0') str1++;          //指针 str1 移至串尾
    while(*str1++=*str2++);
```

```
        return str1;
    }
```

【例4.18】编写函数 void del_ch(char *p,char ch)，实现在 p 所指字符串中删除 ch 所代表字符的功能；同时编写主函数调用它。

程序代码如下：

```
//*****ex4_18.cpp*****
#include <iostream>
#include <string>
using namespace std;
int main()
{
    void del_ch(char *,char);
    char str[80],*pt,ch;
    cout<<"Input a string:\n";
    cin.getline(str, 80,'\n');          //当输入了 79 个字符或遇到回车符，表示输入完毕
    pt=str;
    cout<<"Input the char deleted:\n";
    cin>>ch;
    del_ch(pt,ch);                      //或直接写成 del_ch(str,ch)
    cout<<"Then new string is:\n";
    cout<<str<<endl;
    return 0;
}
void del_ch(char *p,char ch)
{
    char *q=p;
    for(;*p!='\0';p++)
        if (*p!=ch)    *q++=*p;
    *q='\0';
}
```

程序由主函数和 del_ch 函数组成。在主函数中定义字符数组 str，并使 pt 指向 str。字符串和被删除的字符都由键盘输入。在 del_ch 函数中实现字符删除，形参指针变量 p 和被删字符 ch 由主函数中实参指针变量 pt 和字符变量 ch 传递过去。函数开始执行时，指针变量 p 和 q 都指向 str 数组中的第一个字符。当*p 不等于 ch 时，把*p 赋给*q，然后 p 和 q 都加 1，即同步移动。当*p 等于 ch 时，不执行*q++=*p;语句，所以 q 不加 1，而在 for 语句中 p 继续加 1，p 和 q 不再指向同一元素，p 会移到 q 前面去。

【例4.19】输入 5 个人姓名的拼音（1 个人的名字各字拼音之间不留空格）且存于数组中，找出其中最大元素及它的下标。

分析：1 个人的姓名拼音连写构成一个字符串，可以用一个一维字符数组来存储，现有 5 个字符串，可以用 5 个一维字符数组来存储，但这样不便于编写程序；二维数组可以看成一维数组的数组，故正好可以采用有 5 行的二维字符数组来存储 5 人姓名拼音字符串，每行对应 1 个一维字符数组，存放 1 个人的姓名拼音连写。本例类似于例 4.2，只是将普通变量赋值运算改成字符串赋值函数 strcpy()，比较运算改成字符串比较函数 strcmp()。

程序代码如下：

```cpp
//*****ex4_19.cpp*****
#define N 5
#include <iostream>
#include <string>
using namespace std;
int main()
{
    int i, j;
    char a[5][30], max[30];
    for (i = 0; i < 5; i++) cin >> a[i];
    strcpy_s(max, a[0]);              //假定第一个元素是最大的
    j = 0;                           //对记录最大元素下标的变量 j 进行初始化
    for (i = 0; i < 5; i++)
        if (strcmp(a[i], max) > 0)
        {
            strcpy_s(max, a[i]); j = i;    //把当前最大值送 max，下标送 j
        }
    cout << "\nmax:a[" << j << "] = " << max << '\n';
    return 0;
}
```

若规定姓名各字拼音之间用一个空格隔开，输入时每行输入一个人姓名拼音然后回车，则可用 cin.getline(a[i], 30,'\n')进行输入，此处假定 30 是够大的数，认为它大于任何姓名拼音字符串的长度。不过此时串中的空格字符也影响运行结果。

【例 4.20】从键盘输入一串英文字符（不含空格与其他字符），回车表示输入完毕，统计其中每种字符的数目，并输出字母及相应的数目。

分析：将输入的英文字符串存于字符数组 str 中，定义 upper 数组记录各大写字母字符的个数，如 upper[0]记录'A'的个数；定义 lower 记录各小写字母字符的个数，如 lower [0]记录'a'的个数，数组元素下标运算利用字母字符 ASCII 码的规律。

程序代码如下：

```cpp
//*****ex4_20.cpp*****
#include <iostream>
#include <string>
using namespace std;
int main()
{
    int i=0,upper[26]={0},lower[26]={0},m=0;
    char str[80];
    cout<<"Input a string:\n";
    cin.getline(str, 100,'\n');
    while (str[i])
    {
        if(str[i]>='A' && str[i] <='Z') upper[str[i]-'A']++;
        if (str[i]>='a' && str[i] <='z') lower[str[i]-'a']++;
```

```
                i++;
            }
        cout<<"\nThe result:\n";
        for (i=0;i<26;i++)
            (upper[i])
                {
                    if (m%8==0) cout<<'\n';m++;
                    cout<< "    " <<(char)(i+'A')<< ":"<<upper[i];
                }
        for (i=0;i<26;i++)
            (lower[i])
                {
                    if (m%8==0) cout<<'\n';m++;
                    cout<< "    " <<(char)(i+'a')<< ":"<<lower[i];
                }
        cout<<"\n\n";
        return   0;
    }
```

4.5　指针数组与多级指针

4.5.1　指针数组

当一个数组的元素都是指针类型数据时，该数组就称为指针数组。一维指针数组的定义形式为

　　　　类型符　*数组名[常量表达式];

其中常量表达式用于指明数组元素的个数；类型符指明指针数组元素应指对象的类型。数组名之前的*是必需的，由于它出现在数组名之前，使该数组成为指针数组。例如：

　　　　int *p[10];

定义指针数组 p[]，它有 10 个元素，每个元素都是指向 int 型变量的指针变量。和一般的数组定义一样，数组名 p 是第一个元素即 p[0]的地址。

在指针数组的定义形式中，由于[]比*的优先级高，使数组名先与[]结合，形成数组的定义，然后再与数组名之前的*结合，表示此数组的元素是指针类型的。注意，在*与数组名之外不能加上圆括号，否则变成指向数组的指针变量。例如：

　　　　int (*p)[10];

定义指向由 10 个 int 型量组成的数组的指针，这在前面已详细介绍过了。

如有必要，也可定义多维指针数组。指针数组适合表示一批指针数据。例如，对字符串进行排序，按一般的处理方法可定义一个字符型的二维数组，每行存储一个字符串，排序时可能要交换两个字符串在数组中的位置，这样较费时。如用指针数组，就不必交换字符串的位置，而只需交换指针数组中各元素的指向。

【例 4.21】编写 void sort(char *v[],int n)，用选择法（例 4.3 中介绍）对指针数组 v 所指向的 n 个字符串按从小到大顺序排序，编写 main()等相关函数构成完整程序。要求字符串从键

盘输入，且输出排序结果。此处将例 4.3 中的数组元素比较运算改用 strcmp(v[k],v[j])，其他基本不变。

程序代码如下：

```
//*****ex4_21.cpp*****
#include <iostream>
#include <string>
using namespace std;
#define N 5
int main()
{
    void sort(char *[],int ),write(char *[],int);
    char *name[N],str[N][30];
    int   i;
    for(i=0;i<N;i++)
        {
            name[i]=str[i];
            cin.getline(str[i], 30,'\n'); }
    sort(name,N);
    write(name,N);
    return 0;
}
void sort(char *v[],int n)
{    int   i,j,k;
    char *t;
    for(i=0;i<n-1;i++)
        {    k=i;
            for(j=i+1;j<n;j++)
                if (strcmp(v[k],v[j])>0) k=j;
            if (k!=i)
                { t=v[i]; v[i]=v[k]; v[k]=t; }
        }
}
void write(char *nameptr[],int n)
{    int i;
    cout<<endl;
    for(i=0;i<n;i++)
    cout<<nameptr[i]<<endl;
    cout<<endl;
}
```

若程序运行时输入 5 个串，依次为"English"、"Russian"、"French"、"America"、"Japan"，则数组 name 和 str 的值如图 4.17（a）所示，排序后则如图 4.17（b）所示。

用二维字符数组保存字符串，数组的每行保存一个字符串，各字符串占用相同大小的存储空间，则较短的字符串浪费了一定量的存储单元，而且，各字符串存放在一片连续的存储单元中。而用指针数组表示多个字符串，各个字符串并不一定是连续存储的，不占用多余的内存空间。对于例 4.21 而言，若待排序的这批字符串在编写程序时就能确定，则可以用它们来初始化 name 数组：

```
char *name[]={"America", "Japan", "French", "English", "Russian"};
```

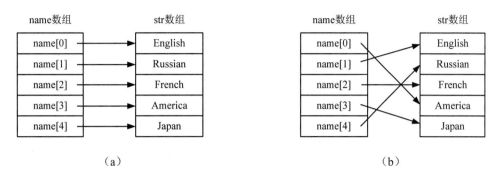

（a） （b）

图 4.17 数组 name 和 str 的值

这样较采用二维字符数组节省存储空间。

4.2.6 小节介绍了如何定义和引用指向函数的单个指针变量，其实也可以定义这样的数组，例如：

```
int     (*fp[10])(int,float);
int     *(*fpp[10])(int,float);
```

当其元素指向一个函数后，也可用其元素调用函数。

4.5.2 多级指针

如果某个指针变量可用来存放其他指针变量的地址，则这个指向其他指针变量的指针变量称为指向指针的指针，简称多级指针。例如，指针变量 pp 指向一变量 ap，而 ap 又是指针变量，它指向另一个变量 a，则变量 pp 就是指向指针的指针，如图 4.18 所示。

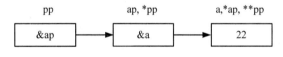

图 4.18 指向指针的指针示意图

定义二级指针变量的一般形式为

```
类型符   **变量名;
```

例如：

```
int **pp;
```

定义了指针变量 pp，它能指向另一个指针变量，该指针变量又能指向一个整型变量。pp 的前面有两个 "*" 号，由于指针运算符 "*" 是按自右向左顺序结合的，因此**p 相当于*(*p)，可以看出*pp 是指针变量形式，它前面的 "*" 表示指针变量 pp 指向的又是一个指针变量，"int" 表示后一个指针变量指向的是整型变量。

要定义图 4.18 所示的变量，可进行如下定义：

```
int a=22,*ap=&a,**pp=&ap;
```

ap 可用*pp 表示，a 可用*ap 和**pp 表示。

类似地可以定义三级指针：

```
char ***p;
```

在实际使用时根据需要来确定指针变量的级数。

多级指针同样可以进行前面介绍的指针运算，只是指向关系多了一层而已，要求参加运算的两指针级别要一致。

指向指针的指针变量与指针数组有着密切的关系。对于例 4.21 中的指针数组 name[]而言，数组名 name 代表&name[0]，name[0]是指针变量，所以 name 是常量二级指针。对于形参指针数组 nameptr[]而言，数组名 nameptr 就是&nameptr[0]，即 nameptr[0]的指针；nameptr+i 就是&nameptr[i]，即 nameptr[i]的指针，因数组 nameptr[]的元素又是字符指针，所以 nameptr 或 nameptr+i 都是指向指针的指针。形参数组可以写成指针变量，形参指针数组可写成二级指针变量，所以，函数 write()中的参数 nameptr 的说明 char *nameptr[]可等价地改写成 char **nameptr。函数 sort()中的参数 v 的说明 char *v[]也可等价地改写成 char **v。

4.6 引用

程序可以用变量名直接访问变量，也可以用指针变量间接地访问程序中的变量，另外，C++还可以采用引用（reference）来访问变量。用引用作函数参数和返回值可以提高函数传递数据的能力。

4.6.1 变量的引用

变量的引用就是变量的别名。一个引用总依附于某个实体，如变量、类对象，定义引用时必须进行初始化，说明是谁的引用，换句话说，总是为某个实体定义引用，例如：

```
int   a;
int   &ar=a;
```

为变量 a 定义了一个引用 ar，ar 也表示 a 的存储单元，此处&是引用声明符，不是取地址运算符，&前面的 int 说明 ar 是整型变量的引用，即被引用的变量应该是整型变量。当然再也不能替别的变量定义名为 ar 的引用，否则名字冲突。

在定义变量的同时，可以为它定义引用，上面两行也可合并为

```
int   a, &ar=a;              //还可以同时初始化 ar 引用的变量：int   a, &ar=a=100;
```

此后程序中凡是变量 a 可以出现的地方都可以用 ar 替换，例如：

```
int   *p=&ar;               //定义指向 a 的指针变量，&ar 就是&a
int   &ar2=ar;              //为 a 再定义另一个引用 ar2，ar 可代表 a
ar=100;                     //等效于 a=100;
cin>>ar;                    //等效于 cin>>a;
cout<<ar;                   //等效于 cout<<a;
```

为指针变量定义引用，格式如下：

```
int   *q, *&qr=q;
```

此后 qr 就可作 q 用。

请注意，不能定义引用数组，也不能定义指向引用的指针，形如下面的引用有语法错误。

```
int   &refer[10], &*pr ;
```

像上面这样使用变量的引用并不能体现引用的用途，其作用主要体现在作函数参数和返回值的情况。

4.6.2 引用作函数参数

本书前面多次提到，在函数调用时，实参的值传递给形参，函数执行过程中改变了形参的值，但对应的实参不受影响，这就是所谓的函数参数单向传递。为了让被调用函数可以改变主调函数中变量的值，4.2.4 小节介绍了用指针作函数参数，实参与形参之间传递的是指针值，即地址值，此时函数通过形参来间接访问主调函数中变量。若将函数形参说明为引用型变量，也能达到修改实参的目的，而且编程更简洁，对于例 4.10 而言，将 swap 函数修改如下：

```
void swap(int &p1,int &p2)
{    int p;
     p=p1;
     p1=p2;
     p2=p;
}
```

相应的函数调用语句改为

```
swap(a,b);
```

调用函数时，系统把实参 a、b 变量名传递给形参 p1、p2，p1、p2 分别变为 a、b 的别名，即 p1、p2 也分别表示 a、b 对应的存储单元，如图 4.19 所示；此时，swap()修改形参 p1、p2 就是修改实参 a、b。此处本质上也是传递地址，与指针变量作形参不同的是，此时形参不需占用临时存储空间，而是直接引用 a、b，但用引用作函数参数显得表达简单、自然。

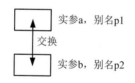

图 4.19 交换两引用型形参的值

调用含引用形参的函数时，对应的实参可以直接用变量名，如上面调用 swap(a,b)中的实参 a、b 是已定义的变量；另外，实参也可以是指针所指向的变量或（动态）存储单元，例如，假设指针 x、y 已经指向某个内存单元，则调用 swap(*x,*y)将交换 x、y 所指内存单元的值。

引用作函数参数与 Pascal 语言中的变量形参，即 var 形参一致，与 Basic 语言中的引用形参，即 ByRef 形参一致。

4.6.3 引用作函数返回值

函数也可以返回变量的引用，其定义一般格式是

```
类型名    &函数名(形参表)
    {
    …
        return   变量名;
    }
```

返回值不能是本函数中局部变量的引用，因为函数执行完毕返回主调函数后，函数中的

局部变量全部释放，主调函数再去访问它，不能保证结果正确。返回值应该是主调函数可寻址或可见的内存单元或变量的引用。

对于例 4.12 而言，若改成要求函数 minp(int x,int y) 返回形参 x、y 中较小者的引用，则函数定义如下：

```
int   &minp(int   &x,int &y)
{    return x<y?x:y;
}
```

此时主函数可以改为

```
int main()
{    int   a,b,p;
     cin>>a>>b;
     p=minp(a,b);                    //注意 minp 的形参类型
     cout<<"\nmin="<<p<<'\n';        //输出最小值
     return 0;
}
```

注意，函数调用 minp(a,b)是求变量的引用，所以表达式 minp(a,b)代表 a、b 中较小的者的别名，因此，也可以直接输出 minp(a,b)，将最后两条语句合成

```
cout<<"\nmin="<<minp(a,b)<<'\n';
```

若要将 a、b 中较小的变量赋 100，可写成

```
minp(a,b)=100;
```

如同 4.2.5 节介绍的指针函数调用情况，函数调用也可出现在赋值符号左端。

思考：下面的函数在编译时为什么会有警告提示？

```
int   &minp(int   &x,int &y)
{    int q;
     q=x<y?x:y;
     return q;
}
```

习题 4

一、程序设计题

1. 从键盘输入 10 个整数存于数组中，然后按从大到小的顺序输出。请编程实现。

2. 设数组 a[N]中已有的数据（n 个）已经从小到大排好了序，今输入一个数，要求按原来排序的规律将它插入数组中。请写出处理算法。

3. 从键盘输入 100 个整数存入数组 np 中，其中凡相同的数在 np 中只存入第一次出现的数，其余的都被剔除。

4. 找出一个二维数组中的鞍点，即该位置上的元素在该行上最大，在该列上最小。也可能没有鞍点。

5. 编写函数 void f(int a[],int n)，将 a[]中的 n 个元素按逆序重新存放，例如，原来存放顺序为 8,6,5,4,1，要求改为 1,4,5,6,8。

6.编写函数 int f(char * s),判断 s 所指的串是否为"回文串",即前后对称的串,如:"a131a" "a1bb1a",若是返回 1,否则返回 0。

7. 将字符数组 str1 中下标为双号的元素值赋给另一字符数组 str2,并输出 str1 和 str2 的内容。

8. 输入一行文字,找出其中大写字母、小写字母、空格、数字及其他字符各有多少。

9. 输入一行英文单词,假定单词由一个或多个空格隔开。统计有几个单词。

10. 读入若干字符行,以空行(即只键入回车符的行)结束,输出其中最长的行。

11. 有 n 个国家名,要求按字母先后顺序排列,并输出。

12. 编写函数 find(cha *s,char *word),查找字符串 s 中是否包含词 word。约定串中的词由 1 个或 1 个以上空白符分隔。

第 5 章　自定义数据类型

前面章节介绍的整型、字符型、浮点型、双精度型等数据类型都是 C++系统内定义的基本数据类型，在描述一些复杂的对象时，这些已有的数据类型往往不能满足实际情况的需要。在这种情形下，可以使用自定义数据类型。所谓自定义数据类型就是 C++允许用户根据实际情况，自己定义数据类型来描述一些复杂的数据。本章介绍结构体类型、共用体类型和枚举类型等用户自定义数据类型。

5.1　结构体类型

在日常生活中，经常会遇到用一些相关的数据共同表示一个信息的情况。例如，表示一个学生的学籍信息，可能需要学生的学号、姓名、入学分数等相关数据项，这些数据项的组合表示一个学生的个人学籍信息，它们之间是有内在联系的，任何一个单独的数据都不能完整地表示学生的学籍信息。在 C++中，可以用结构体类型的数据来描述一个学生的学籍信息。

如果说数组是同类型的一组相关数据的集合，那么结构体就是将不同类型数据组合成一个整体，这些不同类型的数据是有相互联系的，是对该整体的不同侧面的描述。在程序中使用结构体时，首先要对结构体的组织形式进行描述，即对结构体类型进行定义。

5.1.1　结构体类型的定义

结构体类型的一般定义形式如下：

```
struct  结构体类型名
{
    成员说明列表
};
```

其中，struct 为定义结构体类型的关键字，结构体类型名是用户定义的任何一个有效的标识符，它的作用就如同任何一个基本类型名，利用它能够定义具有该结构类型的变量或函数；数据成员说明列表是对其各成员的数据类型的说明，即"类型名　成员名"；整个结构体类型定义必须用";"作为结束符。例如，一个学生的学籍信息包含学号、姓名和入学分数，可将其定义为一个结构体类型：

```
struct student
{   char id[7];
    char name[10];
    float score;
};
```

这样就定义了一个结构体类型 student，它向编译系统声明：这是一种结构体类型，它包括三个成员：一个是长度为7的字符数组 id，用以表示学号；一个是长度为10的字符数组 name，用以表示学生姓名；一个是单精度实型变量 score，用以表示学生分数。

在 C 语言中，结构体的成员只能是数据；C++为了适应面向对象的程序设计，对此加以扩充，其结构体成员既可以是数据成员，也可以是函数成员。但由于 C++提供了类（class）类型，一般情况下，不必使用带函数成员的结构体。

5.1.2　结构体变量的定义

结构体类型定义说明了一个结构体数据的"模式"，即描述了这一类型数据的框架，但不定义"实物"。如果在程序中要实际使用该结构体类型的具体对象，必须定义结构体类型的变量。

要定义一个结构体类型的变量，可采取以下 3 种方法。

1. 先定义结构体类型，再定义变量

　　[struct]　结构体类型名　变量名；

在此格式中，关键字 struct 为任选项，可写可不写，不影响语句功能，在 C++中一般都省略不写；结构体类型名是已定义的结构类型，变量名是由用户命名的任意有效的标识符，用它表示结构体类型的变量。

如上面已定义了一个结构体类型 student，可以用它来定义变量。例如：

　　student st3, st4;

　　struct student st1, st2;

通过上面两个变量定义语句，将 st1、st2、st3、st4 定义为 student 类型变量。

2. 在定义类型的同时定义变量

在定义结构体类型的同时定义相应的结构体变量。例如：

```
struct student
{   char name[10];
    char id[7];
    float score;
}st1,st2;
```

它的作用与前面定义的相同。只不过它的表现形式是在定义了 student 结构类型的同时，立即定义了两个 student 结构类型的变量 st1 和 st2。

3. 直接定义结构体类型变量

在结构体定义时不出现结构体类型名，这种形式虽然简单，但不能在再次需要定义该类型的变量时，使用所定义的结构体类型。例如：

```
struct
{   char name[10];
    char id[7];
    float score;
} st1,st2;
```

关于结构体类型，有几点需要说明。

（1）类型与变量是不同的概念，不要混淆。对结构体变量来说，在定义时一般先定义一个结构体类型，然后定义变量为该类型。在编译时，对类型是不分配存储空间的，只对变量分配存储空间。

（2）结构体变量的存储空间。编译时，编译程序要对结构体变量分配存储空间。结构体变量的存储空间是结构体变量各成员所占内存空间的总和。例如定义 student x, y;，在 student 结构体类型中，name 成员占 10 个字节，id 成员占 7 个字节，score 成员占 4 个字节，因此，作为 student 结构体类型的变量 x、y 从理论上说应该分别被分配了 21 个字节的内存空间，但系统通常为一个结构体变量分配整数倍大小的机器字长（对 32 位机而言，一个字长占 4 个字节），所以，实际上系统为 x、y 两个变量分别分配了 24 个字节的内存空间。但一般情况下，对于结构体类型变量的内存空间，只讨论其理论值。

（3）成员也可以是一个结构体变量，即结构体类型的嵌套定义。结构体类型嵌套定义的示意如图 5.1 所示。

学号	姓名	性别	出生年月			地址
			月	日	年	

图 5.1　结构体类型嵌套定义的示意图

对于图 5.1 的结构，先定义一个 date 结构体类型，它包括 3 个成员，即 month、day、year，分别代表月、日、年。

```
struct date
{    int month;
     int day;
     int year;
};
```

然后在定义 struct member 结构体类型时，成员 birthday 的类型被说明为 date 类型。

```
struct member
{    int num;
     char name[20];
     char sex;
     date birthday;              //成员变量是一个结构体变量
     char addr[40];
}stu1,stu2;
```

结构体的嵌套定义实现了对数据的分层描述，在数据成员较多的时候有特别的意义。

5.1.3　结构体变量的引用与初始化

引用一个结构体变量有两种方式：通过结构体变量名或指向结构体变量的指针引用变量成员。与之对应的标记形式也有两种，分别用运算符“.”和“->”表达。

1. 用结构体变量名引用其成员

用结构体变量名引用其成员的表示形式为

结构体变量名.成员名

例如，stu1.num 表示引用结构体变量 stu1 中的 num 成员，因该成员的类型为 int 型，所以可以对它进行任何 int 型变量可以进行的运算。

stu1.num = 20312;

2. 用指向结构体变量的指针引用其成员

用指向结构体的指针变量的指针引用其成员的表示形式为

指针变量名->成员名

一个指向结构体变量的指针就是该变量所占据的内存段的起始地址。如果要通过结构体变量的指针来引用结构体变量的成员，必须使用"->"运算符。

例如，如下变量定义：

```
struct node
{ float x,y; }p, u, *pt;
```

定义了两个结构体变量 p、u 和一个指向该结构体变量的指针 pt，分析以下语句：

```
p.x = 23.7; p.y=3.5
pt=&u;
pt->x=12.2; pt->y=24.3;
```

语句"pt = &u;"使 pt 指向结构体变量 u，如图 5.2 所示。可用 pt->x 和 pt->y 访问结构体变量 u 的两个成员。

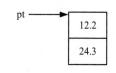

图 5.2 通过指针引用变量

"*指针变量"表示指针变量所指对象，所以通过指向结构体的指针变量引用结构体成员也可写成以下形式：

```
(*指针变量).结构体成员名
```

这里圆括号是必需的，因为运算符"*"的优先级低于运算符"."。通过 pt 引用 u 的成员可写成 (*pt).x、(*pt).y，但是很少场合采用这种标记方法，习惯都采用运算符"->"来表达。

需要指出的是，如果结构体成员本身又是结构体类型，则可继续使用成员运算符引用结构体成员的结构体成员，逐级向下，引用最低一级的成员。程序能对最低一级的成员进行赋值或存取。例如，对 stu1 某些成员的访问：

```
stu1.birthday.day=23;
stu1.birthday.month=8;
stu1.birthday.year=2003;
```

对于结构体变量的成员可以像简单变量一样，根据类型决定其所能进行的运算。例如：

```
stu2.num=stu1.num+1;
sum=stu1.score+stu2.score;
```

属于同一结构体类型的各个成员之间可以相互赋值。这一点和数组不一样，C++规定，不能直接进行数组名的赋值，因为数组名是一个常量，而结构类型的变量可以赋值。例如：

```
student   s1, s2; s1=s2;
```

当然，不同的结构体类型变量之间不允许相互赋值。

3. 结构体变量的初始化

结构体变量和其他变量一样，可以在定义变量的同时进行初始化。初始化的方式和数组类似，也是在定义后面用花括号括起来，如给 student 类型的变量 st5 初始化：

```
student st5={"Jane","123456",93};
```

定义了一个 student 类型的变量 st5，其名字为"Jane"，学号为"123456"，成绩为 93。

【例 5.1】结构体变量的引用与初始化示例。

程序代码如下：

```cpp
//*****ex5_1.cpp*****
#include<iostream>
using namespace std;
struct student
{    int num;
     char name[10];
     char sex;
     float score;
};
```

```
int main()
{
    student st1,st2={1001,"Lin qiang",'m',95.5},*p;
    p=&st1;                    //p 指向结构体变量 st1
    st1=st2;
    cout<<st1.num<<endl;       //输出 st1 中的 num 成员的值
    cout<<p->name<<endl;       //输出 p 所指变量 st1 中的 name 成员的值
    cout<<p->sex<<endl;        //输出 p 所指变量 st1 中的 sex 成员的值
    cout<<st1.score<<endl;     //输出 st1 中的 score 成员的值
    return 0;
}
```

程序运行结果如下：

```
1001
Lin qiang
m
95.5
```

5.1.4　结构体数组

　　一个结构体变量中可以存储一组相关的不同类型的数据，例如，一个学生的学籍信息。如果要描述一个班级的学生的学籍信息，显然应该用数组，这就是结构体数组。结构体数组与前面章节介绍过的数组的不同之处在于，每个数组元素都是一个结构体类型的数据，它们都分别包括各个数据成员项。

　　结构体数组的定义和定义结构体变量的方法一样，只需要说明其为数组即可。如：

```
struct student
{    char name[10];
     char id[8];
     float score;
};
student sta[3];              //定义 sta 为 student 类型的有 3 个元素的数组
```

　　如果事先已知 3 个学生的学籍信息，则可以对该数组进行初始化。对结构体数组进行初始化的方式和数组类似，只是需要将数组的各个元素之间用花括号分开。如：

```
student sta[3]={{"Li lin","0705028",96.5},
{"Ma Fang","0705029",86.5},{"Wang Tao","0705030",90.0}};
```

　　在编译时将一个花括号中的数据赋给相应的一个元素，即将第一个花括弧中的数据送给 sta[0]，第二个花括弧内的数据送给 sta[1]……，如果赋初值的数据组的个数与所定义的数组元素相等，则数组元素个数可以省略不写。这和前面有关章节介绍的数组初始化类似。此时系统会根据初始化时提供的数据组的个数自动确定数组的大小。如果提供的初始化数据组的个数少于数组元素的个数，则方括弧内的元素个数不能省略，例如：

```
student sta[4]={{ "Aileen","0711101",96.5},
{"Bill","0711102",86.5}};
```

只对前两个元素赋初值，系统将对未赋初值的元素的数值型成员赋以 0，对字符型数据赋以空串即"\0"。

　　【例 5.2】从键盘输入某班 n 个同学记录（包括学号、姓名、性别和英语成绩），并输出。

　　程序代码如下：

```cpp
//*****ex5_2.cpp*****
#include<iostream>
#include<string>
using namespace std;
struct student
{    char    id[8];
     char name[10];
     bool sex;
     float escore;
};
student st[3];
void input(int n)
{
     cout << "从键盘输入" << n << "个同学的记录：" << endl;
     int i, k;
     student x;
     for (i = 0; i < n; i++)
     {
         cin >> x.id;
         cin >> x.name;
         cin >> k;
         if (k == 1) x.sex = true; else x.sex = false;
         cin >> x.escore;
         st[i] = x;
     }
}
void output(int n)
{
     cout << "输出" << n << "个同学的记录：" << endl;
     int i;
     for (i = 0; i < n; i++)
     {
         cout << st[i].id << " " << st[i].name << " ";
         if (st[i].sex == true) cout << "male"<< " ";
         else cout << "female"<< " ";
         cout << st[i].escore << endl;
     }
}
int main()
{
     int n;
     cout << "请输入学生个数（1~10）：";
     cin >> n;
     input(n);
     output(n);
     return 0;
}
```

程序运行结果如下：

```
请输入学生个数（1～10）：3
从键盘输入 3 个同学的记录：
220101   Lixiang   1   92
220102   Zhangyu   0   95
220103   Zhoulu    1   84
输出 3 个同学的记录：
220101 Lixiang male 92
220102 Zhangyu female 95
220103 Zhoulu male 84
```

5.1.5　结构体与函数

在 C++中，函数之间传递结构体变量的方法有三种：第一种是以结构体变量作为参数，直接传递结构体变量的值；第二种是以结构体指针作为参数，传递结构体变量的地址；第三种是用结构体变量的引用变量作为函数参数。

用结构体变量名作参数，将实参结构体变量所占的内存单元的内容全部顺序传递给同类型的形参；在函数调用期间形参也要占用内存单元；这种传递方式在空间和时间上的开销较大。此外，由于值传递方式是单方向地将实参的值传递给形参，如果在执行被调用函数期间改变了形参的值，该值不能返回主调函数。

用指向结构体变量的指针作参数，只是将结构体变量的地址由实参传递给形参，因此在执行时，被调用函数中形参的任何变化都会引起实参的变化，且空间和时间的开销较小，效率较高。

用结构体变量的引用变量作函数参数，实参是结构体的类型变量，而形参用结构体变量的引用变量，实参向形参传递的是结构体变量的地址；同第二种方法相比，它的空间开销更小、效率更高；第二种方法必须在函数中声明形参是指针变量。指针变量要另外开辟内存单元，其内容是地址。而引用不是一个独立的变量，不单独占内存单元。

下面通过一个例子来说明，并对它们进行比较。

【例 5.3】有一个结构体变量 stu，包括学生学号、姓名和分数。要求在函数 print 中将值输出。

（1）用结构体变量作函数参数。

程序代码如下：

```
//*****ex5_3_1.cpp*****
#include<iostream>
#include<string>
using namespace std;
struct student
{   int num;
    char name[10];
    float score;
};
int main()
{
    void print(student);        //函数声明，形参类型为结构体 student
    student st;
```

```
        st.num = 1008;
        strcpy_s(st.name, "Qu qiang");
        st.score = 98.5;
        print(st);                      //函数调用，实参为结构体变量 st
        return 0;
    }
    void print(student stu)
    {    cout << stu.num << "    " << stu.name << "    " << stu.score << endl;}
```

程序运行结果如下：

```
    1008    Qu qiang    98.5
```

（2）用指向结构体变量的指针作函数参数。

程序代码如下：

```
    //*****ex5_3_2.cpp*****
    #include<iostream>
    #include<string>
    using namespace std;
    struct student
    {    int num;
         char name[10];
         float score;
    };
    int main()
    {
        void print(student *);        //函数声明，形参为指向 student 类型的指针
        student st={1008, "Qu qiang",98.5},*p;
        p=&st;
        print(p);                      //函数调用，实参为指向结构体变量 st 的指针 p
        return 0;
    }
    void print(student *stu)           //函数定义，形参为指向结构体变量 st 的指针 stu
    {
        cout<<stu->num<<"    "<<stu->name<<"    "<<stu->score<<endl;
    }
```

（3）用结构体变量的引用作函数参数。

程序代码如下：

```
    //*****ex5_3_3.cpp*****
    #include<iostream>
    #include<string>
    using namespace std;
    struct student
    {    int num;
         char name[10];
         float score;
    };
    int main()
    {
        void print(student &);        //函数声明，形参为 student 类型变量的引用
        student st={1008, "Qu qiang",98.5};
        print(st);                      //函数调用，实参为 student 类型变量 st
```

```
        return 0;
    }
    void print(student &stu)          //函数定义，形参为 student 类型变量的引用
    {
        cout<<stu.num<<"   "<<stu.name<<"   "<<stu.score<<endl;
    }
```

通过本例可以体会到 C++中增设引用变量的目的。引用变量主要用作函数参数，它可以提高效率，保持程序良好的可读性。

5.1.6　链表

1．链表的概念

变量存储空间的分配为静态分配和动态分配。当用户需要在存储单元存储数据时，要预先在程序说明部分进行变量的说明，以便在程序编译时分配适当的存储单元。这些存储单元一经分配，在它的生存期内是固定不变的，这种分配方式称为"静态存储分配"。

如果在程序运行过程中，用户临时需要一定的存储单元，这种静态存储分配方式就不能满足要求了，这时需要引入动态分配存储。所谓"动态存储分配"，就是在程序执行期间，通过"申请"分配指定的存储空间来存储数据，当有闲置不用的存储空间时，又可以随时将其释放。

链表是最简单也是最常用的一种动态数据结构。它是对动态获得的内存进行组织的一种结构；不同于数组，数组存储数据时，必须事先定义固定的长度（即数组元素个数）。

链表的节点是结构体变量，它可包含若干成员，其中有些成员可以是任何类型，如基本类型、数组类型、结构体类型等，一般用于存储数据元素的信息，称为数据域；另一些成员是指针类型，是用来存储与之相连的节点的地址，称为指针域。单向链表的节点只包含一个这样的指针成员。

下面是一个单向链表节点的类型说明：

```
    struct node
    {   int   data;
        struct node *next;
    };
```

其中，data 成员用于存储一个整数，next 成员是指针类型的，它指向 struct node 类型数据（这就是 next 所在的结构体类型），这种在结构体类型的定义中引用类型名定义自己的成员的方法只允许定义指针时使用。用这种方法可以建立链表，链表的每一个节点都是 struct node 类型，它的 next 成员存储下一节点的地址。图 5.3 所示的是一个单向链表示意图。

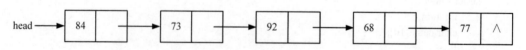

图 5.3　单向链表示意图

图 5.3 所示的单向链表中有 node 类型的 5 个节点，其数据域成员 data 的值依次对应为 84、73、92、68 和 77，它们依次通过 next 指针链接起来。

在一个链表中，指向第一个节点的指针称为头指针，图 5.3 中 head 为头指针；第一个节

点称为头节点，它的指针域指向它的后继节点；链表中的最后一个节点没有后继节点，因此，它的指针域为"空"（NULL，即空地址）。

对一个链表的访问必须从头指针开始进行，由头指针访问第一个节点，再通过第一个节点的指针域访问第二个节点，依次进行，表尾节点最后被访问到。因此，链表具有顺序存取特性，不像数组那样具有随机存取特性，即在数组中能够根据下标任意存取一个元素。

链表能够用来存储一组同一类型的相关信息，信息可保存在每个节点的数据域中，通过节点的指针域可建立起数据之间的线性关系。对于信息需要经常进行修改，如插入、删除的场合，用链表实现，会使程序结构清晰，与数组相比，处理的方法也较为简便。

2. 内存动态管理运算符

前面已经提及，链表节点的存储空间是程序根据需要向系统申请的。C++中提供了程序动态申请和释放内存存储块的运算符 new 和 delete。

（1）内存空间申请。在 C++中，使用运算符 new 来进行动态内存分配。new 运算符的功能是根据指定数据类型的大小申请一块适当的动态存储区，并返回指向该动态存储空间的起始地址；若申请不成功，则会返回 NULL 值。

new 运算符的格式如下：

new 数据类型 | 数据类型(初始化值)| 数据类型[数组元素个数]

其中，第一种格式是申请一个存储指定数据类型的值的内存空间。如：new int 表示申请一个存储整数的内存单元,申请成功,则返回 4 个字节大小的内存空间的起始地址; new student 表示申请一个存储 student 结构类型变量的内存空间（student 是上一节中定义的结构类型）。

一般将 new 操作的结果赋给具有相应数据类型的指针变量。例如：

```
int *pi=new int;
student *ps=new student;
```

第二种格式是带初始化值的。如：new int(8)表示申请一个存储整型数值的空间，并将这个空间的值初始化为 8。

```
int *pi=new int(8);
cout<<*pi;              //输出 8
```

第三种格式是动态申请数组的内存空间。如：

```
char *str=new char[10];
```

申请 10 个字符的数组空间，并将此空间的首地址赋给字符指针 str。

（2）内存空间释放。使用 new 运算符动态分配给用户的存储空间，可以通过使用 delete 运算符重新归还给系统，若没有使用 delete 释放该内存区域，则只有等到整个程序运行结束才被系统重新自动回收。

delete 运算符的格式如下：

delete 指针名 | [ ]指针名

用"new 数据类型"或"new 数据类型(初始化值)"申请的内存空间，需用第一种格式的"delete 指针名"释放；而用"new 数据类型[数组元素个数]"申请的内存空间，则必须用第二种格式"delete [ ]指针名"来释放。

delete 只能释放用 new 申请的动态内存空间。例如：

```
float   *pf=new float(55.8);
int *pa=new int[20];
int m;
```

```
    int *pi=&m;
    delete pf;                      //释放 pf 所指的动态内存空间
    delete pi;                      //错误，pi 所指的内存空间不是 new 分配的，不能用 delete 释放
    delete []pa;                    //释放 pa 所指的动态数组内存空间
```

3. 链表的基本操作

链表的基本操作包括建立链表，链表的插入、删除、输出和查找等。

（1）建立链表。所谓建立链表是指一个一个地输入各节点数据，并建立起各节点前后相链的关系。建立单向链表的方法有插表头（先进后出）方法和插表尾（先进先出）方法两种。插表头方法的特点是：新产生的节点作为新的表头插入链表。插表尾方法的特点是：新产生的节点接到链表的表尾。在此，我们介绍插表尾方法。

插表尾方法，是指新插入的节点总是放在链表尾部。一般地，建立一个链表，首先要先设立一个头指针（head）来存放链表的首地址。头指针的初值为空（NULL），表示链表中没有节点，为一空链表。然后，不断用 new 运算符生成一个新的节点，将这个节点链入已有的链表尾部（新节点的 next 指针值为空表示链表尾）；如果链表中还没有节点，则这个新节点将是首节点（将头指针 head 指向该节点），否则，将新节点的地址赋给原有链表的尾节点的 next 指针。

写一函数采用插表尾方法建立一个有 n 个 node 节点的单向链表。

```
    struct node
    {   int   data;
        struct node *next;
    };
    void creat(node * &head, int n)
    //建立 head 指针的具有 n 个节点的链表，head 为引用参数，
    //以使对应的实参为该链表的表头指针
    {
        if(n==0){head=NULL; return;}     //置表头指针为空后返回
        cout<<"从键盘输入"<<n<<"个整数"<<endl;
        int x,i;
        node *last,*p;
        last=head=NULL;                  //置表头、表尾指针为空，此时为空链表
        p=new node;                      //产生一个 p 所指的动态节点
        cin>>x;
        p->data=x;
        p->next=NULL;                    //置表尾
        head=last=p;
        if(n==1) return;                 //生成一个节点的链表
        for(i=1;i<=n-1;i++)
        {   p=new node;
            last->next=p;
            cin>>x;
            p->data=x;
            last=p;
        }
        p->next=NULL;                    //置有 n 个节点的链表表尾
    }
```

用插表头方法建立链表如下所述。

　　首先同样要先设立一个头指针（head）来存放链表的首地址。头指针的初值为空（NULL），表示链表中没有节点，为一空链表。然后，不断用 new 运算符生成一个新的节点，将这个节点链入已有的链表头部（新节点的 next 指针指向头指针 head）；如果链表中还没有节点，则这个新节点将是首节点（将头指针 head 指向该节点），否则，将新节点的 next 指向原有链表的头指针 head，然后，再将 head 指针指向新节点，即将 head 作为已更新链表的头指针。

　　采用插表头法建立单向链表的函数，作为练习，由读者自行完成。

　　（2）链表的输出操作。要依次输出链表中各节点的数据比较容易处理。首先要知道链表头节点的地址，也就是 head 的值，然后设一个指针变量 p，先指向第一个节点，输出 p 所指节点的数据域的值，然后使 p 后移一个节点，再输出其数据域的值；依链表顺序而行，依次输出相应节点数据域的值，直到链表的尾节点。

　　输出链表的函数 traverse 如下：

```
void traverse (node *head)
{    node *p;
     p=head;
     while(p)
     {
         cout<<p->data<<"   ";
         p=p->next;              //使 p 指针移动到下一个节点
     }
     cout<<endl;
}
```

　　head 的值由实参传过来也就是将已有的链表的头指针传给被调用的函数，在 traverse 函数中从 head 所指的第一个节点出发进行遍历，顺序输出各个节点的数据成员的值。

　　（3）链表的删除操作。从一个链表中删去一个节点，首先从表头开始，找到被删节点后，只要改变链接关系即可，即修改节点指针域的值，使被删节点的前驱节点的指针域指向被删节点的后继节点。可以设两个指针变量 p 和 p1，p 用来指向要删除的节点，p1 用于指向被删除节点的前驱节点，以完成向被删节点的下一个节点的链接，如图 5.4 所示。

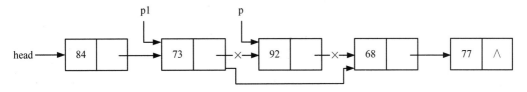

图 5.4　删除数据域值为 92 节点的示意图

　　如果要删除的节点是首节点，则将第二个节点的地址作为新的链表的首地址返回；如果要删除的节点是链尾，则被删节点的前驱节点成为新的链尾。由于链表的存储空间是动态分配的，删除节点时别忘记释放被删节点的动态空间。

　　删除链表中一个节点的函数 erase 如下：

```
void erase(node* &head, int no)
{
    node *p,*p1;
    p=p1=head;
    if (head==NULL)
```

```
    {
            cout<<" 链表为空，无节点可删"<<endl;
            return;
    }
    else
        if (p->data==no)
        {
            head=p->next;
            delete p;
        }
        else
        {
            while(p->data!=no)
            {
                    p1=p;
                    p=p->next;
            }
            if(p==NULL) cout<<"链表中没有要删除的节点"<<endl;
            else
            {    p1->next=p->next;
                 delete p;
                 cout<<"删除节点成功"<<endl;
            }
        }
    }
```

（4）链表操作的实例。

【例 5.4】用插表尾法建立一个单向链表，单向链表由 n 个不同的整数组成，并输出该链表各节点的值；对于一个给定的整数，可以删除链表中与其值相等的节点，并输出进行删除操作后的各节点的值，以上功能均由函数实现。

分析：将调用上面的 creat()、erase()、traverse()函数完成。

程序代码如下：

```
//*****ex5_4.cpp*****
#include<iostream>
using namespace std;
struct node
{   int   data;
    struct node *next;
};
void creat(node * &head, int n)
//建立 head 指针的具有 n 个节点的链表，head 为引用参数，
//以使对应的实参为该链表的表头指针
{   …   }                    //具体内容略
void traverse (node *head)
{   …   }                    //具体内容略
void erase(node* &head,int no)
{   …   }                    //具体内容略
int main()
{
    node *head1=NULL;
```

```
            int n;
            cout<<"输入节点个数："<<endl;
            cin>>n;
            creat(head1,n);
            traverse(head1);
            cout<<"输入要删除的数：";
            cin>>n;
            erase(head1,n);
            traverse(head1);
        }
```

程序运行结果如下：

输入节点个数：

5

从键盘输入 5 个整数

84 73 92 68 77

84　73　92　68　77

输入要删除的数：92

删除节点成功

84　73　68　77

5.2　共用体类型

当需要把不同类型的变量存储到同一段内存单元时，或对同一段内存单元的数据按不同类型处理时，则需要使用共用体数据类型。

共用体数据类型是指将不同的数据项组织为一个整体，它们在内存占用同一段存储单元。例如，把一个整型变量 i、一个字符型变量 ch、一个实型变量 f 放在同一个地址开始的内存单元中。以上三个变量在内存中所占的字节数不同，但都从同一地址开始（假设起始地址为 2000）存储。如图 5.5 所示，这种使几个不同的变量共占同一段内存单元的结构，称为共用体类型的结构。

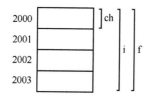

图 5.5　共用体成员所占空间示意图

5.2.1　共用体类型与共同体变量的定义

共用体类型定义的一般形式如下：

```
    union 共用体类型名
    {
        成员说明列表
    };
```

其中，union 为定义共用体类型的关键字，共用体名为用户定义的标识符，它与 union 构成共用体类型的标识符。整个类型定义以";"结束。

例如：

```
union data
{
    int i;
    char ch;
    float f;
};
```

类似结构体变量的定义，定义共同体变量也有 3 种方式。

1. 先定义共用体类型，再定义共用体类型变量

共用体变量定义的一般形式如下：

    [union]　共用体类型名　变量名;

例如：

```
union data
{
    int i;
    char ch;
    float f;
};
data a,b,c;
```

2. 在定义共用体类型的同时定义共用体类型变量

例如：

```
union data
{
    int i;
    char ch;
    float f;
}a,b,c;
```

3. 定义共用体类型时，省略共用体类型名，同时定义共用体类型变量

例如：

```
union
{
    int i;
    char ch;
    float f;
}a,b,c;
```

定义了共用体变量后，系统会为共用体变量分配内存空间，在共用体变量中，在任一时刻只能保存一个数据成员，共用体类型数据的这一特点决定了其内存空间的大小为其数据成员中占内存空间最大的值。由上例可知，共用体类型 data 的变量 a 的内存大小为 4 个字节。

5.2.2　共用体变量的引用

在定义共用体变量之后，不能引用共用体变量，而只能引用该共用体变量中的成员。

共用体变量成员的引用方式与引用结构体变量中的成员相似，对共用体变量，通过"."运算符来引用成员；对指向共用体变量的指针，通过"->"运算符来引用共用体变量的成员。例如，引用 5.2.1 小节所定义的共用体变量 a 的 i、ch、f 成员，可以表示为：a.i、a.ch、a.f。

也可以通过指针变量引用共用体变量中的成员，例如：

```
data *pt, x;
pt=&x;
pt->i=278;
pt->ch='D';
pt->f=5.78;
```

pt 是指向 union data 类型变量的指针变量，先使它指向共用体变量 x。此时 pt->i 相当于 x.i，这和结构体变量中的用法相似。

同样，不能直接用共用体变量名进行输入/输出，而只能对共用体变量的具体成员进行输入/输出。例如：cout<<a，就是错误的。

应当记住，共用体变量用同一内存段存储几种不同类型的数据，但在任一时刻，只能存储一种，而不是几种。因此，一个共用体变量不是同时存储多个成员的值，而只能存储其中的一个成员值，当对一个新的成员赋值后，原有成员的值就被覆盖掉。共用体变量中存储的值就是最后赋给它的成员的值。例如：

```
a.i=278; a.ch='D'; a.f=5.78;
```

共用体变量中最后存储的值是 5.78。

C++允许在两个同类型的共用体变量之间赋值，如果 a、b 均是已定义为 5.2.1 节中的 union data 类型的变量，则执行 b=a;后，b 的内容与 a 完全相同。

【例 5.5】写出下列程序的执行结果。

程序代码如下：

```
//*****ex5_5.cpp*****
#include<iostream>
using namespace std;
int main()
{
    union ex
    {
        int a;
        char ch;
    };
    ex m;
    m.a = 48;           //m 中存储一个整数 48
    cout << "m.a =" << m.a << endl;
    m.a = 65;           //m 中存储一个整数 65，原来存储的数被覆盖
    cout << "m.a =" << m.a << "   " << "m.ch =" << m.ch << endl;
}
```

程序运行结果如下：

```
m.a=48
m.a=65   m.ch=A
```

5.2.3 共用体与结构体的联合使用

从前面的介绍及例子可知，共用体虽然可以有多个成员，但在某一时刻，只能使用其中的一个成员。共用体一般不单独使用，通常作为结构体的成员，这样结构体可根据不同情况存储不同类型的数据。

【例5.6】输入 15 个学生或教师的数据，并输出。学生和教师的数据相同的部分有姓名、编号和身份；但也有不同的部分：学生需要保存 3 门课程的分数，分数用浮点数表示，教师则保存工作情况简介，用字符串表示。

分析：对于教师和学生的不同数据部分可以用下面的共用体描述：

```
union condition
{    float score[3];
     char situation[80];
};
```

无论是教师还是学生都用下面的结构体表达。结构体的成员 state 为共用体，根据 kind 的值来决定 state 是存储 3 门课程的分数，还是存储教师工作情况简介。例如，教师的 kind 为字符't'，学生的 kind 为字符's'。

```
struct person
{    char name[20];
     char num[10];
     char kind;
     condition state;
}personnel[15];
```

程序代码如下：

```cpp
//*****ex5_6.cpp*****
#include<iostream>
#include<string>
using namespace std;
union condition
{
     float score[3];
     char situation[80];
};
struct people
{
     char name[10];
     char num[7];
     char kind;
     condition state;
};
people person[15];
int main()
{
     int i, j;
     for (i = 0; i < 15; i++)
     {
          cout << "Enter name:";
          cin >> person[i].name;
          cout << "Enter num:";
          cin >> person[i].num;
          cout << "Enter kind(t for teacher, s for student):";
          cin >> person[i].kind;
          if (person[i].kind == 't')
          {
```

```
                        cout << "Enter situation:";
                        cin >> person[i].state.situation;
                }
                else
                {
                        cout << "Enter 3 course score:";
                        for (j = 0; j < 3; j++)
                                cin >> person[i].state.score[j];
                }
        }
        cout << "The Result is:" << endl;
        for (i = 0; i < 15; i++)
        {
                cout << person[i].name << " " << person[i].num << " " << person[i].kind << " ";
                if (person[i].kind == 't')
                        cout << person[i].state.situation << endl;
                else
                {
                        for (j = 0; j < 3; j++)
                                cout << person[i].state.score[j] << "   ";
                        cout << endl;
                }
        }
        return 0;
}
```

程序中向共用体输入什么数据是根据 kind 成员的值来确定的。kind 的值为't'则输入字符串到 personnel [i].state.situation，否则输入 3 个浮点数到 personnel [i].state.score [j]。

5.3 枚举类型

如果一个变量只有几种可能的值，可以定义为枚举类型。所谓"枚举"是指将变量的值一一列举出来，变量的值只能在列举出来的值的范围内。用户通常利用枚举类型定义程序中需要使用的一组相关的符号常量，比如一周是由星期一到星期日 7 个符号常量组成的集合。

枚举类型的定义格式如下：

  enum　枚举类型名 {枚举表}；

该语句以 enum 关键字开始，接着为枚举类型名，它是用户命名的一个标识符，以后就可以直接使用它表示该类型，枚举类型名后为该类型的定义体，它由一对花括号和其中的枚举表组成，枚举表为一组用逗号分开的由用户命名的符号常量，每个符号常量又称为枚举符。如：

  enum color {red, yellow, blue};

  enum day {Sun, Mon, Tue, Wed, Thu, Fri, Sat};

第一条语句定义了一个枚举类型 color，用来表示颜色，它包含三个枚举符 red、yellow 和 blue，分别代表红色、黄色和蓝色。第二条语句定义了一个枚举类型 day，用来表示日期，它包含 7 个枚举符，分别表示星期日、星期一至星期六。

一种枚举类型被定义后，就可以利用它来定义相应变量。

定义枚举类型变量的一般格式如下：

    [enum]   枚举类型名   变量名;

在 C++中，定义枚举类型变量时，允许不写 enum。但保留了 C 的用法，枚举变量一旦被定义，只能在枚举表的范围内取值。

例如：

    color c1, c2, c3;

将 c1、c2 和 c3 定义成枚举类型 color 的三个变量，每一个变量都可取该枚举表中列出的任一个值。例如：

    c1=red;   //把枚举符 red 赋给变量 c1

枚举类型中列出的每一个枚举符都对应着一个整数值，枚举类型实际上是一个整型符号常量的集合。当定义枚举类型时，枚举符都已经被系统隐含地赋予了一个整型值。在默认情况下，第一个元素为 0，第二个元素为 1，依次类推。如上面定义的枚举类型 color 的三个元素 red、yellow 和 blue 的值分别是 0、1、2。

也可以由用户指定，指定方式为在每个枚举符后用等号赋给一个整数值，则该枚举符被赋予了这个整型常量的值，而所有未赋值的枚举符将自动取值，在前一枚举符的值上递增 1。如：

    enum day {Sun=7, Mon=1, Tue, Wed, Thu, Fri, Sat};

用户指定了 Sun 的值为 7，Mon 的值为 1，而 Tue、Wed、Thu、Fri、Sat 的值分别为 2、3、4、5、6。

说明：

（1）枚举变量的取值必须是所属枚举类型中的某个枚举符。不能直接用整型值为枚举变量赋值。若需要把整型值赋给枚举变量，则必须进行强制类型转换。

例如：

    c2=(color)2;   //将整数 2 转换为对应的枚举符 blue

（2）在直接输出某个枚举变量的值时，所显示的是枚举符的整型值而不是枚举类型的枚举符，若要输出枚举符则需要编程实现。

总之，枚举类型通常用于表示只有少量整数取值的情况。如表示是或否、男或女、星期、月份等。在程序中可以适当地使用枚举类型，可以增强程序的可读性。

5.4   自定义类型

自定义数据类型中除了我们以上所学习的结构体、共用体、枚举类型以外，还可以用 typedef 关键字为一个已有的数据类型定义一个新的名字，也就是为已有的类型名创建同义的类型名，新、旧两个类型名作用等同。在编程中使用 typedef 目的一般有两个：一个是给变量一个易记且意义明确的新名字，另一个是简化一些比较复杂的类型声明。

1. 定义易于记忆的类型名

即进行简单的名字替换，如：

    typedef float REAL;

意思是声明将 REAL 代替 float 类型名，这两者等价，在程序中就可以用 REAL 作为类型名来定义单精度实数类型变量了。例如：

```
    REAL   x,y;                      //相当于   float  x,y;
```

2. 简化一些比较复杂的类型声明

使用 typedef 可以隐藏复杂且难以理解的语法，增强程序的可读性和可移植性。

（1）定义一个类型名代表一个结构体类型。

```
    typedef struct             //注意在 struct 之前用了 typedef，是声明新类型名
    {    long   num;
    char    name[20];
    float    score;
    }STUDENT;
```

用 typedef 将一个结构体类型名声明为 STUDENT，以后，就可以用它来定义该结构体类型的变量了。

```
    STUDENT    as, bs;        //as、bs 为结构体变量
```

（2）定义数组或指针类型。

```
    type int NUM[10];        //定义 NUM 为整型数组类型，含 10 个元素
    NUM    c,d;               //c、d 为包含 10 个元素的整型数组变量
    typedef char *STRING;     //定义 STRING 为字符指针类型
    STRING    p1,s[10];       //p1 为字符指针变量，s 为字符指针数组（含 10 个元素）
```

习惯上，常把 typedef 定义的类型名用大写字母表示，以便与系统提供的基本类型标识符相区别。

需要注意的是，typedef 只是定义类型名，不能用来定义变量。typedef 只是对已存在的类型增加一个别名，而没有创造新的类型。

习题 5

一、选择题

1. 当定义一个结构体变量时系统分配给它的内存大小是（　　）。

　　A．各成员所需内存的总和

　　B．结构体中的第一个成员所需内存

　　C．成员中所需内存最大者的存储空间

　　D．结构体中的最后一个成员所需存储容量

2. 已知教师记录的描述为

```
    struct teacher
    {    int id;
        char name[20];
        struct{int   y;   int m;   int d; }birth;
    }t;
```

将变量 t 中的 d 成员赋值为 12 的语句为（　　）。

　　A．d=12　　　　　B．birth.d=12　　　C．t.d=12　　　　　D．t.birth.d=12

3. 以下对共用体类型数据的正确叙述是（　　）。

　　A．一旦定义了一个共用体变量后，即可引用该变量或该变量中的任意成员

　　B．一个共用体变量中可以同时存放其所有成员

    C．一个共用体变量中不能同时存放其所有成员

    D．共用体类型数据可以出现在结构体类型定义中，但结构体类型数据不能出现在共用体类型定义中

4．以下对枚举类型定义的语句正确的是（　　）。

    A．enum　color {red, white, blue};

    B．enum　color= {"red", "white", "blue"};

    C．enum　color={ red=1, white, blue };

    D．enum　color { "red", "white", "blue"};

5．typedef　long int　BIG 的作用是（　　）。

    A．建立了一种新的数据类型　　　　B．定义了一个整型变量

    C．定义了一个长整型变量　　　　　D．定义了一个新的数据类型标识符

二、填空题

1．写出在定义结构体类型时所用到的 C++关键字_____。

2．C++允许程序员对已有数据类型自行定义类型名，以作为原类型的别名。为此，C++专门提供了一个关键字_____。

3．已知以下枚举类型定义，枚举量 Fortran 的值是_____。

    enum language{Basic=3,Assembly,Ada=100,Cobol,Fortran};

4．在 C++中，动态分配和撤销内存的运算符是_____和_____。

三、程序阅读题

程序 1：

```cpp
#include <iostream>
using namespace std;
int main()
{
    union exx
    {
        int a;
        char ch;
        struct
        {
            int c;
            char d;
        }s;
    }u = { 20 }, * p;
    p = &u;
    u.ch = p->a + 77;
    u.s.c = p->ch - 32;
    u.s.d = (*p).ch + 32;
    cout << (*p).s.c << "\t" << (*p).ch << endl;
    cout << p->a << "\t" << p->s.d << endl;
}
```

程序 2：

```
#include <iostream>
using namespace std;
struct st { int x; int* y; }*p;
int s[] = { 5,6,7,8 };
st a[] = { 10,&s[0],20,&s[1], 30,&s[2], 40,&s[3] };
int main()
{
    p = a;
    cout << p->x << ", ";
    cout << (++p)->x << ", ";
    cout << *(++p)->y << ", ";
    cout << ++(*(++p)->y) << endl;
}
```

四、程序设计题

1．定义学生档案结构体类型，描述的数据包括：学号、姓名、性别、出生年月、入学总分和籍贯。输入 5 个学生档案的内容，按总分排序，并输出学生档案。

2．有 10 个学生，每个学生的数据包括学号、姓名、3 门课的成绩，并从键盘输入 10 个学生的数据，要求打印出 3 门课的平均分，以及最高分和最低分的学生的相关信息（学号、姓名、3 门课的成绩，平均分）。

3．什么是链表？链表的基本操作是什么？采用插表头方法建立一个单向链表。

4．对第 2 题中的 10 个学生的信息，建立链表，其中每个节点包含一个学生的信息。实现以下操作：

（1）在指定的学生前或后插入一个学生信息。

（2）删除特定学生的节点。

（3）输出链表。

5．如何定义枚举类型？枚举变量能否用 cin 输入元素值？能否用 cout 输出枚举变量值？

6．定义一个描述学生成绩等级的枚举类型{A,B,C,D,F}，成绩等级与分数段的对应关系为 A：90～100；B：80～89；C：70～79；D：60～69；F：0～59；输入 15 个学生的分数，输出学生相应的成绩等级。

7．请编程实现，从红、黄、蓝、绿 4 种颜色中任取 3 种不同的颜色，共有多少种取法？请输出所有的排列。

第 6 章 类与对象

迄今为止，本书所编写的程序是由一个个函数组成的，可以说是面向过程的结构化程序。从本章开始，介绍 C++面向对象程序设计的方法。C++中引入了 class 关键字来定义类，类也是一种数据类型，它是 C++支持面向对象程序设计的基础。类把数据和作用于这些数据上的操作组合在一起，是封装的基本单元。对象是类的实例，类定义了属于该类的所有对象的共同特性。

类与前面学习过的结构体类似。结构体只有数据成员，而类中除可以定义数据成员外，还可以定义对这些数据成员进行操作的函数（称为成员函数），也正是这些成员函数限制了对数据的操作，即不能对数据进行这些成员函数之外的其他操作，类的成员也有不同的访问权限。本章介绍类和对象的基本概念以及使用方法，这些内容是面向对象程序设计的基础。

6.1 从面向过程到面向对象

前面各章程序所采用的方法是结构化程序设计方法，它是面向过程的，其数据和处理数据的程序是分离的。一个面向对象的 C++程序是将数据和处理数据的函数封装到一个类（class）中，而属于类的变量称为对象（object）。在一个对象内，只有属于该对象的函数才可以存取该对象的数据，其他函数不能对它进行操作，从而达到数据保护和隐藏的效果。

面向过程程序设计采用自顶向下的方法，将程序分解为若干个功能模块，每个功能模块用函数来实现。而面向对象程序设计（object oriented programming，OOP）使用对象、类、继承、封装、消息等概念进行程序设计。

6.1.1 面向对象程序设计的基本概念

面向对象程序设计则以对象作为程序的主体。对象是数据和操作的"封装体"，封装在对象内的程序通过"消息"来驱动运行。在图形用户界面上，消息可通过键盘或鼠标的某种操作（称为事件）来传递。下面先介绍面向对象程序设计的基本概念，详细内容稍后以及在后面各章介绍。

1. 对象与方法

对象是指现实世界中具体存在的实体。每一个对象都有自己的属性（包括自己特有的属性和同类对象的共同属性）。属性反映对象自身状态变化，表现为当前的属性值。

方法是用来描述对象动态特征的一个操作序列。如对学生数据的输入、输出，按出生日期排序，查找某个学生的信息等。消息是用来请求对象执行某一操作或回答某些信息的要求。实际上是一个对象对另一个对象的调用。

2. 类

类是具有相同属性和方法的一组对象的集合，它为属于该类的全部对象提供了统一的抽象描述。在系统中通常有很多相似的对象，它们具有相同名称和类型的属性、响应相同的消息、使用相同的方法。对每个这样的对象单独进行定义是很浪费的，因此将相似的对象分组形成一个类，每个这样的对象称为类的一个实例，一个类中的所有对象共享一个公共的定义，尽管它们对属性所赋予的值不同。例如，所有的雇员构成雇员类，所有的客户构成客户类等。类的概念是面向对象程序设计的基本概念，通过它可实现程序的模块化设计。

3. 封装

封装（encapsulation）是指把对象属性和操作结合在一起，构成独立的单元，它的内部信息对外界是隐蔽的，不允许外界直接存取对象的属性，只能通过有限的接口与对象发生联系。类是数据封装的工具，对象是封装的实现。类的访问控制机制体现在类的成员中可以有公有成员、私有成员和保护成员。对于外界而言，只需要知道对象所表现的外部行为，而不必了解内部实现细节。

4. 继承

继承（inheritance）反映的是类与类之间抽象级别的不同，根据继承与被继承的关系，可分为基类和衍类，基类也称为父类，衍类也称为子类，正如"继承"这个词的字面含义一样，子类将从父类那里获得所有的属性和方法，并且可以对这些获得的属性和方法加以改造，使之具有自己的特点。一个父类可以派生出若干子类，每个子类都可以通过继承和改造获得自己的一套属性和方法，由此，父类表现出的是共性和一般性，子类表现出的是个性和特性，父类的抽象级别高于子类。继承具有传递性，子类又可以派生出下一代孙类，相对于孙类，子类将成为其父类，具有较孙类高的抽象级别。继承反映的类与类之间的这种关系，使得程序设计人员可以在已有的类的基础上定义和实现新类，所以有效地支持了软件构件的复用，使得当需要在系统中增加新特征时所需的新代码最少。

5. 多态性

不同的对象收到相同的消息产生不同的动作，这种功能称为多态性（polymorphism）。将多态的概念应用于面向对象程序设计，增强了程序对客观世界的模拟性，使得对象程序具有了更好的可读性，更易于理解，而且显著提高了软件的可复用性和可扩充性。

面向对象程序设计用类、对象的概念直接对客观世界进行模拟，客观世界中存在的事物、事物所具有的属性、事物间的联系均可以在面向对象程序设计语言中找到相应的机制，面向对象程序设计方法采用这种方式是合理的，它符合人们认识事物的规律，提高了程序的可读性，使人机交互更加贴近自然语言，这与传统程序设计方法相比，是一个很大的进步。

6.1.2　C++面向对象程序的结构

一个面向对象的 C++程序一般由类的声明和类的使用两部分组成。类的使用部分一般由主函数和有关子函数组成。以下是一个典型的 C++程序结构。

```
#include <iostream>
using namespace std;
//类的定义部分
class C
{   int x,y,z;                //类 C 的数据成员声明
        …
    f(){…};                  //类 C 的成员函数声明
        …
};
```

```
//类的使用部分
int main()
{    C a;                    //建立一个类 C 的对象 a
     …
     a.f();                  //给对象 a 发消息，调用成员函数 f()
     return 0;
}
```

在 C++程序中，程序设计始终围绕"类"展开。通过声明类，构建了程序所要完成的功能，体现了面向对象程序设计的思想。下面看一个具体的例子，直观地了解一下面向对象程序设计方法与结构化程序设计方法的区别。

【例 6.1】类的应用示例。

程序代码如下：

```
//*****ex6_1.cpp*****
#include <iostream>
using    namespace std;
class number                 //定义一个 number 类
{
public:
    void set(int m, int n)   //定义设置数据成员值的函数
    {
        a = m; b = n;
    }
    void print()             //定义求和并输出的函数
    {
        int i, sum = 0;
        for (i = a; i <= b; i++) sum += i;
        cout << "Sum=" << sum << endl;
    }
private:
    int a, b;                //定义私有数据成员
};
int main()
{
    number ob;               //建立一个类 number 的对象 ob
    ob.set(10, 400);         //调用 set 函数设置数据成员 a 和 b 的值，分别为 10 和 400
    ob.print();              //调用 print 函数求和并输出
    return 0;
}
```

该程序的功能是设置两个正整数并求区间内各整数之和，程序运行结果如下：

```
Sum=80155
```

从程序结构上看，该程序不同于以前的结构化程序，程序不再是以并列形式的函数组成的。此外，从主函数的构成上看，也不是先对变量进行定义，然后是主函数调用其他函数的关系。现在的程序将数据 a 和 b 以及对数据进行操作的函数 set() 和 print() 都封装在 number 类内部。主函数通过对 number 类的对象 ob 调用函数 set() 和 print()，实现对数据 a 和 b 的设置、求和及输出操作。

6.2　类与对象的定义

类是一种数据类型，而对象是具有这种数据类型的变量。当定义对象之后，系统将为对象变量分配内存空间。前面介绍过变量的定义，例如有定义语句int x;，int为类型符，x为int类型的变量，类与对象的关系就如同int类型符与变量x之间的关系。

6.2.1　类的定义

在 C++中，一个类指定一个独立的对象集合，该对象集合由组成该类的对象以及这些对象所允许的操作组成。

1. 类的定义形式

类定义的一般形式如下：

```
class 类名
{    public:
            数据成员或成员函数的定义
     private:
            数据成员或成员函数的定义
     protected:
            数据成员或成员函数的定义
};
```

类的定义由类头和类体两部分组成。类头由关键字 class 开头，然后是类名，其命名规则与一般标识符的命名规则一致，有时可能有附加的命名规则，例如 Microsoft 公司的 MFC 类库中的所有类均是以大写字母 C 开头的。类体包括所有的细节，并放在一对花括号中。类的定义也是一个语句，所以要有分号结尾，否则，会产生编译错误。

类体定义类的成员，它支持两种类型的成员：一是数据成员，它描述问题的属性；二是成员函数，它描述问题的行为。

可以为各个数据成员和成员函数指定合适的访问权限。类成员有 3 种不同的访问权限：公有（public）成员可以在类外访问；私有（private）成员只能被该类的成员函数访问；保护（protected）成员只能被该类的成员函数或派生类的成员函数访问。有关基类和派生类的概念将在第 8 章介绍。

数据成员通常是私有的。这样，类内部的数据结构整个隐蔽在类中，在类的外部根本无法看到，使数据得到有效的保护，也不会对该类以外的其余部分造成影响，程序模块之间的相互作用就被降低到最小。

成员函数通常是公有的。公有的成员函数可在类外被访问，也称为类与外界的接口，来自类外部的访问需要通过这种接口来进行。例如，例 6.1 在类 number 中定义了成员函数 set()和 print()，它们都是公有的成员函数，在类外部若想对类 number 的数据进行操作，只能通过这两个函数来实现。

类定义中的私有成员、公有成员与保护成员的先后次序无关紧要。但是，如果把所有的私有成员、公有成员和保护成员归类放在一起，程序将更加清晰。若私有部分处于类体中最开始时，关键字 private 可以省略。这样，如果一个类体中没有访问权限关键字，则其中的成员都默认为私有的。一般认为公有的成员函数放在前面更好，因为，它们是外部访问的接口，有时可能只想知道怎样使用一个类的对象，那只要知道类的公有接口就行了，不必阅读 private 关键字以下的部分。当然也有主张将所有的私有成员放在其他成员的前面，因为一旦漏掉了关键字 private，由于默认值是 private，仍能使数据得到保护。

2. **类成员函数的定义**

对类的成员函数的定义通常有两种形式：一种是在类的定义中直接定义函数，一种是在类外定义。前面的例 6.1 就是在类内部实现成员函数，下面再看一个例子。

【例 6.2】已知 $y = \dfrac{f(40)}{f(30) + f(20)}$，当 $f(n)=1\times2+2\times3+3\times4+\cdots+n\times(n+1)$ 时，求 y 的值。

程序代码如下：

```cpp
//*****ex6_2_1.cpp*****
#include <iostream>
using   namespace std;
class calculate
{
public:
    float f(int n)              //求 f(n)的成员函数
    {
        int i;
        float sum = 0;
        for (i = 1; i <= n; i++)   sum += i * (i + 1);
        return sum;
    }
    void print()
    {
        float y = 0.0;
        y = f(40) / (f(30) + f(20));
        cout << y << endl;
    }
};
int main()
{
    calculate ob;
    ob.print();
    return 0;
}
```

程序运行结果如下：
```
1.76615
```

在例 6.1 和例 6.2 的类定义中，成员函数都是在类内部实现的。按照类的定义形式，可以在类定义中只给出成员函数的原型，而在类外部定义具体的成员函数。这种成员函数在类外定义的一般形式如下：

```
函数返回值的类型 类名::函数名(形参表)
{
    …（函数体）
}
```

其中双冒号::是作用域运算符，它指出该函数是属于哪一个类的成员函数。改写例 6.2 后，程序代码如下：

```
//*****ex6_2_2.cpp*****
#include <iostream>
using    namespace std;
class calculate
{
public:
    float f(int n);              //成员函数的声明
    void print();
};
float calculate::f(int n)        //成员函数的类外实现
{
    int i;
    float sum = 0;
    for (i = 1; i <= n; i++) sum += i * (i + 1);
    return sum;
}
void calculate::print()
{
    float y = 0.0;
    y = f(40) / (f(30) + f(20));
    cout << y << endl;
}
int main()
{
    calculate ob;
    ob.print();
    return 0;
}
```

改写后的程序在类体内仅仅声明了两个成员函数，而将其具体实现放到了类体外。在类体外定义成员函数时，要用作用域运算符::指明该成员函数所属的类。

从软件工程的角度看，这种将成员函数的声明放在类体内，而将其具体实现放在类体外的类定义方式更为优越，因为它实现了接口和实现方法的分离，类的用户可以不知道类的内部细节，这样当为了提高性能而改变函数的实现方法时，只要类的接口保持不变，类的源代码就不必改变，这样更利于程序的修改。

6.2.2　对象的定义与使用

定义了类以后，就可以定义属于类的变量，这种变量称为对象。类定义仅仅提供了一种类型定义，其语法地位等同于结构体类型的定义。类定义本身不占用存储空间，只有在定义了属于类的变量后，系统才会为该变量分配存储空间。不过要注意的是，对象所占据的内存空间只用于存放数据成员，而成员函数并不在每一个对象中存有副本。

1．对象的定义

对象的定义形式如下：

　　类名 对象名表;

其中对象名表代表有多个对象名，各对象名之间以逗号分隔。

例如，例 6.2 中定义了 calculate 类，则定义语句：

    calculate ob;

定义了一个 calculate 类的对象 ob。

像结构体一样，类类型的变量也能够作为函数参数，以值或引用的方式传递，也可以作为函数的返回值，以及在赋值语句中被复制。

2. 对象成员引用

对象成员包括该对象所属类中定义的数据成员和成员函数。已经知道，结构体变量通过"."运算符访问其数据成员，对象成员的引用形式与结构体变量成员的引用形式相同。具体引用形式如下：

    对象名.数据成员名
    对象名.成员函数名(实参表)

例如，例 6.2 中定义了 calculate 类，又定义了该类的对象 ob，则可用 ob.print()访问 calculate 类 ob 对象的 print()成员函数。

在类的外部只能访问到类的公有成员。在类的内部，所有成员之间都可以通过成员名直接访问，这样就达到了对访问范围的有效控制。

【例6.3】定义一个时钟类，类中有3个私有数据成员（Hour、Minute和Second）和两个公有成员函数（SetTime和ShowTime）。SetTime根据传递的3个参数为对象设置时间，ShowTime负责将对象表示的时间显示输出。在主函数中，建立一个时间类的对象，先利用默认时间设置，再设置时间为10时23分45秒并显示该时间。

程序代码如下：

```
//*****ex6_3.cpp*****
#include <iostream>
using   namespace std;
class Clock
{
public:
    void SetTime(int NewH, int NewM, int NewS);
    void ShowTime();
private:
    int Hour, Minute, Second;
};
void Clock::SetTime(int NewH = 0, int NewM = 0, int NewS = 0)
{
    Hour = NewH;
    Minute = NewM;
    Second = NewS;
}
void Clock::ShowTime()
{
    cout << Hour << "时" << Minute << "分" << Second << "秒" << endl;
}
int main()
{
    Clock MyClock;                      //定义对象 MyClock
```

```
            cout << "第 1 次: ";
            MyClock.SetTime();                //使用默认值设置时间
            MyClock.ShowTime();               //输出时间
            cout << "第 2 次: ";
            MyClock.SetTime(10, 23, 45);      //设置时间为 10:23:45
            MyClock.ShowTime();               //输出时间
            return 0;
        }
```

程序运行结果如下:

```
        第 1 次: 0 时 0 分 0 秒
        第 2 次: 10 时 23 分 45 秒
```

6.2.3　类与结构体的区别

在 C++语言中,结构体除了具有原先 C 语言定义的功能外,还具有类似于类的功能,即也可以在其中定义函数。它们之间的区别是:在结构体中,成员的默认访问权限是 public,而类成员的默认访问权限是 private。

【例 6.4】用结构体定义类的示例。

程序代码如下:

```cpp
//*****ex6_4.cpp*****
#include <iostream>
using    namespace std;
struct sample
{
    void initial(int Inumber)         //默认为 public 访问权限
    {
        number = Inumber;
    }
    void present()                    //默认为 public 访问权限
    {
        cout << "number=" << number << "\n";
    }
private:
    int number;
};
int main()
{
    sample test;
    test.initial(56);
    test.present();
    return 0;
}
```

程序运行结果如下:

```
        number=56
```

如果将 struct 改为 class,即用 class 定义类,则编译时出现错误信息:

```
        cannot access private member declared in class 'sample'
```

意思是不能访问在 sample 类中声明的私有成员,即类成员的默认访问权限是 private。

6.3   对象的初始化

变量应该被初始化，前面章节已经介绍了简单变量的初始化、数组的初始化等。对象也需要初始化。在定义类时是不分配内存单元的，这时谈不上初始化。所以在类的定义中不能给数据成员赋初值。例如，有下面类的定义：

```
class Y
{
    private:
    int x=2007,y=9;
    char c='m';
};
```

在类的定义中，对数据成员进行了初始化，会出现语法错误。

从封装的目的出发，类的数据成员应该多为私有的，对私有数据成员的访问只能通过成员函数，而不能通过成员引用的方式来赋值。例如，例 6.1 中对对象数据成员 a 和 b 的赋值是通过 set()成员函数实现的：

```
ob.set(10,400);
```

而下面的语句是非法的：

```
ob.a=10;
ob.b=400;
```

提到对象的初始化，该成员函数应该在且仅在定义对象时自动执行一次，否则就不是初始化了。C++中定义了一种特殊的初始化函数，称为构造函数（constructor）。在特定对象使用结束时，还将进行一些清除工作。对象清除工作由析构函数（destructor）来完成。构造函数和析构函数都是类的成员函数，但它们是类的特殊成员函数，用户程序不能直接调用它们，而是由系统自动调用。

6.3.1   构造函数

1. 构造函数的特点

构造函数的作用就是在创建对象时，利用特定的值来初始化对象的数据成员。它除了具有一般成员函数的特征外，还具有一些特殊的性质。

（1）构造函数名与类名相同，且没有返回值，不能指定函数类型。

（2）构造函数必须具有公有属性，但它不能像其他成员函数那样被显式地调用，它是在定义对象的同时被系统自动调用的。

（3）构造函数是特殊的成员函数，函数体可以写在类体内，也可以写在类体外。

（4）构造函数可以重载，即一个类中可以定义多个参数个数或参数类型不同的构造函数。

【例 6.5】使用构造函数替代例 6.3 中 SetTime()成员函数，并在主函数中，使用构造函数设置时间为 15 时 19 分 56 秒并显示该时间。

程序代码如下：

```
//*****ex6_5.cpp*****
#include <iostream>
using   namespace std;
class Clock
```

```
    {
    public:
        Clock(int H, int M, int S);          //构造函数声明
        void ShowTime();
    private:int Hour, Minute, Second;
    };
    Clock::Clock(int H, int M, int S)          //构造函数的实现
    {
        Hour = H;
        Minute = M;
        Second = S;
    }
    void Clock::ShowTime()
    {
        cout << Hour << "时" << Minute << "分" << Second << "秒" << endl;
    }
    int main()
    {
        Clock MyClock(15, 19, 56);          //调用构造函数，设置时间为 15:19:56
        MyClock.ShowTime();                 //输出时间
        return 0;
    }
```

程序运行结果如下：

15 时 19 分 56 秒

例 6.5 中定义了 Clock()构造函数，由于在此定义的构造函数带有形参，因此在创建对象时要必须带有参数作为实参。作为类的成员函数，构造函数可以直接访问类的私有数据成员。

从例 6.3 和例 6.5 可以看出，如果不采用 Clock()构造函数，将不得不调用 SetTime()函数初始化。可见，使用 Clock()构造函数方便了编程，简化了程序代码。

构造函数也可以重载。关于重载的概念将在第 7 章详细介绍，这里先看一个例子。

【例 6.6】构造函数重载定义示例。

程序代码如下：

```
    //*****ex6_6.cpp*****
    #include <iostream>
    #include <cmath>
    using   namespace std;
    class Point
    {
        int xVal, yVal;
    public:
        Point(int x, int y)
        {
            xVal = x; yVal = y;
        }
        Point(float, float);
        Point(void)
        {
            xVal = yVal = 0;
        }
```

```
            void display()
            {
                cout << xVal << '\t' << yVal << '\n';
            }
        };
        Point::Point(float len, float angle)
        {
            xVal = (int)(len * cos(angle));
            yVal = (int)(len * sin(angle));
        }
        int main()
        {
            Point obj1(15, 70);
            obj1.display();
            Point obj2(78.5f, 3.14159f);
            obj2.display();
            Point obj3;
            obj3.display();
            return 0;
        }
```

程序运行结果如下：

```
15          70
-78         0
0           0
```

Point 类中定义了 3 个重载的构造函数，创建 Point 对象时，可以使用这 3 种构造函数中的任意一个，系统在编译时将根据参数决定调用相应的函数，这就是编译时的多态性。

综上所述，构造函数是一个有着特殊名字，在对象创建时被自动调用的函数，它的功能就是完成对象的初始化。

2. 默认的构造函数

如果类定义中没有给出构造函数，则 C++编译器自动给出一个默认的构造函数，而且默认的构造函数只能有一个，形式如下：

```
        类名::默认构造函数名()
        {}
```

若没有定义过任何形式的构造函数，系统会自动生成默认的构造函数。若已经定义过构造函数，则系统不会自动生成默认的构造函数，一旦需要，则要求显式地定义这种形式的构造函数。在程序中，若定义一个静态对象而没有指明初始值，编译器会按默认的构造函数将对象的数据成员初始化为 0 或空。

【例 6.7】默认构造函数示例。

程序代码如下：

```
//*****ex6_7.cpp*****
#include <iostream>
using   namespace std;
class sample
{
    int i, j;
public:
```

```
        void print()
        {
            cout << i << '\t' << j << endl;
        }
    };
    int main()
    {
        static sample temp;
        temp.print();
        return 0;
    }
```

程序运行结果如下：

0　　　0

由于在sample类中没有定义任何构造函数，编译器自动生成一个默认的构造函数，在定义对象temp时，便调用了该构造函数。静态对象temp的数据成员初始化为0。

【例6.8】 构造函数的调用示例。

程序代码如下：

```
//*****ex6_8.cpp*****
#include <iostream>
using    namespace std;
class sample
{
    int i, j;
public:
    sample()                 //显式地定义默认形式的构造函数
    { }
    sample(int ti, int tj)
    {
        i = ti; j = tj;
    }
    void print()
    {
        cout << i << '\t' << j << '\n';
    }
};
int main()
{
    static sample t1;        //若没有默认形式的构造函数，编译时会出错
    sample t2(3, 50);
    t1.print();
    t2.print();
    return 0;
}
```

程序运行结果如下：

0　　　0
3　　　50

由于在 sample 类中已经定义了一个有参的构造函数，因此编译器就不会再自动生成默认的构造函数了。若不显式地定义默认形式的构造函数，则在定义对象 t1 时，便没有可以调用

的构造函数，这时会出现一个编译错误：

  没有合适的默认构造函数可用。

6.3.2 析构函数

1. 析构函数的特点

当对象创建时，会自动调用构造函数进行初始化。当对象撤销时，也会自动调用析构函数进行一些清理工作，如释放分配给对象的内存空间等。与构造函数类似的是：析构函数也与类同名，但在名字前有一个"~"符号，析构函数也具有公有属性，也没有返回类型和返回值，但析构函数不带参数，不能重载，所以析构函数只有一个。

【例6.9】析构函数程序示例。

程序代码如下：

```
//*****ex6_9.cpp*****
#include <iostream>
using   namespace std;
class Point
{
     int a, b;
public:
     Point(int a1, int b1)        //构造函数
     {
          a = a1; b = b1;
     }
     ~Point()      //析构函数
     {
          cout << "调用析构函数" << endl;
     }
     void show()
     {
          cout << "a=" << a << ",b=" << b << endl;
     }
};
int main()
{
     Point ObjA(31, 17);
     ObjA.show();
     Point ObjB(7, 4);
     ObjB.show();
     return 0;
}
```

程序运行结果如下：

```
a=31,b=17
a=7,b=4
调用析构函数
调用析构函数
```

从程序中可以看出，对于一般创建的对象，系统自动调用构造函数，而在程序将要结束

之前，释放对象 ObjA 和 ObjB 时，系统又会自动调用相应的析构函数。有两个对象，所以调用两次。

2. 默认的析构函数

和默认构造函数一样，如果类定义中没有给出析构函数，系统也会自动生成一个默认的析构函数，其格式如下：

```
类名称::~默认析构函数名()
{ }
```

例如，编译系统为类 Point 生成默认的析构函数如下：

```
Point::~Point()
{ }
```

对于大多数类而言，默认的析构函数就能满足要求。只有在一个对象完成其操作之前需要做一些内部处理时，才显式地定义析构函数。

6.3.3　复制构造函数

对一个简单变量的初始化方法是用一个常量或变量初始化另一个变量。例如：

```
char c1='A',c2=c1;
```

那么能不能像简单变量的初始化一样，直接用一个对象来初始化另一个对象呢？由于同一个类的对象在内存中有完全相同的结构，因此作为一个整体进行复制是完全可行的。这个复制过程只需要复制数据成员，而成员函数是共用的。在建立对象时可用同一类的另一个对象来初始化该对象，这时所用的构造函数称为复制初始化构造函数，简称复制构造函数。

以例 6.9 定义的 Point 类为例，可以用以下定义建立对象 point1 和 point2：

```
Point point1(15,25);
Point point2=point1;
```

后一语句也可以写成

```
Point point2(point1);
```

它是用 point1 初始化 point2，此时，point2 各个成员的值与 point1 各个成员的值相同，也就是说，point1 各个成员的值被复制到 point2 相应的成员中。在这个初始化过程中，实际上调用了一个复制构造函数。当没有显式定义一个复制构造函数时，编译器会隐式定义一个默认的复制构造函数，它具有下面的原型形式：

```
Point::Point(const Point &);
```

可见，复制构造函数与构造函数的不同之处在于形参，前者的形参是 Point 对象的引用，其功能是将一个对象的每一个成员复制到另一个对象对应的成员当中。

复制构造函数的作用是使用一个已存在的对象去初始化另一个同类对象，它也是一种构造函数，除了具有一般构造函数的特征外，它还具有如下特点：

（1）其形参必须是本类的对象的引用。

（2）某函数的形参是类的对象，调用该函数需要复制构造函数进行形参和实参结合。

（3）函数的返值是类的对象，函数调用返回的时候需要调用复制构造函数实现类对象的赋值。

每个类都必须有一个复制构造函数，如果用户没有定义类的复制构造函数，系统会自动生成一个默认的复制构造函数,这个默认的复制构造函数的功能是把初始化对象的每个数据成员的值都复制到新建的对象中。

复制构造函数的定义格式如下：

```
类名::复制构造函数名(const 类名 &对象名)
{
    …（函数体）
}
```

复制构造函数与类同名，const 是类型修饰符，被其修饰的对象是个不能被更新的常量。

【例 6.10】默认复制构造函数示例。

程序代码如下：

```
//*****ex6_10.cpp*****
#include <iostream>
using  namespace std;
struct sample
{
private:
    int length, width, s;
public:
    sample(int i, int j)
    {
        length = i; width = j;
        s = length * width;
        cout << s << '\t' << "调用构造函数\n";
    }
    ~sample()
    {
        cout << length << '\t' << width << '\t';
        cout << s << '\t' << "调用析构函数\n";
    }
};
int  main()
{
    sample obj1(15, 6);
    sample obj2(obj1);          //建立对象 obj2
    sample obj3 = obj1;         //建立对象 obj3
    return 0;
}
```

程序运行结果如下：

```
90        调用构造函数
16      6      90      调用析构函数
16      6      90      调用析构函数
16      6      90      调用析构函数
```

对象 obj1、obj2、obj3 在释放时，分别调用析构函数，所以析构函数共调用了 3 次。前已述及，产生一个新的对象时，总要调用相应的构造函数，那么建立对象 obj2 时，调用什么构造函数呢？实际上,编译器为每个类都产生一个默认的复制构造函数，以实现对象的属性复制。对这个例子，默认复制构造函数如下：

```
sample::sample(const sample &p)
{    length=p.1ength;
```

```
            width=p.width;
            s=p.s;
        }
```

因此，建立对象 obj2 时相当于调用了默认复制构造函数，默认复制构造函数的功能只是简单地对对象属性进行复制，即相当于

```
        obj2.1ength=obj1.1ength;
        obj2.width=obj1.width;
        obj2.s=obj1.s
```

建立对象 obj3 时的语句"sample obj3=obj1;"等价于"sample obj3(obj1);"形式。

【例 6.11】复制构造函数示例。

程序代码如下：

```cpp
//*****ex6_11.cpp*****
#include <iostream>
using   namespace std;
class Point
{
public:
    Point(int a = 0, int b = 0)         //构造函数
    {
        X = a; Y = b;
    }
    Point(const Point& p);              //复制构造函数的声明
    int GetX()                          //其他成员函数
    {
        return X;
    }
    int GetY()
    {
        return Y;
    }
private:
    int X, Y;
};
Point::Point(const Point& p)           //复制构造函数的实现
{
    X = p.X;
    Y = p.Y;
    cout << "复制构造函数被调用" << endl;
}
int main()
{
    Point A(10, 20);
    Point B(A);
    cout << B.GetX() << '\t' << B.GetY() << endl;
    return 0;
}
```

程序运行结果如下：

    复制构造函数被调用
    10   20

普通构造函数在建立对象时被调用，而复制构造函数在用已有对象初始化一个新对象时被调用。复制构造函数被调用通常发生在以下 3 种情况：

（1）程序中需要新建一个对象，并用一个类的对象去初始化类的另一个对象的时候。例 6.10 和例 6.11 就是这种情况。

（2）当对象作函数参数时，调用该函数时需要将实参对象完整地传递给形参，这就需要按实参复制一个形参，系统是通过调用复制构造函数来实现的，这样能保证形参具有和实参完全相同的值。例如：

```
void fun(Point p)           //形参是类的对象
{    cout<< p.GetX()<<'\t'<<p.GetY()<<endl; }
int main()
{    Point A(10,20);
     fun(A);                //实参是类的对象，调用函数时将复制一个新对象 p
     return 0;
}
```

（3）当函数的返回值是类的对象，在函数调用完毕需要将返回值带回函数调用处时，需要将函数中的对象复制一个临时对象并传给该函数的调用处。例如：

```
Point fun()
{    Point A(10,20);
     return A;              //返回值是 Point 类的 A 对象
}
int main()
{    Point B;
     B=fun();               //调用 fun 函数，返回类的临时对象，并将它赋给 B 对象
     return 0;
}
```

由于对象 A 是在函数 fun()中定义的，在调用结束时，A 的生命周期就结束了，因此并不是将 A 带回 main()函数，而是在函数 fun()结束前执行 return 语句时，调用 Point 类中的复制构造函数，按 A 复制一个新的对象，然后将它赋给 B。

以上 3 种调用复制构造函数都是由编译系统自动完成的，不必由用户自己去调用。

6.4 对象数组与对象指针

对象可以看作一个特殊的变量，既然有简单数据类型的数组，也应该有对象数组。同样指针可以用来指向一般的变量，也可以指向对象。

6.4.1 对象数组

对象数组是指数组的每一个元素都是相同类型对象的数组，也就是说，若一个类有若干个对象，则把这一系列的对象用一个数组来表示。对象数组的元素是对象，不仅具有数据成员，而且还有成员函数。

对象数组的定义和普通数组的定义类似，一般格式如下：

> 类名 数组名[第一维数组大小][第二维数组大小]

其中，类名是指该数组元素属于该类的对象，方括号内的数组大小给出了某一维元素的个数。一维对象数组只有一对方括号，二维对象数组要有两对方括号，等等。

例如，若有test类，则定义语句：

> test op[5];

定义了test类的对象数组op，该数组含有5个元素，每个元素都是test类的对象，其元素为op[0]、op[1]、op[2]、op[3]、op[4]。

与普通数组一样，在使用对象数组时也只能访问单个数组元素，也就是一个对象，通过这个对象，可以访问它的公有成员，一般形式如下：

> 数组名[下标].成员名

和普通数组一样，对象数组既可以在定义时初始化，也可以在定义后赋值。假定test类有一个带有单个整型参数的构造函数，则可以赋初值或定义后赋值：

> test op[5]={test(1),test(3),test(5),test(7),test(9)};

或者

> test op[5];
> op[0]=test(1);op[1]=test(3);op[2]=test(5);op[3]=test(7);op[4]=test(9);

【例 6.12】对象数组应用示例。

程序代码如下：

```
//*****ex6_12.cpp*****
#include <iostream>
using   namespace std;
class sample
{
    int x, y;
public:
    sample(int x1, int y1)
    {
        x = x1; y = y1;
    }
    void display()
    {
        cout << "x=" << x << '\t' << "y=" << y << endl;
    }
};
int main()
{
    int i;
    sample array[3] = { sample(10,20),sample(30,40),
    sample(50,60) };
    for (i = 0; i < 3; i++)     array[i].display();
    return 0;
}
```

程序运行结果如下：

> x=10   y=20

```
x=30        y=40
x=50        y=60
```

6.4.2 对象指针

对象指针就是指向对象的指针，其定义的格式如下：

```
类名 *对象指针名;
```

例如，定义语句：

```
Sample *MyPointer;
```

定义MyPointer是指向Sample类对象的指针变量。

对象成员也可以通过指向对象的指针来引用，引用数据成员的具体形式如下：

```
指向对象的指针->数据成员名
```

或

```
(*指向对象的指针).数据成员名
```

引用成员函数的具体形式如下：

```
指向对象的指针->成员函数名(实参表)
```

或

```
(*指向对象的指针).成员函数名(实参表)
```

【例6.13】对象指针应用示例。

程序代码如下：

```cpp
//*****ex6_13.cpp*****
#include <iostream>
using    namespace std;
class school
{
private:
    char* teacher;
    char* student;
    school* ptr;                //ptr 是指向对象 school 类对象的指针
public:
    void initialize(void);
    void output(school* ptr);
};
school Yali;                     //Yali 是类 school 的对象
void school::initialize(void)
{
    char a[] = "John Ming";
    char b[] = "Mary Jasmine";
    Yali.ptr = &Yali;            //将对象 Yali 的起始地址赋给 ptr
    Yali.ptr->teacher = a;
    (*Yali.ptr).student = b;
    Yali.output(Yali.ptr);
}
void school::output(school* ptr)
{
    cout << "teacher is " << ptr->teacher << endl;
    cout << "student is " << ptr->student << endl;
}
```

```
int main()
{
    Yali.initialize();
    return 0;
}
```

程序运行结果如下：

```
teacher is John Ming
student is Mary Jasmine
```

程序定义一个 school 类，定义类的成员 ptr 为指向 school 的指针，通过 ptr 来访问 school 类的 teacher 和 student 成员。

6.4.3　指向类成员的指针

类的成员自身也是一些变量、函数或对象，因此可以定义指向数据成员的指针或指向成员函数的指针，进而可以通过指针访问对象的成员。需要指出的是，通过指向成员的指针只能访问公有的数据成员和成员函数。

1. 指向数据成员的指针

指向数据成员的指针定义格式如下：

类型说明符 类名::*数据成员指针名;

定义了指向数据成员的指针后，需要对其进行赋值，也就是要确定指向类的哪一个成员。对数据成员指针赋值的一般格式如下：

数据成员指针名=&类名::数据成员名;

例如，有一个类A的数据成员int x，指向数据成员x的指针可以如下定义：

int A::*MyP=&A::x;

则指针MyP指向了A类的数据成员x。

将指针指向类的数据成员后，就可以通过类的对象引用指针所指向的数据成员，其格式有两种：

对象名.*数据成员指针名;

或

对象指针名->*数据成员指针名;

【例6.14】指向数据成员指针应用示例。

程序代码如下：

```
//*****ex6_14.cpp*****
#include <iostream>
using    namespace std;
class MyClass
{
public:
    int a, b;
    void Display()
    {
        cout << "a=" << a << endl;
        cout << "b=" << b << endl;
    }
};
int main()
```

```
    {
        int MyClass::* p = &MyClass::a;         //定义指针 p，并使它指向类的数据成员 a
        MyClass MyA, * opt = &MyA;              //定义对象 MyA 和指向对象的指针 opt
        MyA.*p = 150;                           //对对象 MyA 的数据成员 a 赋值
        p = &MyClass::b;                        //指针 p 指向类的数据成员 b
        opt->*p = 400;                          //对对象数据成员 b 赋值
        MyA.Display();
        return 0;
    }
```

程序运行结果如下：

```
    a=150
    b=400
```

2. 指向成员函数的指针

指向成员函数的指针定义格式如下：

```
    函数返回值类型 (类名::* 成员函数指针名)(参数表);
```

定义成员函数指针后要对其赋值，也就是确定指向类的哪一个成员函数。给指向成员函数指针赋值的一般格式如下：

```
    成员函数指针名=&类名::成员函数名;
```

例如，有一个data类的成员函数int fun(void)，指向成员函数fun的指针可以定义为

```
    int (data::*pf)()=data::fun;
```

则指针pf指向data类的成员函数fun。

调用成员函数指针所指向函数的格式如下：

```
    (对象名.*成员函数指针名)(实参表)
```

或

```
    (对象指针名->*成员函数指针名)(实参表)
```

【例6.15】指向类成员函数指针应用示例。

程序代码如下：

```
//*****ex6_15.cpp*****
#include <iostream>
using   namespace std;
class MyClass
{
    int a, b;
public:
    void SetData(int x, int y)
    {
        a = x; b = y;
    }
    void Display()
    {
        cout << "a=" << a << '\t' << "b=" << b << endl;
    }
};
int main()
{
    void (MyClass:: * pfun)(int, int);          //指向成员函数的指针
    MyClass MyA, MyB;
```

```
            pfun =&MyClass::SetData;              //成员函数指针指向成员函数 SetData
            (MyA.*pfun)(350, 450);               //通过成员函数的指针调用
            //成员函数 SetData 对 a 和 b 赋值
            MyA.Display();
            MyB.SetData(-350, -450);             //通过成员函数名调用
            //成员函数 SetData 对 a 和 b 赋值
            MyB.Display();
            return 0;
        }
```

程序运行结果如下：

```
        a=350          b=450
        a=-350         b=-450
```

6.4.4　this 指针

类的每一个成员函数都有一个隐含的常量指针，通常称为this指针。this指针的类型就是成员函数所属类的类型。当调用成员函数时，它被初始化为被调用函数的对象的地址。例如，例6.15中，当执行MyA.Display()时，this指针指向对象MyA，因此输出对象MyA的a、b值。当执行MyB.Display()时，this指针指向对象MyB，因此输出对象MyB的a、b值。this指针在系统中是隐含地存在的，也可以显式地使用。例如，例6.15中成员函数Display()的函数体等价于下列语句：

```
        cout<<"a="<<this->a<<'\t'<<"b="<<this->b<<endl;
```

或

```
        cout<<"a="<<(*this).a<<'\t'<<"b="<<(*this).b<<endl;
```

【例6.16】this指针应用示例。

程序代码如下：

```
        //*****ex6_16.cpp*****
        #include <iostream>
        using    namespace std;
        class MyClass
        {
            int a, b;
        public:
            MyClass(int i = 0, int j = 0)
            {
                a = i; b = j;
            }
            void copy(MyClass& ab);
            void Display()
            {
                cout << "a=" << a << "," << "b=" << b << endl;
            }
        };
        void MyClass::copy(MyClass& ab)
        {
            if (this == &ab) return;
            *this = ab;
        }
        int main()
```

```
    {
        MyClass s1, s2(15, 23);
        s1.Display();
        s1.copy(s2);
        s1.Display();
        return 0;
    }
```

程序运行结果如下：

```
a=0,b=0
a=15,b=23
```

在上述程序中，在MyClass类的成员函数copy()内，出现了两次this指针。this代表操作该成员函数的对象的地址，*this代表操作该成员函数的对象。执行语句"s1.copy(s2);"时，"*this=ab;"表示将形参ab获得的对象s2的值赋给操作该成员函数的对象s1，所以此时输出为"a=15,b=23"。

需要注意的是，this指针是一个const指针，不能在程序中修改它，而且this指针的作用域仅在一个对象的内部。

6.5　静态成员

前已述及，每一个类对象有其公有或私有的数据成员，每一个 public 或 private 函数可以访问其数据成员。有时，可能需要一个或多个公共的数据成员，能够被类的所有对象共享。在C++中，可以定义静态（static）的数据成员和成员函数，以解决数据共享问题。

6.5.1　静态数据成员

要定义静态数据成员，只要在数据成员的定义前增加 static 关键字。静态数据成员不同于非静态的数据成员，一个类的静态数据成员仅创建和初始化一次，且在程序开始执行的时候创建，然后被该类的所有对象共享，而非静态的数据成员则随着对象的创建而多次创建和初始化。

静态数据成员属于该类的所有对象，它的值对于每一个对象都是一样的。也就是说，静态数据成员在内存中只需存储一次，使用静态数据成员可以节省内存空间。

静态数据成员的定义格式如下：

```
static 数据类型 变量名;
```

静态数据成员初始化的方式也与一般的数据成员不同。静态数据成员初始化应在类外进行，而且应在对象定义之前。一般在main()函数之前，类定义之后的位置对它进行初始化，格式如下：

```
数据类型 类名::静态数据成员名=初始值;
```

引用静态数据成员的格式如下：

```
类名::静态数据成员名
```

【例6.17】静态数据成员应用示例。

程序代码如下：

```
//*****ex6_17.cpp*****
#include <iostream>
using    namespace std;
```

```
class MyObj
{
    int i, s;
    static int k;              //静态数据成员说明
public:
    MyObj()
    {
        s = 0;
        for (i = 1; i <= 10; i++)
        {
            s += i; k++;
        }
    }
    void Display()
    {
        cout << "i=" << i << ",k=" << k << ",s=" << s << endl;
    }
};
int MyObj::k = 0;              //静态数据成员初始化
int main()
{
    MyObj A;
    A.Display();
    MyObj B;
    B.Display();
    return 0;
}
```

程序运行结果如下：

```
i=11,k=10,s=55
i=11,k=20,s=55
```

程序中，数据成员i和s在对象A和B中各有一个，在创建对象时分别将其设置为1和0，而静态数据成员k为所有MyObj类对象所共有，其初始化在编译时就已经确定。创建对象A时，k的初值为0，创建后其值改为10。创建对象B时，k的初值为10，创建后将其值调整为20。

思考：如果 main()函数改为下面的程序段，程序输出结果是什么？

```
int main()
{   MyObj A,B;
    A.Display();
    B.Display();
    return 0;
}
```

6.5.2　静态成员函数

静态数据成员被所有的对象共享，也就是说，静态数据成员不属于对象，而是属于类的。除静态数据成员外，C++也允许定义静态成员函数。与静态数据成员类似，静态成员函数也是属于类的。定义静态成员函数的格式如下：

```
static  函数返回值的类型  静态成员函数名(形参表)
{
```

...（函数体）
```
        }
```
静态成员函数仅能访问静态的数据成员，不能访问非静态的数据成员，也不能访问非静态的成员函数，这是由于静态的成员函数没有 this 指针。静态成员函数的调用不需要对象名。类似于静态的数据成员，公有的、静态的成员函数在类外的调用方式如下：

> 类名::静态成员函数名(实参表)

也允许用对象或指向对象的指针调用静态成员函数，一般格式如下：

> 对象名.静态成员函数名(实参表)
> 对象指针->静态成员函数名(实参表)

【例6.18】静态成员函数应用示例。

程序代码如下：
```cpp
//*****ex6_18.cpp*****
#include <iostream>
using   namespace std;
class MyClass
{
    int A;
    static int B;                      //静态数据成员说明
public:
    MyClass(int k)
    {
        int i;
        A = k;
        for (i = 0; i < 5; i++) B += k;
    }
    static void Display(MyClass ObjC)    //定义静态成员函数
    {
        cout << "A=" << ObjC.A << ",B=" << B << endl;
    }
};
int MyClass::B = 15;                    //静态数据成员初始化
int main()
{
    MyClass ObjA(10);
    MyClass::Display(ObjA);             //调用静态成员函数
    MyClass ObjB(30);
    MyClass::Display(ObjB);             //调用静态成员函数
    return 0;
}
```
程序运行结果如下：
```
A=10,B=65
A=30,B=215
```
在程序中，Display()是静态成员函数，在函数的实现中，引用非静态数据成员要通过对象进行，例如ObjC.A，而引用静态数据成员是直接进行的，例如B。

6.6 友元

在面向对象程序设计语言中，出于数据隐藏的目的，通常将类的数据成员说明为私有成员，通过公有成员函数对外提供的接口访问私有数据成员。但是，有时需要定义一些函数，这些函数不是类的一部分，但是又需要访问类的数据成员，为了解决此类问题，可以将此函数说明为友元函数。

6.6.1 友元函数

友元函数是类定义中由关键字friend修饰的非成员函数。友元函数可以是一个普通函数，也可以是其他类的成员函数，它不是本类的成员函数，但是在它的函数体中可以通过"对象.成员名"访问类的私有成员和保护成员。

友元函数声明的格式如下：

　　　　friend 函数返回值类型 友元函数名(参数表);

【例6.19】友元函数应用示例。

程序代码如下：

```cpp
//*****ex6_19.cpp*****
#include <iostream>
using   namespace std;
class sample
{
    int m;
public:
    sample()
    {
        m = 10;
    }
    sample(int k)
    {
        m = k;
    }
    friend sample power(sample ObjC);        //友元函数声明
    void display()
    {
        cout << "m=" << m << endl;
    }
};
sample power(sample ObjC)
{
    return sample(ObjC.m * ObjC.m);          //在友元函数中可以访问类的私有成员
}
int main()
{
    sample ObjA(25), ObjB;
    ObjA.display();
    ObjB.display();
```

```
        ObjB = power(ObjA);
        ObjB.display();
        return 0;
    }
```

程序运行结果如下：

```
    m=25
    m=10
    m=625
```

程序在类 sample 中说明 power 是该类的友元函数，该函数在类外实现。由于 power 函数是 sample 类的友元函数，因此在该函数体中可以直接引用类的私有数据成员。语句"ObjB= power(ObjA);"传递的参数是 sample 类的对象，函数 power 的返回值是 sample 类的对象，并将 power 函数的返回值赋值给该类对象 ObjB，调用 power 函数就像调用普通函数一样。

6.6.2　友元类

和函数一样，类也可以说明为另一个类的友元，这时称该类为友元类。如果A类是B类的友元类，则A类中的私有成员函数都是B类的友元函数，都可以访问B类的私有成员和保护成员。友元类说明的格式如下：

```
    friend class 类名;
```

类说明语句可以放在公有部分，也可以放在私有部分或保护部分。例如：

```
    class A
    {
        …                        //A 类的成员说明
    };
    class B
    {   …                        //B 类的成员说明
        friend class A           //说明 A 类是 B 类的友元类
        …
    };
```

【例6.20】友元类应用示例。

程序代码如下：

```
    //*****ex6_20.cpp*****
    #include <iostream>
    using   namespace std;
    class ClassA
    {
        int m;
    public:
        ClassA()
        {
            m = 100;
        }
        friend class ClassB;         //说明 ClassB 类是 ClassA 类的友元类
    };
    class ClassB
    {
    public:
```

```
        void display(ClassA myobj)
        {
            cout << "m=" << myobj.m << endl;
        }
    };
    int main()
    {
        ClassA ObjX;
        ClassB ObjY;
        ObjY.display(ObjX);
        return 0;
    }
```

程序运行结果如下：

    m=100

友元提供了一种非成员函数访问类的私有成员的方法，这在某些情况下为程序设计提供了一定的方便性。但是面向对象的程序设计要求类的接口与类的实现分开，对对象的访问通过其接口函数进行。如果直接访问对象的私有成员，就破坏了面向对象程序的数据隐藏和封装特性，虽然提供了一些方便，但有可能是得不偿失的，所以，需要慎用友元。

此外，还有两点需要注意：

（1）友元关系不能传递。例如，B类是A类的友元，C类是B类的友元，如果C类和A类之间没有显式说明，C类和A类之间不是友元关系。

（2）友元关系的单向性。例如，如果B类是A类的友元，则B类的成员函数都是A类的友元函数，可以访问A类的所有数据成员，但A类的成员函数就不是B类的友元函数，也就不能访问B类的所有数据成员。

6.7   常对象和常成员

在定义的类的成员函数中，常常有一些成员函数不改变类的数据成员，也就是说，这些函数是"只读"函数，而有一些函数要修改类数据成员的值。如果把不改变数据成员的函数都加上 const 关键字进行标识，显然，可提高程序的可读性。其实，它还能提高程序的可靠性，已定义成 const 的成员函数，一旦企图修改数据成员的值，则编译器按错误处理。

6.7.1   常对象和常成员函数

如果在定义对象时用 const 修饰，则被定义的对象为常对象。常对象的数据成员值在对象的整个生存期内不能被改变，常对象的定义形式如下：

    类名 const 对象名(参数表);

或

    const 类名 对象名(参数表);

在定义常对象时必须进行初始化，而且不能被更新。假定有一个类 classA，定义该类的常对象的方法如下：

    const classA objectA(20);

这里，objectA 是类 classA 的一个常对象，20 是传给它的构造函数参数。常对象的数据成员在对象生存期内不能改变。但是，如何保证该类的数据成员不被改变呢？

为了确保常对象的数据成员不会被改变，在 C++中，常对象只能调用常成员函数。如果一个成员函数实际上没有对数据成员进行任何形式的修改，但是它没有被 const 关键字限定，也不能被常量对象调用。常成员函数的声明格式如下：

函数返回值的类型 函数名(参数表) const;

const 是函数类型的组成部分，因此在函数的实现部分也要带 const 关键字。常成员函数表示该成员函数只能读类数据成员，而不能修改类的数据成员。定义常成员函数时，把 const 关键字放在函数的参数表和函数体之间。下面是定义常成员函数的一个实例。

```
class X
{   int i;
    public:
    int f() const;
};
```

关键字 const 必须用同样的方式重复出现在函数实现里，否则编译器会把它看成一个不同的函数。

```
int X::f() const
{   return i;   }
```

如果 f()试图用任何方式改变 i 或调用另一个非常成员函数，编译器将给出错误信息。任何不修改成员数据的函数都应该声明为常成员函数，这样有助于提高程序的可读性和可靠性。

要注意的是，这里不将 const 放在函数声明之前，因为这样做意味着函数的返回值是常量，意义完全不同。

【例 6.21】常对象和常成员函数应用示例。

程序代码如下：

```
//*****ex6_21.cpp*****
#include <iostream>
using   namespace std;
class ClassA
{
    int X;
public:
    int GetX() const
    {
        return X;
    }
    ClassA(int Y)
    {
        X = Y;
    }
};
int main()
{
    ClassA ObjectA(50);
    const ClassA ObjectB(500);
    cout << ObjectA.GetX() << '\n';
```

```
        cout << ObjectB.GetX() << '\n';
        return 0;
    }
```

程序运行结果如下：

```
50
500
```

ObjectA 是个普通对象，它能调用常成员函数或普通成员函数。ObjectB 是个常量对象，它只能调用常成员函数。虽然 GetX()函数实际上并没有改变数据成员 X，但如果没有 const 关键字限定，仍旧不能被 ObjectB 对象调用。

常对象只能调用它的常成员函数，而不能调用普通的成员函数。常成员函数是常对象唯一的对外接口，这是 C++从语法机制上对常对象的保护。常成员函数不能更新对象的数据成员，也不能调用该类中的普通成员函数，这就保证了在常成员函数中不会更新数据成员的值。

6.7.2　常数据成员

使用 const 说明的数据成员称为常数据成员。如果在一个类中说明了常数据成员，那么构造函数就只能通过初始化列表对该数据成员进行初始化，而任何其他函数都不能对该成员赋值。

带有成员初始化列表的构造函数的一般形式如下：

```
类名::构造函数名([参数表])[:(成员初始化列表)]
{
    …              //构造函数体
}
```

成员初始化列表的一般形式如下：

```
数据成员名 1(初始值 1)[,数据成员名 2(初始值 2)[,…]]
```

【例 6.22】常数据成员应用示例。

程序代码如下：

```
//*****ex6_22.cpp*****
#include <iostream>
using   namespace std;
class ClassA
{
    int X;
    const int Y;                 //常数据成员的说明
public:
    ClassA(int M, int N) :Y(N)   //用初始化列表对常数据成员进行初始化
    {
        X = M;
    }
    int GetX() const
    {
        return X + Y;
    }
};
int main()
{
```

```
        ClassA ObjectA(50, 70);
        cout << ObjectA.GetX() << '\n';
        return 0;
    }
```

程序运行结果如下：

```
120
```

程序在构造函数中对常数据成员初始化的方式与以前用到的数据成员初始化方式不同，它是通过成员初始化列表的方式实现的。事实上，对非常数据成员也可以通过成员初始化列表的方式进行初始化，方法是用逗号分隔不同的数据成员。例如：

```
    ClassA(int M,int N):Y(N),X(M)
    { }
```

但对常数据成员的初始化只能用初始化列表的方式进行。

6.8　程序实例

本节试图通过实例进一步加强对本章基本概念及其要领的理解。

【例6.23】已知 $y = 1 + \dfrac{1}{3} + \dfrac{1}{5} + \cdots + \dfrac{1}{2n-1}$，求：

（1）y<3 时的最大 n 值。

（2）与（1）的 n 值对应的 y 值。

程序 1：用普通成员函数实现。

程序代码如下：

```
//*****ex6_23_1.cpp*****
#include <iostream>
using   namespace std;
class compute
{
    double y; int n;
public:
    void print()              //输出结果的函数
    {
        cout << "y=" << y << ",n=" << n << endl;
    }
    void yn();                //计算 y 和 n 的函数声明
};
void compute::yn()            //计算 y 和 n 的函数实现
{
    n = 1;
    y = 0.0;
    double f;
    while (y < 3.0)
    {
        f = 1.0 / (2 * n - 1);
        y += f;
        n++;
    }
```

```
            y = y - f;
            n = n - 2;
        }
        int main()
        {
            compute obj;
            obj.yn();
            obj.print();
            return 0;
        }
```

程序运行结果如下：

```
    y=2.99444,n=56
```

程序 2：用构造函数实现。

程序代码如下：

```
//*****ex6_23_2.cpp*****
#include <iostream>
using   namespace std;
class compute
{
    double y;
    int n;
public:
    void print()                //输出结果的函数
    {
        cout << "y=" << y << ",n=" << n << endl;
    }
    compute();                  //计算 y 和 n 的构造函数声明
};
compute::compute()              //计算 y 和 n 的构造函数实现
{
    n = 1;
    y = 0.0;
    double f;
    while (y < 3.0)
    {
        f = 1.0 / (2 * n - 1);
        y += f;
        n++;
    }
    y = y - f;
    n = n - 2;
}
int main()
{
    compute obj;
    obj.print();
    return 0;
}
```

程序 3：用友元函数实现。

程序代码如下：

```
//*****ex6_23_3.cpp*****
#include <iostream>
using   namespace std;
class compute
{
    double y;
    int n;
public:
    void print()                  //输出结果的函数
    {
        cout << "y=" << y << ",n=" << n << endl;
    }
    friend void yn(compute&);     //计算 y 和 n 的友元函数声明
};
    void yn(compute& obj)         //计算 y 和 n 的友元函数实现
{
    obj.n = 1;
    obj.y = 0.0;
    double f;
    while (obj.y < 3.0)
    {
        f = 1.0 / (2 * obj.n - 1);
        obj.y += f;
        obj.n++;
    }
    obj.y = obj.y - f;
    obj.n = obj.n - 2;
}
    int main()
{
    compute obj;
    yn(obj);
    obj.print();
    return 0;
}
```

【例 6.24】商店销售某一商品，每天公布统一的折扣（discount）。同时允许销售人员在销售时灵活掌握售价（price），在此基础上，对一次购 10 件以上者，还可以享受 9.8 折优惠。现已知当天 3 名销货员的销售情况（表 6.1）。

表 6.1　当天 3 名销货员的销售情况

销货员号（num）	销货件数（quantity）	销货单价（price）
101	5	23.5
102	12	24.56
103	100	21.5

编写程序，计算当日此商品的总销售款 sum，以及每件商品的平均售价。要求用静态数据成员和静态成员函数。

　　将折扣 discount、总销售款 sum 和商品销售总件数 n 声明为静态数据成员，再定义静态成员函数 average（求平均售价）和 display（输出结果）。

　　程序代码如下：

```
//*****ex6_24.cpp*****
#include <iostream>
using    namespace std;
class Product
{
public:
    Product(int n, int q, float p) :num(n), quantity(q), price(p) {};
    void total();
    static float average();
    static void display();
private:
    int num;
    int quantity;
    float price;
    static float discount;
    static float sum;
    static int n;
};
void Product::total()
{
    float rate = 1.0;
    if (quantity > 10) rate = (float)0.98 * rate;
    sum = sum + quantity * price * rate * (1 - discount);
    n += quantity;
}
void Product::display()
{
    cout << sum << endl;
    cout << average() << endl;
}
float Product::average()
{
    return(sum / n);
}
float Product::discount = 0.05f;
float Product::sum = 0;
int Product::n = 0;
int main()
{
    Product Prod[3] = { Product(101,5,23.5f),
    Product(102,12,24.56f),
    Product(103,100,21.5f) };
    for (int i = 0; i < 3; i++)
```

```
                Prod[i].total();
            Product::display();
            return 0;
        }
```

程序运行结果如下：

```
2387.66
20.4073
```

【例 6.25】编写一个程序，输入用户的姓名和电话号码，按姓名的词典顺序排列后，输出用户的姓名和电话号码。

分析：设计一个类 person，包含学生的姓名和电话号码，以及 setname()、setnum()、getname() 和 getnum() 等 4 个成员函数。设计一个类 compute，包含一个私有数据成员，即 person 类的对象数组 pn[]，另有 3 个公共成员函数 getdata()、sort()、disp()，它们分别用于获取数据、按姓名的词典顺序排序和输出数据。

程序代码如下：

```cpp
//*****ex6_25.cpp*****
#include <iostream>
#include <cstring>
#define N 5
using    namespace std;
class person
{
    char name[10];
    char num[10];
public:
    void setname(char na[])
    {
        strcpy_s(name, na);
    }
    void setnum(char nu[])
    {
        strcpy_s(num, nu);
    }
    char* getname()
    {
        return name;
    }
    char* getnum()
    {
        return num;
    }
};
class compute
{
    person pn[N];
public:
    void getdata();
    void getsort();
```

```
        void outdata();
    };
    void compute::getdata()
    {
        int i;
        char name[10], num[10];
        cout << "输入姓名和电话号码：\n";
        for (i = 0; i < N; i++)
        {
            cin >> name >> num;
            pn[i].setname(name);
            pn[i].setnum(num);
        }
    }
    void compute::getsort()
    {
        int i, j, k;
        person temp;
        for (i = 0; i < N - 1; i++)
        {
            k = i;
            for (j = i + 1; j < N; j++)
                if (strcmp(pn[k].getname(), pn[j].getname()) > 0) k = j;
            temp = pn[k];
            pn[k] = pn[i];
            pn[i] = temp;
        }
    }
    void compute::outdata()
    {
        int i;
        cout << "输出结果：\n";
        cout << "姓名\t 电话号码\n";
        for (i = 0; i < N; i++)
            cout << pn[i].getname() << '\t' << pn[i].getnum() << endl;
    }
    int main()
    {
        compute obj;
        obj.getdata();
        obj.getsort();
        obj.outdata();
        return 0;
    }
```

【例 6.26】定义一个日期类 Cdate，它具有下面的功能：

（1）按"××××年××月××日"的格式输出日期。

（2）输出在当前日期上加两天后的日期。

（3）设置日期。

程序代码如下：

```cpp
//*****ex6_26.cpp*****
#include <iostream>
using namespace std;
class Cdate
{
public:
    void setdate(int y, int m, int d)
    {
        year = y; month = m; day = d;
    }
    void show()
    {
        cout << "当前日期：" << year << "年" << month << "月"
            << day << "日" << endl;
        cout << "两天后日期：" << y1 << "年" << m1 << "月"
            << d1 << "日" << endl;
    }
    void datetwo();                //计算加一天后的年月日，函数声明
    int year, month, day;
    int y1, m1, d1;
};
void Cdate::datetwo()             //计算加一天后的年月日，函数实现
{
    d1 = day; y1 = year; m1 = month;
    for (int i = 0; i < 2; i++)
    {
        d1++;
        switch (d1)
        {
        case 29:
            if (!(month==2 && (year%400==0 || year%4==0 && year % 100 != 0)))
            {
                m1 = 3; d1 = 1;
            }; break;
        case 30:
            if (month==2 && (year%400==0 || year % 4 == 0 && year % 100 != 0))
            {
                m1 = 3; d1 = 1;
            }; break;
        case 31:
            if (month == 4 || month == 6 || month == 9 || month == 11)
            {
                m1 = m1 + 1; d1 = 1;
            }; break;
        case 32:
            m1 = m1 + 1; d1 = 1;
            if (month == 12) { y1 = y1 + 1; m1 = 1; }; break;
        }
    }
}
```

```
int main()
{
    Cdate d;
    int y, m, d1;
    cout << "请输入年月日: ";
    cin >> y >> m >> d1;
    d.setdate(y, m, d1);          //加一天
    d.setdate(y, m, d1);          //再加一天
    d.datetwo();
    d.show();
    return 0;
}
```

习题 6

一、选择题

1. 以下有关类与结构体的叙述, 不正确的是 (　　)。

　　A. 结构体中只包含数据, 类中封装了数据和操作

　　B. 结构体的成员对外界通常是开放的, 类的成员可以被隐藏

　　C. 用 struct 不能声明一个类型名, 而 class 可以声明一个类名

　　D. 结构体成员默认为 public, 类成员默认为 private

2. 下列有关类的说法, 不正确的是 (　　)。

　　A. 类是一种用户自定义的数据类型

　　B. 只有类中的成员函数或类的友元函数才能存取类中的私有数据

　　C. 在类中, 如果不进行特别说明, 所有的数据均为私有数据

　　D. 在类中, 如果不进行特别说明, 所有的成员函数均为公有数据

3. 以下不是构造函数特征的是 (　　)。

　　A. 构造函数的函数名与类名相同　　B. 构造函数可以重载

　　C. 构造函数可以设置默认参数　　D. 构造函数必须指定类型说明

4. 以下有关析构函数的叙述, 不正确的是 (　　)。

　　A. 在一个类只能定义一个析构函数　B. 析构函数和构造函数一样可以有形参

　　C. 析构函数不允许用返回值　　　D. 析构函数名前必须冠有符号 "~"

5. 以下有关类和对象的叙述, 不正确的是 (　　)。

　　A. 任何一个对象都归属于一个具体的类

　　B. 类与对象的关系和数据类型与变量的关系相似

　　C. 类的数据成员不允许是另一个类的对象

　　D. 一个类可以被实例化成多个对象

6. 设有定义:

```
class person
{   int num;
    char name[10];
```

```
    public:
        void init(int n, char *m);
};
    person s[30];
```
则以下叙述不正确的是（   ）。

    A．s 是一个含有 30 个元素的对象数组

    B．s 数组中的每一个元素都是 person 类的对象

    C．s 数组中的每一个元素都有自己的私有变量 num 和 name

    D．s 数组中的每一个元素都有各自的成员函数 init

7．设有以下类的定义：

```
class Ex
{   int x;
    public:
        void setx(int t=0);
};
```
若在类外定义成员函数 setx()，则以下定义形式中正确的是（   ）。

    A．void setx(int t) {...}   B．void Ex::setx(int t) {...}

    C．Ex::void setx(int t) {...}   D．void Ex::setx(){...}

8．关于成员函数特征的下述描述中，错误的是（   ）。

    A．成员函数一定是内联函数   B．成员函数可以重载

    C．成员函数可以设置参数的默认值   D．成员函数可以是静态的

9．复制构造函数的形参是（   ）。

    A．某个对象名   B．某个对象的成员名

    C．某个对象的引用名   D．某个对象的指针名

10．如果没有显式定义构造函数（包括复制构造函数），C++编译器就（   ）。

    A．出现编译错误   B．没有构造函数

    C．必须显示定义   D．隐式定义默认的构造函数

11．以下关于静态成员变量的叙述不正确的是（   ）。

    A．静态成员变量为类的所有对象所公有

    B．静态成员变量可以在类内任何位置上声明

    C．静态成员变量的赋初值必须放在类外

    D．定义静态成员变量时必须赋初值

12．友元的作用是（   ）。

    A．提高程序的运用效率   B．加强类的封装性

    C．实现数据的隐藏性   D．增加成员函数的种类

二、填空题

1．在 C++类的定义中，利用_____描述对象的特征，利用_____描述对象的行为。

2．类的成员函数可以在_____定义，也可以在_____定义。

3．类的成员按访问权限可分为 3 类，分别是_____、_____、_____。如

果不进行特殊说明，类成员的默认访问权限是_____。

4．构造函数的主要作用是_____，析构函数的主要作用是_____。

5．设有如下程序结构：

```
class Box
{…};
int main()
{    Box A,B,C;
     return 0;
}
```

该程序运行时调用_____次构造函数，调用_____次析构函数。

6．设 A 为 test 类的对象且赋有初值，则语句 test B(A);表示_____。

7．利用"对象名.成员变量"形式访问的对象成员仅限于被声明为_____的成员。若要访问其他成员变量，需要通过_____函数或_____函数。

8．以下程序的功能是：找出数组中的最小值并输出，补充程序。

```
#include <iostream>
using namespace std;
class sample
{    int x;
     public:
          void setx( int x0) {x=x0;}
          friend int fun( sample b[ ], int n)
          {    int m=_____;
               for(int i=0; i<n;i++)
                   if (b[i].x<m) m=_____;
               return m;
          }
};
int main()
{    sample a[6];
     int arr[]={12,6,21,7,10,9};
     for( int i=0;i<6;i++)
         a[i].setx(arr[i]);
     cout<<fun(_____)<<endl;
     return 0;
}
```

三、程序阅读题

程序 1：

```
#include <iostream>
using namespace std;
class Sample
{    char c1,c2;
     public:
          Sample(char a){c2=(c1=a)-32;}
```

```
            void disp()
            {   cout<<c1<<"转换为"<<c2<<endl;   }
    };
    int main()
    {    Sample a('a'),b('b');
         a.disp(); b.disp();
         return 0;
    }
```

程序 2：

```
#include <iostream>
using namespace std;
int count=0;
class Point
{    int x,y;
     public:
         Point()
         {   x=1;   y=1;   count++;   }
         ~Point()
         {   count--;   }
         friend void display();
};
void display()
{   cout<<"There are "<<count<<" points,"<<endl;   }
int    main()
{    Point a;
     display();
     {   Point b[5];      display();   }
     display();
     return 0;
}
```

程序 3：

```
#include <iostream>
using namespace std;
class A
{    public:
     int x;
     A(int i){x=i;}
     void fun1(int j)
     {    x+=j;
          cout<<"fun1:"<<x<<endl;
     }
     void fun2(int j)
     {    x+=j;
          cout<<"fun2:"<<x<<endl;
     }
};
```

```
int main()
{    A c1(2),c2(5);
     void (A::*pfun)(int)=A::fun1;
      (c1.*pfun)(5);
     pfun=A::fun2;
      (c2.*pfun)(10);
     return 0;
}
```

程序 4：

```
#include <iostream>
using namespace std;
class Sample
{    int x;
     public:
          Sample(){};
          void setx(int i){x=i;}
          friend int fun(Sample B[],int n)
          {    int m=0;
               for (int i=0;i<n;i++)
                    if (B[i].x>m) m=B[i].x;
               return m;
          }
};
int main()
{    Sample A[10];
     int Arr[]={90,87,42,78,97,84,60,55,78,65};
     for(int i=0;i<10;i++)
          A[i].setx(Arr[i]);
     cout<<fun(A,10)<<endl;
     return 0;
}
```

四、程序设计题

1．编写一个程序，采用类求 n!，并输出 10!的值。

2．设计一个立方体类 Box，它能计算并输出立方体的体积和表面积。

3．定义一个 change 类，用以实现角度和弧度之间的转换。

4．编写复数类 Complex，实现各种常用构造函数，实现整数、实数向复数的转化函数，实现整数、实数和复数以及复数之间的加、减、乘、除各种运算，实现==、!=等逻辑运算。

5．编写一个圆类，声明一个静态数据成员和静态函数，静态数据成员表示圆的个数，定义对象时构造函数把静态数据成员加 1，析构时静态数据成员减 1。静态函数成员用来显示静态数据成员。

6．设计一个点类，并为这个点类设置一个友元，这个友元用来计算两个点之间的距离。

7．创建一个 employee 类，该类中有字符数组，分别表示姓名、街道地址、城市、省份和邮政编码。把表示构造函数、changname()、display()的函数的原型放在类定义中，构造函数初始化每个成员，display()函数把完整的对象数据打印出来。其中的数据成员是保护的，函数是公有的。

8．编写一个程序，统计学生成绩，其功能包括输入学生的姓名和成绩，按成绩从高到低排列打印输出，对前 70% 的学生定为合格（输出 Pass），而后 30%的学生定为不合格（输出 FAIL）。要求设计一个类 student，包含学生的姓名和成绩等数据，以及 setname()、setdeg()、getname()和 getdeg()等 4 个成员函数。设计一个类 compute，包含两个私有数据成员，即学生人数 ns 和 student 类的对象组 na[]，另有 3 个公共成员函数 getdata()、sort()、disp()，它们分别用于获取数据、按成绩排序和输出数据。

第 7 章　重载与模板

在 C++中，重载是一个非常重要的功能，它能用相同的名字实现不同的操作。模板是 C++的一个重要特征，它使得 C++代码与数据类型无关，实现了代码的可重用。本章先介绍函数重载和运算符重载的概念及应用，然后介绍函数模板和类模板的定义及应用。

7.1　重载

自然语言中，一个词可以有许多不同的含义，即该词被重载了。"词的重载"可以使语言更加简练，人们可以通过上下文来判断该词到底是哪种含义。在 C++中，重载指的是同一个函数名或同一个运算符，根据不同的对象可以完成不同的功能和运算，即一个标识符或运算符可同时用于为多个函数抽象命名。这些同名函数是有区别的，它们有不同的参数个数，或虽然参数个数相同但参数的类型有所不同。调用时所使用的参数是被调用函数的语境。该语境决定一个函数调用所使用的标识符或运算符应该被编到哪个函数。

名字重载的目的是更好地表达行为共享，这种行为共享相当于对近似操作的分类。相同的标识符或运算符命名了一个操作类，对该标识符或运算符的使用语境则表达了该操作的一个特定的操作实例。

在程序设计语言中使用重载的直观益处是减少了程序员记忆操作名字的负担。例如，考虑到打印整数和实数操作，在标准的 C 语言中，必须为不同类的对象定义不同的操作名字，比如 PrintInteger 和 PrintFloatPoint。如果需要打印的对象类非常多，程序员需要记忆很多名字。而在 C++中，只需一个名字 Print 来表达不同类的对象的打印操作。根据在调用 Print 操作时所给出的对象的类型信息，编译器将能够唯一地确定打印这些对象所应该使用的正确的方法。

C++的重载机制包含两种类型：一种是函数重载，另一种是运算符重载。所有这些重载函数都在编译时进行静态联编。

7.1.1　函数重载

所谓函数重载是指同一个函数名可以对应着多个函数的实现。函数重载描述了同名函数具有相同功能，但数据类型或参数个数不同的函数管理机制。当一个函数名被几个函数同时使用时，程序在编译或运行时必须将函数名解释为一个相应的函数体。

【例 7.1】函数重载。

程序代码如下：

```
//*****ex7_1.cpp*****
#include <iostream>
using namespace std;
int add(int a, int b);
float add(float a, float b);
int main()
```

```
    {
        cout << add(1, 2) << endl << add(2.1f, 3.14f) << endl;
        cin.get();
        return 0;
    }
    int add(int a, int b)
    {
        return a + b;
    }
    float add(float a, float b)
    {
        return a + b;
    }
```

在本例中对函数 add()定义了多个函数的实现，该函数的功能是求和，即求两个操作数的和。其中，一个函数实现求两个 int 型数之和，另一个实现求两个浮点型数之和。每种实现对应着一个函数体，这些函数名字相同，但是函数的参数类型不同，方便了程序员对相同或者相似功能函数的管理。这就是函数重载的概念。函数重载在类和对象的应用中尤其重要。

函数重载要求编译器能够唯一地确定调用一个函数时应执行哪个函数代码，即采用哪个函数实现。确定函数实现时，要求从函数参数的个数和类型上来区分。这就是说，进行函数重载时，要求同名函数在参数个数上不同，或者参数类型上不同。否则，将无法实现重载。

【例 7.2】参数类型不同的重载函数的例子。

程序代码如下：

```
//*****ex7_2.cpp*****
#include <iostream>
using namespace std;
int max(int, int);
double max(double, double);
int main()
{
    cout << max(5, 10) << endl;
    cout << max(5.0, 10.5) << endl;
    return 0;
}
int max(int x, int y)
{
    if (x > y) return x; else return   y;
}
double max(double x, double y)
{
    if (x > y) return x; else return   y;
}
```

程序运行结果如下：

```
10
10.5
```

本例中，main()函数中调用相同名字 max 的两个函数，前边一个 max()函数对应的是两个

int 型数求最大值的函数实现，而后边一个 max()函数对应的是两个 double 型数求最大值的函数实现。

【例 7.3】 参数个数不同的重载函数。

程序代码如下：

```
//*****ex7_3.cpp*****
#include <iostream>
using namespace std;
int min(int a, int b);
int min(int a, int b, int c);
int min(int a, int b, int c, int d);
int main()
{
    cout << min(13, 5, 4, 9) << endl;
    cout << min(-2, 8, 0) << endl;
    cout << min(24, 6) << endl;
    return 0;
}
int min(int a, int b)
{
    return a < b ? a : b;
}
int min(int a, int b, int c)
{
    int t = min(a, b);
    return min(t, c);
}
int min(int a, int b, int c, int d)
{
    int t1 = min(a, b);
    int t2 = min(c, d);
    return min(t1, t2);
}
```

程序运行结果如下：

```
4
-2
6
```

本例用于找出几个 int 型中的最小数，其中出现了函数重载 min()，函数名 min 对应有三个不同的实现，系统对三个 min()函数的区分依据参数个数不同，这里的三个 min()函数，参数个数分别为 2、3 和 4，在调用函数时根据实参的个数来选取不同的函数实现。

实际上，当一个函数在一个特定的域中被多次声明时，编译器解析第二个及后面函数时是依照下面步骤分析判断函数是否重载的。

（1）当参数个数或类型不同时，则认为是重载。

```
int min( int,int );
int min( float,float );          //重载函数
int min( int,float );            //重载函数
```

（2）函数返回类型和参数表完全相同，则认为第二个函数是第一个函数的重复声明，参

数表的比较过程与参数名无关。

（3）如果两个函数的参数表相同但是返回类型不同，则第二个声明被视为第一个的错误，重复声明会被标记为编译错误，例如：

```
unsigned int min( int i1, int i2 );
int min( int, int );   //错误：只有返回类型不同，函数的返回类型不足以区分两个函数是否是重载函数
```

（4）如果在两个函数的参数表中只有默认实参不同，则第二个声明被视为第一个的重复声明。

```
int max( int *ia, int sz );
int max( int *, int = 10 );          //声明的是同一函数
```

（5）typedef 为现有的数据类型提供了一个替换名，它并没有创建一个新类型。因此如果两个函数参数表的区别只在于一个使用了 typedef 的命名，而另一个使用了与 typedef 相应的类型，则该参数表视为相同。

```
//typedef 并不引入一个新类型
typedef double DOLLAR;
//重复声明，下述声明相同
extern DOLLAR calc( DOLLAR );
extern double calc( DOLLAR );
extern DOLLAR calc( double );
extern double calc( double );
//错误：相同参数表不同返回类型
extern DOLLAR calc( DOLLAR );
extern int calc( double );
```

calc()的两个函数声明被视为具有相同的参数表，第二个声明导致编译时错误是它声明的函数与第一个声明的函数仅仅返回类型不同，但参数表完全相同，不符合函数重载的要求。

（6）一般情况下在识别函数声明是否相同时并不考虑 const 和 volatile 修饰符。例如下列两个声明视为声明了同一个函数。

```
//声明为同一个函数
void f( int );
void f( const int );
```

参数是 const，只跟函数的定义有关系，它意味着函数体内的表达式不能改变参数的值，对于按值传递的参数来说，它对函数的用户是完全透明的，用户不可能看到函数对按值传递的实参的改变。当实参被按值传递时是否将参数声明为 const，都不会改变传递给该函数的实参种类及其值，任何 int 型的实参都可以被用来调用函数 f(const int)，因为两个函数接收的是相同的实参集，所以刚才给出的两个声明视为相同，故没有声明一个重载函数，函数 f()可以被定义为

```
void f( int i ) { }
```

或

```
void f( const int i ) { }
```

这里要特别注意函数的声明与定义的差别。若在同一个程序中同时提供这两个函数定义将产生错误，因为 C++不允许将一个函数定义两次。另外若把 const 或 volatile 应用在指针或引用参数指向的类型上，则在判断函数声明是否相同时，就要考虑 const 和 volatile 修饰符了。

```
//声明了不同的函数
void f( int* );
void f( const int* );
```

```
//也声明了不同的函数
void f( int& );
void f( const int& );
```

在某些情况下利用默认实参可以把多个函数声明压缩在一个函数中，减少没有必要的重载，避免多个函数定义，例如有如下两个重载函数：

```
moveAbs(int,int);
moveAbs(int,int,char*);
```

当这两个函数的功能相似，仅仅需要通过第三个 char*型参数的有无来区分时，就可以在向函数参数进行传递时，找到一个 char*型默认实参，它可以表示实参不存在时的意义，则这两个函数就可以被合并了。

```
move( int, int, char* = 0 );
```

（7）using 声明对重载函数的影响。using 声明为一个名字空间的成员在该声明出现的域中提供了一个别名。通过 using 声明可以一次声明多个重载函数。

```
namespace libs_R_us
{      int max( int, int );
       int max( double, double );
       extern void print( int );
       extern void print( double );
}
//using 声明
using libs_R_us::max;
using libs_R_us::print( double );           //错误
void func()
{      max( 87, 65 );                        //调用 libs_R_us::max( int, int )
       max( 35.5, 76.6 );                    //调用 libs_R_us::max( double, double )
}
```

在上述程序段中，第一个 using 声明向全局域中引入了两个 libs_R_us::max()函数。可以在func()中调用这两个 max()函数，函数调用时的实参类型将决定哪个函数会被调用。第二个 using声明是个错误。用户不能在 using 声明中为一个函数指定参数表，对于 libs_R_us::pring()唯一有效的 using 声明是 using libs_R_us::print;。

当 using 声明向一个域中引入了一个函数而该域中已经存在一个同名的函数时，由于 using声明只是一个声明，由 using 声明引入的函数就好像在该声明出现的地方被声明一样，因此由using 声明引入的函数重载了在该声明所出现的域中同名函数的其他声明。

【例 7.4】使用 using 声明的函数重载示例。

程序代码如下：

```
//*****ex7_4.cpp*****
#include <string>
using namespace std;
namespace libs_R_us
{
       extern void print( int );
       extern void print( double );
}
extern void print( const string & );           //声明 print( const string & )函数
//如要声明 libs_R_us::print( int ) 和 libs_R_us::print( double )，可使用 using
```

```
        using libs_R_us::print;
        void fooBar( int ival )
        {
            print( "Value: " );                    //调用全局  print( const string & )
            print( ival );                         //调用  libs_R_us::print( int )
        }
```

using 声明向全局域中加入了两个声明：一个是 print(int)，另一个是 print(double)。 这些声明为名字空间 libs_R_us 中的函数提供了别名，这些声明被加入到 print()的重载函数集合中，就已经包含了全局函数 print(const string&)，当 fooBar()调用函数时所有的 print()函数都将被考虑。

特别需要注意的是，如果 using 声明向一个域中引入了一个函数，而该域中已经有同名函数，且具有相同的参数表，则该 using 声明就是错误的。例如，如果在全局域中已经存在一个名为 print(int)的函数，则 using 声明不能为名字空间 libs_R_us 中的函数声明别名 print(int)。

```
        namespace libs_R_us
        {
            void print( int );
            void print( double );
        }
        void print( int );
        using libs_R_us::print;              //错误：print(int)  的重复声明
        void fooBar( int ival )
        {    print( ival );                   //哪一个 print？是 ::print 还是 libs_R_us::print？
        }
```

7.1.2   运算符重载

运算符重载就是对已有的运算符赋予多重含义，也就是说运算符重载是用同一个运算符完成不同的运算操作。在 C++这类面向对象的程序设计语言中，运算符重载可以完成两个对象的复杂操作。

1. 运算符重载的概念

在 C++中，每个运算符实际上是一个函数。例如对于运算符+之所以既能实现实数相加，又能实现虚数相加，还能实现字符串连接，就是预先定义了一系列重载函数：

```
        double operator+(double,double);
        char operator+(char,char);
        Complex operator+(Complex &c);
```

分别用"＋"运算符完成两个实数、两个复数和两个字符串的相关运算。

这就是"＋"运算符的重载。而运算符重载是通过运算符重载函数来完成的。当编译器遇到重载运算符，如复数加法 x1+x2 中的加号运算符"＋"时，自动调用"＋"运算符的重载函数完成两个复数对象的加法操作。

运算符重载是非常重要的功能，该功能允许编写重新定义特定运算符的函数，从而使该运算符处理类对象时执行特定的动作。这样能够使用像+、-、*这样的标准 C++运算符，来处理自定义数据类型的对象。C++系统只预定了少数几个用于基本类型的运算函数。对于更多的类型，需要程序员自己去定义相应的运算符重载函数。运算符重载函数通常是类的成员函数或者是友元函数。

特别要注意的是运算符重载功能不允许使用新的运算符，也不允许改变运算符的优先级，因此运算符的重载版本在计算表达式的值时优先级与原来的基本运算符相同。

并不是所有运算符都能重载，但限制不是特别严格。不能重载的运算符有作用域解析运算符（::）、条件运算符（?:）、直接成员访问运算符（.）、sizeof 运算符、解除对指向类成员的指针的引用运算符（.*）。

2. 二元运算符重载函数为类的成员函数

运算符重载如果重载为类的成员函数，它就可以自由地访问本类的数据成员了。二元运算符重载函数为类的成员函数的一般定义格式为

　　　<类型> <类名>::<operator><重载运算符>(形参表)
　　　{ 函数体 }

其中，类型为运算符重载函数的返回类型。类名为成员函数所属类的类名。关键字 operator 加上"重载运算符"为重载函数名，即：重载函数名= operator 重载运算符。形参常为参加运算的对象或数据，形参有且仅有一个。

【例 7.5】 定义一个复数类，重载"="运算符，使该运算符能直接完成复数赋值运算。

程序代码如下：

```cpp
//*****ex7_5.cpp*****
#include<iostream>
using namespace std;
class    Complex
{
  private:
    float Real, Image;
  public:
    Complex(float r = 0, float i = 0)
    {
        Real = r; Image = i;
    }                              //默认构造函数
    void Show(int i)              //显示输出复数
    {
        cout << "c" << i << "=" << Real << "+" << Image << "i" << endl;
    }
    void operator=(Complex& c)        // "="运算符重载函数完成复数赋值操作
    {
        Real = c.Real;
        Image = c.Image;
    }
};
int main()
{
    Complex c1(-30, 45), c2;
    c1.Show(1);
    c2 = c1;
    c2.Show(2);
    return 0;
}
```

程序运行结果如下：

```
c1=-30+45i
c2=-30+45i
```

在本例中，定义了一个赋值运算符"="的重载函数：

```
void operator=(Complex &c)
{   Real=c.Real;
    Image=c.Image;
}
```

该重载函数的函数名为"operator =",返回类型为 void,形参为复数类对象的引用 Complex &c。当程序执行主函数中的赋值语句 c2=c1 而遇到赋值运算符"="时，自动调用赋值运算符"="重载函数"operator =()",并将"=" 运算符右边的操作数 c1 作为实参，左边操作数 c2 作为调用重载函数的对象，即：进行了一次 c2.operator=(c1) 的函数调用。在函数的调用过程中，实参 c1 传给形参 c,在函数体内完成了复数实部与虚部的赋值操作。

```
Real=c1.Real;
Image=c1.Image;
```

因为重载函数是复数对象 c2 的成员函数，所以上式中复数的实部 Real 与虚部 Image 为 c2 的实部 c2.Real 与虚部 c2.Image。因此，上式是将复数对象 c1 的实部与虚部赋给复数对象 c2 的实部与虚部，完成了两个复数的赋值工作。

【例 7.6】重载"+""-"运算符，使这两个运算符能直接完成复数的加、减运算。

程序代码如下：

```
//*****ex7_6.cpp*****
#include<iostream>
using namespace std;
class Complex
{
  private:
    float Real, Image;
  public:
    Complex(float r = 0, float i = 0)
    {
        Real = r; Image = i;
    }
    void Show(int i)                        //显示输出复数
    {
        cout << "c" << i << "=" << Real << "+" << Image << "i" << endl;
    }
    Complex operator+(Complex& c);          // "+" 运算符重载函数，复数加法
    Complex operator-(Complex& c);          // "-" 运算符重载函数，复数减法
    Complex operator+(float s);             // "+" 运算符重载函数，实部加实数
    void operator+=(Complex& c);            // "+=" 运算符重载，复数=复数+c
    void operator=(const Complex& c);       // "=" 运算符重载函数，复数赋值
};
Complex Complex::operator+(Complex& c)
{
    Complex t;
    t.Real = Real + c.Real;
    t.Image = Image + c.Image;
```

```
        return t;
    }
    Complex Complex::operator-(Complex &c)
    {
        Complex t;
        t.Real = Real - c.Real;
        t.Image = Image - c.Image;
        return t;
    }
    Complex Complex::operator+(float s)
    {
        Complex t;
        t.Real = Real + s;
        t.Image = Image;
        return t;
    }
    void Complex::operator+=(Complex &c)
    {
        Real = Real + c.Real;
        Image = Image + c.Image;
    }

    void Complex::operator=(const Complex &c)
    {
        Real = c.Real;
        Image = c.Image;
    }

    int main()
    {
        Complex c1(15, 34), c2(30, 57), c3, c4;
        c1.Show(1);
        c2.Show(2);
        c3 = c1;
        c3 = c1 + c2;                //c3=(15+34i)+(30+57i)=45+81i
        c3.Show(3);
        c4 = c1 - c2;                //c4=(15+34i)+(30+57i)=-15-23i
        c4.Show(4);
        c2 += c1;                    //c2=c2+c1=(15+34i)+(30+57i)=45+81i
        c2.Show(2);
        c1 = c1 + 150;               //c1=(15+34)+150=165+34i
        c1.Show(1);
        return 0;
    }
```
程序运行结果如下：
```
    c1=15+34i
    c2=30+57i
    c3=45+81i
    c4=-15-23i
    c2=45+81i
    c1=165+34i
```

在本例中重载了运算符"+""-""+=""="，可以实现复数的加法、减法、赋值等操作。从主函数中可以看出，经重载后运算符的使用方法与普通运算符一样方便，但实际执行过程中却是完全不同的。如复数 c1 加 c2 赋给 c3 的加法运算：c3=c1+c2 与普通实数加法形式上完全相同，执行时按复数的运算规则即实部与虚部分别相加得到。本例中实现复数加法运算是通过调用加法运算符重载函数来完成的，而对加法运算符重载函数的调用是由系统自动完成的。如主函数中表达式 c3=c1+c2;，编译器先将 c1+c2 解释为对"+"运算符重载函数 c1.operator+(c2) 的调用。再将该表达式解释为对"="运算符重载函数 c4.operator=(c1.operator+(c2)) 的调用。由 c1.operator+(c2)成员函数求出复数 c1+c2 的值 t，并返回一个计算结果 t，然后再由成员函数 c3.operator=(t)完成复数 c3=t 的赋值运算，将运算结果赋给 c3。

对于运算符重载，必须说明以下几点：

（1）运算符重载函数名必须为：operator <运算符>。

（2）运算符的重载是通过调用运算符重载函数实现的，调用函数时，左操作数为调用重载函数的对象，右操作数作为函数的实参，实参可以是对象、实数等其他类型。

（3）形参说明。若重载函数为成员函数，则参加二元运算的左操作数为调用重载函数的对象。因此，重载函数为成员函数的参数，通常为一个，即右操作数。如在例 7.6 中，二元加法运算 c1+c2 被解释为对重载成员函数 c1.operator+(c2)的调用，此时重载函数只有一个参数。

（4）运算符重载函数的返回类型。若两个同类对象进行二元运算后的结果类型仍为原类型，则运算符重载函数的返回类型应为原类型。如在例 7.6 中，由于两个复数运算的结果仍为复数，因此上述运算符重载函数的返回类型均为复数类型 Complex。

3. 二元运算符重载函数为友元函数

二元运算符重载函数为友元函数的一般定义格式为

```
<类型> <operator><重载运算符>(形参1，形参2)
{ 函数体 }
friend <类型> <operator><重载运算符>(形参1，形参2)
{ 函数体 }
```

其中，类型为运算符重载函数的返回类型。"operator 重载运算符"为重载函数名。形参 1 与形参 2 常为参加运算的两个对象的引用。

对于形参，当重载函数为友元普通函数时，该重载函数不能用对象调用，因此参加运算的两个对象必须以形参方式传送到重载函数体内，所以运算符重载函数为友元函数时，形参通常为两个参加运算的对象。

【例 7.7】用友元运算符重载函数实现复数的加、减运算。

程序代码如下：

```
//*****ex7_7.cpp*****
#include<iostream>
using namespace std;
class    Complex
{
    private:
        float Real, Image;
    public:
        Complex(float r = 0, float i = 0)
```

```
        {
            Real = r; Image = i;
        }
        void Show(int i)
        {
            cout << "c" << i << "=" << Real << "+" << Image << "i" << endl;
        }
        friend Complex operator+(Complex &, Complex &);
        // "+" 重载函数为友元函数
        friend Complex operator-(Complex &, Complex &);
        // "-" 重载函数为友元函数
        friend Complex operator+(Complex &, float);
};
Complex operator+(Complex & c1, Complex &c2)
{
        Complex t;
        t.Real = c1.Real + c2.Real;
        t.Image = c1.Image + c2.Image;
        return t;
}
Complex operator-(Complex &c1, Complex &c2)
{
        Complex t;
        t.Real = c1.Real - c2.Real;
        t.Image = c1.Image - c2.Image;
        return t;
}
Complex operator+(Complex &c, float s)
{
        Complex t;
        t.Real = c.Real + s;
        t.Image = c.Image;
        return t;
}
int main()
{
        Complex c1(15, 34), c2(30, 57), c3, c4;
        c1.Show(1);
        c2.Show(2);
        c3 = c1 + c2;                 //c3=(15+34i)+(30+57i)=45+81i
        c3.Show(3);
        c4 = c1 - c2;                 //c4=(15+34i)+(30+57i)=-15-23i
        c4.Show(4);
        c1 = c1 + 150;               //c1=(15+34)+150=165+34i
        c1.Show(1);
        return 0;
}
```

程序运行结果如下：

```
    c1=15+34i
    c2=30+57i
```

```
c3=45+81i
c4=-15-23i
c1=165+34i
```

在本例中，"+"与"-"运算符的重载函数均为普通函数，并在复数类中说明成复数类的友元函数。因此在三个运算符重载函数中可以使用复数类对象的私有数据成员，即复数的实部与虚部参加相应的算术运算。

从主函数可以看出，用成员函数与友元函数为运算符重载函数，就运算符的使用来讲是一样的，但编译器处理方法是不同的，例如对表达式 c3=c1+c2;的处理是，先将 c1+c2 变换为对友元函数的调用 operator+(c1,c2)；再将函数返回结果即两复数的和 t 赋给复数 c3，因此表达式 c3=c1+c2; 实际执行了 c3= operator+(c1,c2) 的函数调用及赋值工作。

友元函数与成员函数作为二元运算符重载函数的一个重要区别如下：

1）当重载函数为成员函数时，二元运算符的左操作数为调用重载函数的对象，右操作数为实参。

2）当重载函数为友元函数时，二元运算符的左操作数为调用重载函数的第一个实参，右操作数为第二个实参。

4. 一元运算符重载函数为类的成员函数

一元运算符重载函数为类的成员函数的一般格式为

```
<类型> <类名>::<operator><一元运算符>(形参)
   {  函数体  }
```

在 C++中，常见的一元运算符有自增"++"、自减"--"等，这两个运算符既可前置，又可后置，两者在重载时稍有差异。以"++"为例。

（1）"++"为前置运算符

"++"为前置运算符时，函数格式为

```
<类型> <类名>::operator++()
   {  函数体  }
```

（2）"++"为后置运算符

"++"为后置运算符时，函数格式为

```
<类型> <类名>::operator++(int)
   {  函数体  }
```

由于是用运算符重载函数来实现"++"运算的，因此这里的"++"是广义上的增量运算符。在后置运算符重载函数中，形参 int 仅用作区分前置还是后置，并无实际意义，可以给一个变量名，也可不给出变量名。

【例7.8】定义一个描述时间计数器的类，其三个数据成员分别用于存放时、分和秒。用成员函数重载"++"运算符，实现计数器对象的加 1 运算。

程序代码如下：

```
//*****ex7_8.cpp*****
#include <iostream>
using namespace std;
class TCount
{
  private:
    int Hour, Minute, Second;
```

```
public:
    TCount(int h = 0, int m = 0, int s = 0)        //定义默认值为 0 的构造函数
    {
        Hour = h; Minute = m; Second = s;
    }
    TCount operator++();                            //定义"前置++"运算符重载成员函数
    TCount operator++(int);                         //定义"后置++"运算符重载成员函数
    void Show(int i)                                //定义显示时:分:秒的成员函数
    {
        cout << "t" << i << "=" << Hour << ":" << Minute << ":" << Second << endl;
    }
};
TCount TCount::operator++()
{
    Second++;
    if (Second == 60)
    {
        Second = 0;
        Minute++;
        if (Minute == 60)
        {
            Minute = 0;
            Hour++;
            if (Hour == 24) Hour = 0;
        }
    }
    return *this;
}
TCount TCount::operator++(int)
{
    TCount temp = *this;
    Second++;
    if (Second == 60)
    {
        Second = 0;
        Minute++;
        if (Minute == 60)
        {
            Minute = 0;
            Hour++;
            if (Hour == 24) Hour = 0;
        }
    }
    return temp;
}
int main()
```

```
    {
        TCount   t1(10, 25, 50), t2, t3;        //定义时间计数器对象 t1=10:25:50
        t1.Show(1);
        t2 = ++t1;                              //先加后用，即：先将 t1 自加，然后将 t1 赋给 t2
        t1.Show(1);
        t2.Show(2);
        t3 = t1++;                              //先用后加，即：先将 t1 赋给 t3，然后将 t1 自加
        t1.Show(1);
        t3.Show(3);
        return 0;
    }
```

程序运行结果如下：

```
    t1=10:25:50
    t1=10:25:51
    t2=10:25:51
    t1=10:25:52
    t3=10:25:51
```

说明：

（1）TCount 为描述时间计数器的类，其数据成员 Hour、Minute、Second 分别代表时、分、秒。在主函数中定义时间计数器对象 t1、t2、t3，t1 的初始值为 10 时 25 分 50 秒。

（2）对象的自加操作"++"，是对时间计数器的秒加 1 运算。当秒计满 60 后，将其清 0 并对分加 1。当分计满 60 后，将其清 0 并对时加 1。当时计满 24 后，将其清 0。

（3）"前置++"运算符重载成员函数的说明。在主函数中执行 t2=++t1 语句时，先将 t1 自加，然后将 t1 赋给 t2。该语句操作是通过调用"前置++"运算符重载成员函数来实现的。在执行 t2=++t1 语句时，编译系统将 t2=++t1 解释为对重载函数的调用：

        t2=t1.operator++();

由于重载函数为对象 t1 成员函数，因此函数体对 Hour、Minute、Second 的自加操作就是对 t1 的数据成员 Hour、Minute、Second 的自加操作，因而可完成对计数器对象 t1 的加 1 操作。

为了实现前置"++"运算，应将加 1 后的对象值 t1 作为返回值，即用 return t1 语句返回当前对象 t1 值。但在重载函数体内并不能直接使用对象 t1，因而无法使用 return t1 语句。这时必须使用指向当前对象 t1 的指针 this。由于*this=t1，因此用 return *this 语句可将自加后的 t1 值返回给调用函数，并赋给对象 t2。由于将对象值 t1 值作为函数返回值，因此重载函数的类型应与 t1 的类型相同，为 TCount 类型。

（4）"后置++"运算符重载成员函数的说明。在主函数中执行 t3=t1++语句时，先将 t1 赋给 t3，然后将 t1 自加。该语句操作是通过调用"后置++"运算符重载成员函数来实现的。在执行 t3=t1++语句时，编译系统将 t3=t1++解释为对重载函数的调用：

        t3=t1.operator++(1);

为了实现后置"++"运算，应将加 1 前的对象值 t1 作为返回值，这时应使用指向当前对象 t1 的指针 this。在后置重载函数中先用 TCount 类定义一个临时对象 temp，并将 t1 值（即*this 值）赋给 temp，在函数最后用 return temp 语句将加 1 前的 t1 值返回给函数，并赋给对象 t2。

（5）用成员函数实现一元运算符的重载时，运算符的左操作数或右操作数为调用重载函

数的对象。因为要用到隐含的 this 指针，所以运算符重载函数不能定义为静态成员函数，因为静态成员函数中没有 this 指针。

5. 一元运算符重载函数为友元函数

重载一元运算符友元函数的一般格式为

```
<类型> <operator><一元运算符>(类名 &对象)
    { 函数体 }
```

对于"++""－－"运算符同样存在前置运算与后置运算的问题，因此，运算符重载函数必须分为两类。以"++"运算符为例，用友元函数来实现"++"运算符的重载时：

前置"++"运算符重载的一般格式为

```
<类型> operator++(类名 &)
    { 函数体 }
```

后置"++"运算符重载的一般格式为

```
<类型> operator++(类名 &,int)
    { 函数体 }
```

其中形参为要实现"++"运算的对象，int 只是用于区分是前置还是后置运算符，并无整型数的含义。

【例 7.9】用一个类来描述时间计数器，用三个数据成员分别存放时、分和秒。用友元函数重载"++"运算符，实现计数器对象的加 1 运算符。

程序代码如下：

```cpp
//*****ex7_9.cpp*****
#include <iostream>
using namespace std;
class TCount
{
    private:
        int Hour, Minute, Second;
    public:
        TCount()
        {
            Hour = Minute = Second = 0;
        }
        TCount(int h, int m, int s)
        {
            Hour = h; Minute = m; Second = s;
        }
        //定义前置++运算符重载友元函数
        friend TCount operator++(TCount& t);
        //定义后置++运算符重载友元函数
        friend TCount operator++(TCount& t, int);
        void Show(int i)
        {
            cout<< "t" << i << "=" << Hour << ":" << Minute << ":" << Second << endl;
        }
};
TCount operator++(TCount& t)
```

```
        {
            t.Second++;
            if (t.Second == 60)
            {
                t.Second = 0;
                t.Minute++;
                if (t.Minute == 60)
                {
                    t.Minute = 0;
                    t.Hour++;
                    if (t.Hour == 24) t.Hour = 0;
                }
            }
            return t;
        }
        TCount operator++(TCount& t, int)
        {
            TCount temp = t;
            t.Second++;
            if (t.Second == 60)
            {
                t.Second = 0;
                t.Minute++;
                if (t.Minute == 60)
                {
                    t.Minute = 0;
                    t.Hour++;
                    if (t.Hour == 24) t.Hour = 0;
                }
            }
            return temp;
        }
        int main()
        {
            TCount   t1(10, 25, 50), t2, t3;      //t1=10:25:50
            t1.Show(1);
            t2 = ++t1;                            //先加后用
            t1.Show(1);
            t2.Show(2);
            t3 = t1++;                            //先用后加
            t1.Show(1);
            t3.Show(3);
            return 0;
        }
```

程序运行结果如下：

```
    t1=10:25:50
    t1=10:25:51
    t2=10:25:51
    t1=10:25:52
    t3=10:25:51
```

在本例中：

（1）对"前置++"运算符重载友元函数的说明。在主函数中 t2=++t1 语句的含义是：先将 t1 自加，然后将自加后的 t1 值赋给 t2。该语句操作是通过调用"前置++"运算符重载友元函数来实现的。在执行 t2=++t1 语句时，编译系统将 t2=++t1 解释为对重载函数的调用：

　　　　t2=operator++(t1);

为了实现对 t1 的自加操作，重载函数的形参 t 必须与实参 t1 占用同一内存空间，使对形参 t 的自加操作变为对实参 t1 的自加操作。为此，形参 t 必须定义为时间计数器类 TCount 的引用，即：TCount & t。此外，为了能将 t 自加的结果通过函数值返回给 t2，重载函数的返回类型必须与形参 t 相同，即为时间计数器类 TCount 的引用。故"前置++"运算符重载友元函数定义为

```
TCount & operator++(TCount &t)        //函数返回类型与形参 t 相同，均为 TCount &
{    t.Second++;
     …
     return t;
}
```

当系统自动调用"前置++"运算符重载友元函数时，对形参 t 与实参 t1 自加后，用 return t 语句将自加的结果通过函数返回并赋给 t2，从而实现对 t1 先加后赋值给 t2 的操作。

（2）对"后置++"运算符重载友元函数的说明。在主函数中 t3=t1++语句的含义是：先将 t1 当前值赋给 t3，然后再对 t1 自加。该语句操作是通过调用"后置++"运算符重载友元函数来实现的。在执行 t3=t1++语句时，编译系统将 t3=t1++解释为对重载函数的调用：

　　　　t3=operator++(t1,1);

为了实现对 t1 的自加操作，重载函数的形参 t 必须与实参 t1 占用同一内存空间，使对形参 t 的自加操作变为对实参 t1 的自加操作。为此，形参 t 必须定义为时间计数器类 TCount 的引用，即：TCount & t。此外，为了能将 t 自加前的结果通过函数值返回给 t3，在重载函数内第一条语句定义了 TCount 类的临时对象 temp，并将自加前 t 值赋给 temp，在函数的最后用 return temp 语句返回自加前的 t 值。重载函数的返回类型必须与对象 temp 相同，即为 TCount 类型。故"后置++"运算符重载友元函数定义为

```
TCount operator++(TCount &t,int)       //函数返回类型与 temp 相同，为 TCount 类型
{
     TCount temp=t;
     t.Second++;
     …
     return temp;
}
```

当系统自动调用"后置++"运算符重载友元函数时，对形参 t 与实参 t1 自加后，用 return temp 语句将自加前的结果通过函数返回并赋给 t3，从而实现先将 t1 赋给 t3 后将 t1 自加的操作。

6. 转换函数

有时需要将类类型数据转换成另一种数据类型，如将人民币类中的元、角、分转换成以分为单位的实数。为此，C++提供了相应的类型转换函数，这种类型转换函数必须由用户在类中定义为成员函数，其一般格式为

<类名>:operator<转换后数据类型>()
{ 函数体 }

该转换函数的函数名为 "operator <转换后数据类型>"，且无参数，其返回类型为<转换后数据类型>，转换函数的作用是将对象内的数据成员转换成 "转换后数据类型"。

【例7.10】定义一个时间计数器类 TCount，类中数据成员为时、分、秒。编写类型转换函数，将时、分、秒变成一个以秒为单位的等价实数。

程序代码如下：

```cpp
//*****ex7_10.cpp*****
#include <iostream>
using namespace std;
class TCount
{
private:
    int Hour, Minute, Second;
public:
    TCount(int h = 0, int m = 0, int s = 0)
    {
        Hour = h; Minute = m; Second = s;
    }
    operator float()          //将时、分、秒转换为以秒为单位的实数
    {
        float second;
        second = Hour * 3600 + Minute * 60 + Second;
        return second;
    }
};
int main()
{
    TCount t(1, 20, 5);
    float s1, s2, s3;
    s1 = t;              //表达式 s1=t 由编译器将其转换为对转换函数的调用
                         //即：s1=t.operator float();
                         //通过调用转换函数将对象 t 中的数据成员转换为实数后赋给 s1
                         //即：s1=Hour*3600+Minute*60+Second=1*3600+20*60+5=4805
    s2 = float(t);       //由编译器将其变换为对转换函数的调用
                         //即：s2=t.operator float ();
    s3 = (float)t;       //这行中表达式也调用了转换函数，即：s3==t.operator float ();
                         //在上面三行语句中虽然转换方式不同，但都调用转换函数
                         //operator float()完成时间计数器类到实数的数据转换工作
    cout << "s1=" << s1 << '\n' << "s2=" << s2 << '\n' << "s3=" << s3 << endl;
    return 0;
}
```

程序运行结果如下：
```
s1=4805
s2=4805
s3=4805
```

7. 赋值运算符重载

在相同类型的对象之间是可以直接赋值的，在前面的程序例子中已多次使用。但当对象

的成员中使用了动态数据类型时，就不能直接相互赋值了，否则在程序执行期间会出现错误。

【例 7.11】对象间直接赋值导致程序执行错误的示例。

程序代码如下：

```cpp
//*****ex7_11.cpp*****
#include <iostream>
#include <string>
using namespace std;
class String
{
  private:
    char* ps;
  public:
    String()
    {
        ps = 0;
    }
    String(const char *s)
    {
        ps = new char[strlen(s) + 1];
        strcpy_s(ps, strlen(s)+1,s);
    }
    ~String()
    {
        if (ps)
            delete[] ps;
    }
    char* GetS()
    {
        return ps;
    }
};
int main()
{
    String s1("China!"), s2("Computer!");
    cout << "s1=" << s1.GetS() << '\t';
    cout << "s2=" << s2.GetS() << '\n';
    s1 = s2;
    cout << "s1=" << s1.GetS() << '\t';
    cout << "s2=" << s2.GetS() << '\n';
    char c;
    cin >> c;
    return 0;
}
```

程序运行结果如下：

```
s1=China!        s2=Computer!
s1=Computer!     s2=Computer!
```

程序执行到 cin>>c 语句输入任意字符（如 a）时发生错误，这是因为执行 s1=s2 后，使 s1、s2 中的 ps 均指向字符串"Computer!"，当系统撤销 s1 时调用析构函数回收了 ps 所指的字符串存储空间，当撤销 s2 调用析构函数时，已无空间可回收，出现错误。

解决上述错误的方法是用重载运算符"="。在本例的类 String 中应增加如下的赋值运算符重载函数：

```
String & operator=(String& b)
    {
        if (ps) delete[] ps;
        if (b.ps)
        {
            ps = new char[strlen(b.ps) + 1];
            strcpy_s(ps,strlen(b.ps)+1,b.ps);
        }
        else
            ps = 0;
        return *this;
    }
```

8．字符串运算符重载

C++系统提供的字符串处理能力比较弱，字符串复制、连接、比较等操作不能直接通过"="
"+"">"等运算操作符完成，而必须通过字符处理函数来完成。例如，有字符串 s1="ABC",
s2="DEF"，要完成 s=s1+s2="ABCDEF"的工作，则需要调用字符串处理函数 strcpy_s(s,m,s1)
与 strcat_s(s,m,s2)才能完成两个字符串的拼接工作。但通过 C++提供的运算符重载机制，可以
提供对字符串直接操作的能力，使得对字符串的操作与对一般数据的操作一样方便。如字符串
s1 与 s2 拼接成字符串 s 的工作，用"+"与"="运算符组成的表达式 s=s1+s2 即可完成。下
面通过例题说明字符串运算符重载函数的编写方法，及重载后字符串运算符的使用方法。

注意：strcpy_s(s,m,s1)与 strcat_s(s,m,s1)的第一个参数是目标字符串指针；第二个参数是
字符串长度，可由 strlen()函数直接求取，当使用 strlen()函数求串长时勿忘+1；第三个参数是
源字符串指针。

【例7.12】编写字符串运算符"=""+"">"的重载函数，使运算符"=""+"">"分别
用于字符串的赋值、连接、比较运算，实现字符串直接操作运算。

分析：对于字符串可用指向字符串的指针 Sp 及字符串长度 Length 来描述。因此描述字符
串类的数据成员为字符指针 Sp 及其长度 Length。设计默认构造函数、拷贝构造函数及初始化
构造函数。再设计"=""+"">"运算符重载函数，分别完成字符串赋值、连接、比较运算。
在主函数中先定义字符串对象，并调用构造函数完成初始化工作。然后使用"=""+"">"运
算符，直接完成字符串的赋值、连接、比较运算。

程序代码如下：

```cpp
//*****ex7_12.cpp*****
#include <iostream>
#include <string>
using namespace std;
class String                              //定义字符串类
{
  protected:
    unsigned int Length;
    char *Sp;
  public:
```

```
        String()                          //定义默认的构造函数
        {
            Sp = 0;
        }
        String(const String &);           //定义拷贝构造函数
        String(const char *s)             //定义初始化构造函数
        {
            Length = strlen(s);
            Sp = new char[Length + 1];
            strcpy_s(Sp, Length + 1, s);
        }
        ~String()                         //定义析构函数
        {
            if (Sp)
                delete[] Sp;
        }
        void Show()                       //定义显示字符串函数
        {
            cout << Sp << endl;
        }
        String& operator=(const String &s)    //定义字符串赋值成员函数
        {
            if (Sp)
                delete[]Sp;
            if (s.Sp)
            {
                Length = strlen(s.Sp);
                Sp = new char[Length + 1];
                strcpy_s(Sp, Length + 1, s.Sp);
            }
            else
                Sp = 0;
            return *this;
        }
    friend String operator+(const String&, const String&);
    //定义字符串拼接友元函数
    int operator>(const String &);        //定义字符串比较成员函数
};
String::String(const String &s)
{
    if (s.Sp)
    {
        Length = strlen(s.Sp);
        Sp = new char[Length + 1];
        strcpy_s(Sp, Length + 1, s.Sp);
    }
    else
        Sp = 0;
}
String operator+(const String &s1, const String &s2)
```

```
        {
            String t;
            t.Length =s1.Length + s2.Length;
            t.Sp = new char[t.Length + 1];
            strcpy_s(t.Sp, s1.Length + 1, s1.Sp);
            strcat_s(t.Sp, t.Length + 1, s2.Sp);
            return t;
        }
        int String::operator>(const String &s)
        {
            if (strcmp(Sp, s.Sp) > 0)
                return 1;
            else
                return 0;
        }
        int main()
        {
            String s1("software"), s2("hardware"), s3("design");
            String s4(s1), s5, s6, s7;
            s5 = s2;
            s6 = s4 + s3;
            s7 = s5 + s3;
            s6.Show();
            s7.Show();
            if (s4 > s5)
                s4.Show();
            else
                s5.Show();
            return 0;
        }
```

程序运行结果如下：

```
    software    design
    hardware    design
    software
```

说明：

（1）定义初始化构造函数

```
    String(const char *s)
    {
        Length = strlen(s);
        Sp = new char[Length + 1];
        strcpy_s(Sp, Length + 1, s);
    }
```

其中，形参为字符串指针变量 s，为了防止在构造函数内修改实参字符串的值，特在形参类型前加关键词 const，表示在构造函数内 s 所指字符串是不能修改的。初始化构造函数时，先用字符串函数 strlen 求出字符串 s 的长度，并赋给 Length。然后用 new 运算符动态建立字符数组，将字符数组首地址赋给字符串指针 Sp，最后用字符串拷贝函数 strcpy_s 将字符串 s 拷贝到 Sp 所指字符串中。完成 String 类对象数据成员 Length 与 Sp 的初始化工作。

（2）字符串赋值"="运算符重载成员函数

```
String &operator=(const String &s)
{
    if (Sp)
        delete[]Sp;
    if (s.Sp)
    {
        Length = strlen(s.Sp);
        Sp = new char[Length + 1];
        strcpy_s(Sp, Length + 1, s.Sp);
    }
    else
        Sp = 0;
    return  *this;
}
```

中，形参为 String 类的引用 s。在函数体内先删除当前字符串内容。然后将形参字符串长度赋给当前对象的字符串长度 Length。将形参字符串内容赋给当前对象。

（3）因为字符串"+"运算符重载函数为友元函数，参加运算的两个字符串必须以形参方式输入函数体内，所以重载函数的形参为两个 String 类型的对象的引用。函数体内先定义一个 String 类型的临时对象 t，用于存放两个字符串拼接的结果。再将两个字符串的长度之和赋给 t 的长度 t.Length，用 new 运算符动态分配长度为 t.Length+1 的内存空间，并将其地址赋给 t.Sp。再用 strcpy_s(t.Sp, s1.Length + 1, s1.Sp)函数将 s1 拷贝到 t，用 strcat_s(t.Sp, t.Length + 1, s2.Sp)将 s2 拼接到 t 中，完成 t=s1+s2 的字符串拼接工作，最后将 t 返回给调用对象。由于函数返回值为对象 t，因此，重载函数的返回类型为 String。

（4）在主函数中。字符串赋值运算语句 s5=s2;被编译器解释为对"="运算符重载函数的调用（s5.opreator=(s2);）；字符串拼接运算语句 s6=s4+s3;被编译器解释为对"+"与"="运算符重载函数的调用（s6.opreator=(opreator+(s4,s3));）；字符串比较运算语句 s4>s5;被编译器解释为对">"运算符重载函数的调用（s4.opreator>(s5);）。

7.2 模板

当一个程序的功能是对某种特定的数据类型进行处理时，则可以将所处理的数据类型说明为参数，便于在其他数据类型的情况下使用。模板就是以一种完全通用的方法来设计函数或类而不必预先说明将被使用的每个对象的类型。

模板分为函数模板（function template）和类模板（class template）。因此可以使用一个带多种不同数据类型的函数和类，不必记忆针对不同数据类型的各种具体版本。

模板功能应用的典型是通过一系列模板类形成的类库，特别是 STL 和 ATL。标准 C++库（STL）提供了很多可重用和灵活的类及算法，而 ATL 则是使用 C++进行 COM 编程的事实标准。

7.2.1 函数模板

函数模板是 C++中的高级概念。C++提供的函数模板可以定义一个任何类型变量进行操作的函数，从而大大提高函数设计的通用性。作为强类型语言，C++很多时候往往制约了一些较强语言功能的发挥，比如在 Perl/PHP 等脚本语言中，类型的模糊为实现普遍的算法提供了较好支持，同样的算法可以施加在各种不同数据类型上，并将这些差别交给解释器完成，无疑给用户提供了很大的方便。在 C 中一般只能通过使用宏达到类似的效果，但显然这不是个安全和稳妥的方法。C++通过为各种类型编写函数（比如用重载函数）达到目的，其实对于 C++来说，更好的方法便是使用函数模板。

1. 函数模板的定义

函数模板的定义为

```
template   类型参数表
返回类型   函数名(形参表)
{
     …              //函数定义体
}
```

其中，类型参数（template type parameter）代表了一种类型；也可以是模板非类型参数（template nontype parameter），代表一个常量表达式。

类型形参由 class 或 typename 后加一个标识符构成，在函数模板参数表中这两个关键字的意义相同，它们表示后面的参数名代表一个潜在的内置或用户定义的类型，模板参数名由程序员选择。如果类型形参多于一个，则每个形参都要使用关键字 class 或 typename，且形参之间用逗号隔开。

【例 7.13】函数模板的说明。

程序代码如下：

```
//*****ex7_13.cpp*****
template <class Glorp>
Glorp min(Glorp a, Glorp b)
{
     return a<b?a:b;
}
```

template nontype parameter 在模板实例化期间是常量，如同非模板函数一样，函数模板也可以被声明为 inline 或 extern，这时应该把指示符 inline 或 extern 放在模板参数表后面而不是在关键字 template 前面，如：

```
template <class Glorp>
inline   Glorp min(Glorp a, Glorp b)
{
     return a<b?a:b;
}
```

对函数模板的说明和定义必须是全局作用域，函数模板不能说明为类的成员函数。

特别注意的是函数模板定义的不是一个实实在在的函数，编译系统不为其产生任何代码。该定义只是对函数的描述，表示它每次能单独处理在类型形式参数表中说明的数据类型。

2. 函数模板的实例化

通过函数模板创建模板函数的过程称为函数模板实例化。函数模板只是说明，不能直接执行，需要实例化为模板函数后才能执行。当编译系统发现一个函数调用时，将根据实参表中的类型生成一个重载函数即模板函数。如有以下函数调用语句：

```
min(6,7);
```

由于 6、7 均为 int，故将例 7.13 实例化为以下真正的函数。

```
int min(int a,int b)
{   return a<b?a:b;   }
```

【例 7.14】 函数模板的实例化。

程序代码如下：

```
//*****ex7_14.cpp*****
#include <iostream>
using namespace std;
template <class A>
A fab(A x)
{
    return x >= 0 ? x : -x;
}
int main()
{
    int i = 5;
    double y = -5.4;
    cout << "整数的绝对值" << fab(i) << endl;
    cout << "实数的绝对值" << fab(y) << endl;
    return 0;
}
```

程序运行结果如下：

```
整数的绝对值 5
实数的绝对值 5.4
```

在本例中，主函数 main() 分别以整数、双精度数调用 fab() 函数。由于 fab() 设计成函数模板，故只需说明一次。当执行 fab(i) 时，创建了 fab() 函数模板的实例。生成模板函数中变量类型为 int，int 代替了占位符 A。同样，当执行 fab(y) 时，创建了 fab() 函数模板的第二个实例。生成模板函数中变量类型为 double，double 代替了占位符 A。

模板函数有一个特点，模板参数可以实例化各种数据类型，采用模板参数的各参数之间必须保持完全一致的类型。模板类型不具有隐式的类型转换。

7.2.2　类模板

类似于函数模板，模板也可以应用于类。可以用相同的类模板组建任何类型的对象集合。类模板可以用于根据普通模式提供一系列类。

1. 类模板的定义

类模板的定义格式为

```
template   类型形参表
class   类名
{
    …                      //类说明体
}
template   类型形参表
返回类型   类名   类型名表::成员函数 1(形参表)
{
```

```
            …                //成员函数定义体
        }
        template    类型形参表
        返回类型   类名    类型名表::成员函数 2 (形参表)
        {
            …                //成员函数定义体
        }
        …
        template    类型形参表
        返回类型   类名    类型名表::成员函数 n (形参表)
        {
            …                //成员函数定义体
        }
```

其中类型形参与函数模板中的意义一样，在其后的成员函数定义中，类型名表是类型形参的使用，即类型名表来自类型形参表。

类模板本身不是类，而只是某种编译器用来生成类代码的类的"配方"。

【例 7.15】设计一套完整的算术运算来补充 add 函数。

分析：要想设计一套完整的算术运算，可以考虑使用一个类。通过类模板，它就可以根据类型参数化为一个普通类。

程序代码如下：

```cpp
//*****ex7_15.cpp*****
template<class T>
class CCalculator
{   public:
        CCalculator(const T &x, const T &y) : m_x(x), m_y(y)
        { }
        ~CCalculator(void)
        { }
        const T add(void)
        {   return m_x + m_y;   }
        const T sub(void)
        {   return m_x - m_y;   }
        const T mult(void)
        {   return m_x * m_y;   }
        const T div(void)
        {   return m_x / m_y;   }
    private:
        const T m_x;
        const T m_y;
    };
```

2. 类模板的实例化

与函数模板一样，类模板不能直接使用，必须实例化为相应的模板类，定义该模板类的对象后才能使用。要实例化类模板，需要提供一个指定类型。创建类模板的实例的一般格式为

```
        类名   <类型实参表   对象表>;
```

其中，类型实参表应与该模板中的类型形参表匹配。类型实参表示模板类（templete class），

对象是定义该模板类的一个对象。

对于例 7.15 类模板 CCalculator 的实例化为

```
CCalculator<int> calc(5, 2);          //创建一个整数计算对象
const int z = calc.mult();            //结果应该为 10
```

如函数模板一样，编译器为模板不同类型的引用创建不同的类。这为代码重用提供了一个强大的机制，允许单个模板用于任何兼容的数据类型。

7.3　应用实例

重载是通一个函数名或运算符可以对应多个实现，利用重载功能可以将相近功能用同一个函数名或运算符表达；模板是参数化的类型，利用模板功能可以构造相关的函数或类的系列。C++的重载和模板的功能不仅仅提高了程序设计效率，而且对提高程序可靠性非常有益。

【例 7.16】分析下述程序，体会函数的重载。

程序代码如下：

```cpp
//*****ex7_16.cpp*****
#include <iostream>
#include <cstdlib>
using namespace std;
void func(int);
void func(int, int);
void func(int, double);
void func(double, int);
void func(double, double);
int main()
{
    func(4, 2);
    func(4, 2.0);
    func(2.0, 4);
    func(4.0, 2.0);
    func(3);
    /*system("pause");*/
    return 0;
}
void func(int x)
{
    cout << x << "*" << x << "*" << x << "=" << x * x * x << endl;
}
void func(int x, int y)
{
    cout << x << "+" << y << "=" << x + y << endl;
}
void func(int x, double y)
{
    cout << x << "-" << y << "=" << x - y << endl;
```

```
    }
    void func(double x, int y)
    {
        cout << x << "*" << y << "=" << x * y << endl;
    }
    void func(double x, double y)
    {
        cout << x << "/" << y << "=" << x / y << endl;
    }
```

程序运行结果如下：

```
    4+2=6
    4-2=2
    4*2=8
    4/2=2
    3 * 3 * 3 = 27
```

本例中定义了 5 个同名重载函数 func()，分别实现不同的功能。

```
    void func(int);                   //只有一个整型参数，该函数的功能是求一个数的立方
    void func(int, int);              //有两个参数，均为整型，该函数的功能是求两个整数的和
    void func(int, double);           //有两个参数，该函数的功能是求整数和双精度实数的差
    void func(double, int);           //有两个参数，该函数的功能是求双精度实数和整数的积
    void func(double, double);        //有两个参数，该函数的功能是求两个双精度实数的商
```

【例 7.17】重载求和的函数，分别求两个整数、两个实数和两个双精度实数的和。
程序代码如下：

```
//*****ex7_17.cpp*****
#include <iostream>
using namespace std;
int add(int x, int y)              //求两个整数和的函数 add()
{
    int z; z = x + y; return z;
}
float add(float x, float y)        //求两个实数和的函数 add()
{
    float z; z = x + y; return z;
}
double add(double x, double y)     //求两个双精度数和的函数 add()
{
    double z; z = x + y; return z;
}
int main(void)
{
    int a, b;
    float m, n;
    double u, v;
    cout << "input 2 integers:";
    cin >> a >> b;
    cout << a << "+" << b << "=" << add(a, b) << endl;
```

```
            //实参为整数，调用第一个 add()函数
            cout << "input 2 float:";
            cin >> m >> n;
            cout << m << "+" << n << "=" << add(m, n) << endl;
            //实参为实数，调用第二个 add()函数
            cout << "input 2 double:";
            cin >> u >> v;
            cout << u << "+" << v << "=" << add(u, v) << endl;
            //实参为双精度数，调用第三个 add()函数
            return 0;
        }
```

程序运行结果如下：

```
        Input 2 integers: 7 3
        7+3=10
        Input 2 float numbers: 7.5 8.7
        7.5+8.7=16.2
        Input 2 double numbers: 2.55555 3.55555
        2.55555+3.55555=6.1111
```

本例中定义了三个同名重载函数 add()，分别用于求两个整数、两个实数、两个双精度数的和。在主函数中是根据实参的类型调用这三个重载函数中的一个，完成相应的加法操作。

【例 7.18】重载输出函数 show，可以输出整数、双精度数、字符串。

程序代码如下：

```cpp
//*****ex7_18.cpp*****
#include <iostream>
using namespace std;
void show(int val)
{
    cout<<"Integer:"<<val<<"\n";
}
void show(double val)
{
    cout<<"Double:"<<val<<"\n";
}
void show(char* val)
{
    cout<<"String:"<<val<<"\n";
}
int main()
{
    char ch[] = "Hello World";
    show(12);
    show(3.1415);
    show(ch);
    return (0);
}
```

程序运行结果如下：

```
Integer:12
Double:3.141500
String: Hello World
```

本例程序段定义了三个有相同名字的函数 show，但形参不同，分别为 int、double 和 char *
类型。

【例 7.19】编写一个程序，计算分别选修 2 门、3 门和 4 门课程的学生的平均分。

分析：计算平均分的方法是一样的，在这里仅仅是课程门数不同，可以将求平均分的函
数 avg()设计成重载函数。

程序代码如下：

```
//*****ex7_19.cpp*****
#include <iostream>
using namespace std;
float avg(int, int);
float avg(int, int, int);
float avg(int, int, int, int);
int main()
{
    cout << "李红明" << avg(87, 92) << endl;          //选修 2 门课程
    cout << "黄畅游" << avg(78, 90, 88) << endl;       //选修 3 门课程
    cout << "张可嘉" << avg(72, 85, 84, 89) << endl;   //选修 4 门课程
    return 0;
}
float avg(int c1, int c2)
{
    return (c1 + c2) / 2.0;
}
float avg(int c1, int c2, int c3)
{
    return (c1 + c2 + c3) / 3.0;
}
float avg(int c1, int c2, int c3, int c4)
{
    return (c1 + c2 + c3 + c4) / 4.0;
}
```

程序运行结果如下：

```
李红明 89.5
黄畅游 85.3333
张可嘉 82.5
```

【例 7.20】用一个类来描述人民币币值，用两个数据成员分别存放元和分。重载"++"
运算符，用运算符重载成员函数实现对象的加 1 运算。

程序代码如下：

```
//*****ex7_20.cpp*****
#include <iostream>
```

```cpp
#include <cmath>
using namespace std;
class Money
{
private:
    double Dollars, Cents;          //定义数据成员元与分
public:
    Money()                         //定义默认的构造函数
    {
        Dollars = Cents = 0;
    }
    Money(double, double);          //定义双参数构造函数
    Money(double);                  //定义单参数构造函数
    Money operator ++();            //定义前置"++"运算符重载成员函数
    Money operator ++(int);         //定义后置"++"运算符重载成员函数
    double GetAmount(double& n)     //通过形参 n 返回元，通过函数返回分
    {
        n = Dollars;
        return Cents;
    }
    ~Money() { };                   //默认的析构函数
    void Show()                     //定义显示元与分的成员函数
    {
        cout << Dollars << "元" << Cents << "分" << endl;
    }
};
Money::Money(double n)              //初始值 n 中整数部分为元，小数部分为分
{
    double Frac, num;
    Frac = modf(n, &num);           //modf(n,&num)将实数 n 分为解为整数与小数两部分
                                    //返回小数值给 Frac，整数值送到 num 单元中
    Cents = Frac * 100;             //存分值
    Dollars = num;                  //存元值
}
Money::Money(double d, double c)    //d 以元为单位（如 d=10.5 元）
                                    //c 以分为单位（如 c=125 分）
{
    double sum, dd, cc;
    sum = d + c / 100;              //将 d 与 c 转换为以元为单位
                                    //并存入 sum（如 sum=10.5+125/100=11.75）
    cc = modf(sum, &dd);            //将整数（即：元）存入 dd，小数（即：分）存入 cc
    Dollars = dd;                   //元存入 Dollars
    Cents = cc * 100;               //分存入 Cents
}
Money Money::operator ++ ()        //定义前置"++"重载函数
{
    Cents++;                        //分加 1
```

```
        if (Cents >= 100)                    //若分大于 100，则元加 1，分减 100
        {
            Dollars++;
            Cents = Cents - 100;
        }
        return *this;                        //返回自加后的人民币对象值
    }
    Money Money::operator++ (int)
    {
        Money temp = *this;                  //将自加前人民币对象值存入临时对象 temp
        Cents++;                             //分加 1
        if (Cents >= 100)                    //若分大于 100，则元加 1，分减 100
        {
            Dollars++;
            Cents -= 100;
        }
        return temp;
    }
    int main()
    {
        Money m1(25, 50), m2(105.7), m3(10.5, 125);
                                             //m1=25 元 50 分，m2=105 元 70 分，
                                             //m3=10.5+125/100=11.75 元
        Money c, d;
        double e1, f1, e2, f2;
        m1.Show();
        c = ++m1;                            //先加后用，即：先将 m1 加 1，然后将 m1 赋给 c（c=m1=
                                             //25 元 51 分）
        d = m1++;                            //先用后加，即：先将 m1 赋给 d（d=m1=25 元 51 分）
                                             //然后将 m1 加 1（m1=25 元 52 分）
        c.Show();
        d.Show();
        c = ++m2;                            //c=m2=105 元 71 分
        d = m2++;                            //d=105 元 71 分，m2=105 元 72 分
        c.Show();
        d.Show();
        e1 = m2.GetAmount(f1);               //m2=105 元 72 分，f1=105，e1=72
        e2 = m3.GetAmount(f2);               //m3=11 元 75 分 ，f2=11， e2=75
        cout << f1 + f2 << "元" << '\t' << e1 + e2 << "分" << endl;
                                             //f1+f2=105+11=116
                                             //e1+e2=72+75=147
        return 0;
    }
```

程序运行结果如下：

25 元 50 分

25 元 51 分

25 元 51 分
105 元 71 分
105 元 71 分
116 元　　147 分

说明：

（1）Money 为描述人民币的类，其数据成员 Dollars、Cents 分别代表元与分。

（2）在单参数的构造函数中，使用标准函数 modf(n,&num)将实数 n 分为解为整数与小数两部分，返回小数值，整数值送到 num 所指单元中。最后将整数存入元 Dollars 中，小数部分乘 100 后存入分 Cents 中。

（3）前置"++"运算符重载函数中，先对人民币的分加 1 运算，分加 1 存在进位问题，当分加满 100 后，将分 Cents 减 100（即分清零），再将元 Dollars 加 1，最后通过 return *this 语句返回自加后的人民币币值。

（4）后置"++"运算符重载函数中，先将当前人民币币值赋给临时对象 temp，然后对人民币的分加 1 运算，当分加满 100 后，将分 Cents 减 100，再将元 Dollars 加 1，最后通过 return temp 返回自加前的人民币币值。

（5）主函数中：c= ++m1 语句应解释为对前置重载函数的调用，即 c=m1.opreator();；d= m1++语句应解释为对后置重载函数的调用，即 d=m1.opreator(1);。

【例 7.21】定义描述三维空间点(x,y,z)的类，用友元函数实现"++"运算符的重载。对于三维空间点(x,y,z)加 1，则意味着三个坐标 x、y、z 分别加 1。

程序代码如下：

```
//*****ex7_21.cpp*****
#include <iostream>
using namespace std;
class ThreeD
{
    float x, y, z;
public:
    ThreeD(float a = 0, float b = 0, float c = 0)
    {
        x = a; y = b; z = c;
    }
    ThreeD operator + (ThreeD& t)              //两个点坐标相加的"+"运算符重载成员函数
    {
        ThreeD temp;
        temp.x = x + t.x;
        temp.y = y + t.y;
        temp.z = z + t.z;
        return temp;
    }
    friend ThreeD& operator ++(ThreeD&);       //前置"++"运算符重载友元函数
    friend ThreeD operator ++(ThreeD&, int);   //后置"++"运算符重载友元函数
    ~ThreeD() {   }
    void Show()
```

```
        {
            cout << "x=" << x << '\t' << "y=" << y << '\t' << "z=" << z << endl;
        }
    };
    ThreeD & operator ++ (ThreeD & t)
    {
        t.x++; t.y++; t.z++;
        return t;
    }
    ThreeD operator ++ (ThreeD & t, int i)
    {
        ThreeD   temp = t;
        t.x++; t.y++; t.z++;
        return temp;
    }
    int main()
    {
        ThreeD m1(25, 50, 100), m2(1, 2, 3), m3;
        m1.Show();
        ++m1;
        m1.Show();
        m2++;
        m2.Show();
        m3 = m1 + m2;
        m3.Show();
        return 0;
    }
```

程序运行结果如下：

```
    x=25     y=50    z=100
    x=26     y=51    z=101
    x=2      y=3     z=4
    x=29     y=55    z=106
```

程序中定义的类 ThreeD 描述一个空间点的三维坐标，对对象执行"++"运算，即对该点坐标的三个分量（x、y、z）分别完成加 1 运算。主函数中：

++m1 语句被解释为对前置++运算符重载函数的调用：

opreator++(m1);运算后 m1=(26,51,101)。

m2++语句被解释为对后置++运算符重载函数的调用：

opreator++(m2,1);运算后 m2=(2,3,4)。

m3=++m1+m2++语句的执行将分为三步：

第一步执行对 m1 的前置++运算：++m1。

运算结果是返回 m1 自加后的一个对象，若将此对象记作 t1，则 t1=++m1=(27,52,102)。

第二步执行对 m2 的后置++运算：m2++。

运算结果将返回 m2 自加前的对象，若将此对象记作 t2，则 t2=m2++=(2,3,4)。

第三步执行将两个对象 t1 与 t2 的"和"赋给 m3 运算：m3=t1+t2。

该运算被解释为对"+"运算符重载函数的调用：

m3=t1.opreator+(t2);运算的结果为 m3=(27,52,102)+(2,3,4)=(29,55,106)。

【例 7.22】类模板的运用。

程序代码如下：

```
//*****ex7_22.cpp*****
#include <iostream>
using std::cout;
using std::endl;
class CBox                              //创建一个 CBox 类
{    private:
        double m_Length;                //设置长
        double m_Width;                 //设置宽
        double m_Height;                //设置高
      public:
        CBox(double lv = 1.0, double wv = 1.0, double hv = 1.0):
            m_Length(lv), m_Width(wv), m_Height(hv)
        {    }
        double Volume() const
        {    return m_Length*m_Width*m_Height;    }
};
//定义名为 CSamples 的类模板
template <class T>
class CSamples
{    public:
        CSamples(const T values[], int count);
        CSamples(const T& value);
        CSamples()
        {    m_Free = 0;    }
        bool Add(const T& value);          //插入一个值
        T    Max() const;                  //求最大值
      private:
        T m_Values[100];                   //定义一个数组可以存模板类
        int m_Free;
};
//类模板的实现
//存放一组模板类数据
template<class T>
CSamples<T>::CSamples(const T values[], int count)
{    m_Free = count < 100? count:100;      //限制数组元素的个数，最大为 100
     for(int i = 0; i < m_Free; i++)
        m_Values[i] = values[i];           //存储模板类数据
}
//存储仅有的一个模板类数据
template<class T>
CSamples<T>::CSamples(const T& value)
{    m_Values[0] = value;                  //存储模板类数据
```

```
        m_Free = 1;                               //设置下一个数据的位置
    }
    //加载一个模板类数据
    template<class T>
    bool CSamples<T>::Add(const T& value)
    {   bool OK = m_Free < 100;                    //判模板类数据个数是否在 100 之内
        if (OK)
            m_Values[m_Free++] = value;            //在数组最后一个后添加新的模板类数据
        return OK;
    }
    //求数组内最大的数据
    template<class T>
    T CSamples<T>::Max() const
    {
        T theMax = m_Free ? m_Values[0] : 0;       //设第一个或 0 为最大值
        for(int i = 1; i < m_Free; i++)            //比较所有的值
            if (m_Values[i].Volume() > theMax.Volume())
                theMax = m_Values[i];              //保存最大的值
        return theMax;
    }
    int main()
    {   CBox boxes[] ={                            //定义 boxes 数组
                        CBox(8.0, 5.0, 2.0),       //boxes 赋值
                        CBox(5.0, 4.0, 6.0),
                        CBox(4.0, 3.0, 3.0)
                      };
        //定义类属 CSamples 的对象
        CSamples <CBox> myBoxes(boxes, sizeof(boxes)/sizeof(CBox));
        CBox    maxBox = myBoxes.Max();            //求得最大体积值
        cout << endl                               //输出体积值
            << "The biggest box has a volume of "
            << maxBox.Volume()
            << endl;
        return 0;
    }
```

程序运行结果如下：

The biggest box has a volume of 120

习题 7

一、问答题

1. 以下函数是否可以认为是重载函数？为什么？

（1）

```
enum E1{one,two};
enum E2{three,four};
```

```
int f(int x,E1 y);
int f(int x,E2 y);
```

（2）

```
typedef double scientific;
double f(double x);
scientific f(scientific x);
```

2．何为运算符重载？如何实现运算符重载？运算符重载函数通常为类的哪两种函数？

3．说明使用成员函数和友元函数重载运算符的不同之处。

4．如何区分前置"++"与后置"++"的运算符重载函数？为何前置"++"重载成员函数中，必须要用 this 指针返回运算结果？

5．对类的对象进行自加时，为什么前置"++"运算符重载友元函数的形参必须为该类的引用？为什么前置"++"运算符重载友元函数返回类型必须为该类的引用？

二、程序设计题

1．实现以下重载函数的不同版本。

```
void swap(int& a,int& b);
void swap(float& x, float& y);
void swap(char*& s, char*& t);
```

2．定义一个复数类，重载"+="运算符，使这个运算符能直接完成复数的"+="运算。分别用成员函数与友元函数编写运算符重载函数。在主函数中定义复数对象 c1(10,20)、c2(15,30)，进行 c2+=c1 的复数运算，并输出 c1、c2 的复数值。

3．（1）编写一个类属函数 Max，返回两个值中的较大者。

（2）编写一个 Max 函数的重载版本，用于处理 C++字符串。以指向字符的指针作为参数，返回指向较大字符串的指针。

4．编写一个模板类 DataStore，该类具有以下的一些成员函数：

（1）int Insert(T elt)。向具有 5 个 T 类型的元素的私有数组 DataElements 中插入元素 elt。数组中下一个可插入的位置由数据成员 loc 给出，loc 也是数组中数据的个数。如果数组中没有了剩余空间，则该函数返回 0。

（2）int Find(T elt)。在数组 DataElements 中寻找元素 elt，如果找到，返回该元素在数组中的下标，否则返回-1。

（3）int NumElts(void)。返回数组 DataElements 中存储的元素的个数。

（4）T& GetData(int n)。返回数组位置 n 处的元素，如果 n<0 或 n>4，则给出错误信息，并结束程序。

5．写一个函数

```
template<calss T>
int Max(T Arr[],int n);
```

用于返回数组中最大值的下标。

6．实现函数

```
template<calss T>
int BinSearch(T A[],T key, int low,int high);
```

在数组 A 中对关键词 key 进行二分查找。数组 A 中的元素已经按升序排序。

7．编写下面的函数：

```
template<calss T>
void InsertOrder(T A[],int n, T elem);
```

用于往数组 A 中插入元素 elem，并使数组中元素保持升序。注意，当找到插入点时，应使插入点后面的所有元素向后移动一个位置。

8．写一个模板函数 Copy：

```
template<calss T>
void Copy(T A[], T B[], int n);
```

该函数将 n 个元素从数组 B 复制到数组 A。写一个主程序用于测试 Copy。至少包括以下数组。

（1）

```
int Aint[6], Bint[6]={1,3,5,7,9,11};
```

（2）

```
struct Student
{    int field1;
     double field2;
};
Student    Astudent[3];
Student    Bstudent[3]={{1,3,5},{3,0},{5,5,5}};
```

第 8 章　继承与派生

继承与派生是 C++的重要特性，通过继承可以自动地为一个类提供来自另一个类的成员函数和数据成员，正因为如此，继承是实现软件可重用性的重要机制。通过有效继承，人们可以重复使用已经得到认可并通过测试的高质量的软件，可以大大提高软件开发的效率和质量。派生允许一个类在继承来自另一个类成员函数和数据成员的基础上，根据需要，既可以对继承成员函数和数据成员进行覆盖或改写，也可以增加属于自己的成员函数和数据成员。通过派生，可以产生更具体的对象，满足更复杂的需要。本章介绍了如何从现有的类继承并产生一个新的派生类；派生类的构造函数和析构函数是如何工作的；如何使用类与派生类成员的访问控制原则；如何使用多重继承从多个基类派生出一个新类；如何灵活运用继承与组合。

8.1　继承与派生的概念

8.1.1　基类与派生类

1. 继承与派生

继承与派生作为 C++的重要机制，并不陌生。因为它就来自现实生活，例如：每个人都从父母那里继承了一定的特征，包括种族、姓氏、肤色等，同时随着时间的推移，每个小孩都会发展出一些属于自己的特性，如外貌、梦想、成就等，这就是每个人在继承父母特性的基础上，通过后天的发展，派生出来的新的特性。

在 C++中，根据面向对象程序设计的理论，继承与派生所表达的是类与类之间的关系，这种关系使得类既可以继承来自另一个类的特征和能力，也能发展属于自己特有的特征和能力。因此如果类之间具有继承和派生关系，那么它们之间应具有下面三个特征：

（1）类之间应具有共享的特征（包括成员函数和数据成员的共享）。

（2）类之间应具有差别或新增特征（包括覆盖、改写或新增成员函数和数据成员）。

（3）类之间是一种层次结构。

下面以交通工具为例来说明通过继承与派生，类之间具有的上述三个特征。

图 8.1 展示了交通工具，飞机、滑翔机、直升机、喷气式飞机之间的继承与派生关系，交通工具是人类用来提供交通运输之工具的总称，所有的交通工具都具有载重量、运动速度等特征。飞机是一种能够飞行的交通工具；而滑翔机是无动力，借助风力进行飞行的一种飞机；直升机是使用燃料，直接升降的飞机；喷气式飞机是通过燃料燃烧，产生高速气体作为动力的飞机。图 8.1 中展示了一个小型的三级层次的类结构，它用继承来派生子类，每个类有且仅有一个父类，所有子类都有父类的共享特征，例如：滑翔机是一种飞机，直升机是一种飞机，飞机是一种交通工具，滑翔机和直升机都是交通工具；不同子类之间具有自己独有的特征，例如滑翔机是不需要燃料作为动力，通过滑翔就能飞行的，而直升机需要使用燃料才能飞行，而且它是垂直起降的。

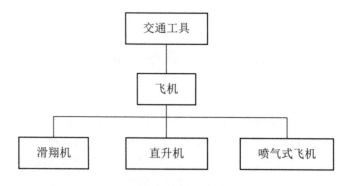

图 8.1　交通工具类的继承与派生

2. 基类与派生类

在理解继承与派生的概念的基础上，下面来看看 C++中基类与派生类的概念。假设有两个类 A 和 B，如果类 B 继承类 A，那么被继承的类 A 为基类（也称父类或超类）；而称继承类 B 为 A 的派生类（也称子类）。例如：矩形和四边形，矩形首先是一个四边形，但四边形不一定都是矩形，所以可以定义四边形为基类，从四边形派生出矩形，矩形是四个内角均为 90°的四边形，因此，矩形是四边形的派生类。

基类与派生类之间，通过继承与派生，形成了一个树状的层次结构，因此基类与派生类之间存在着层次关系，一个类可以独立存在，但一旦它与其他类存在继承与派生的关系，那么这个类不是供给其他类属性和行为的基类，就是继承了基类属性和行为的派生类，甚至是兼而有之。

8.1.2　继承与派生的作用

继承与派生机制为程序员提供了重用类的手段，在以前使用函数库进行软件开发的时代，程序员已经开发了一些函数，现在要开发一个新的程序，但以前开发的函数中无法找到完全符合要求的，通常程序员只能重新编写新的函数。有了继承和派生机制后，程序员无需每次从头编写新的类，而可以从以前开发并测试过的类中，找到相近的类作为基类，通过继承与派生，产生新的符合要求的派生类。所以使用继承与派生可以给软件开发带来三大好处。

（1）避免公用代码的重复开发，在减少代码和数据冗余的同时，节省程序开发的时间，提高程序开发的效率和质量。

（2）通过增强代码一致性来减少模块间的接口和界面。

（3）通过层次关系来组织对象，使得高层类作为低层类的抽象，有利于程序员掌握对象的共性，在此基础上，就能更快地掌握低层类中的个性特征，给编程与代码重用带来方便。

既然使用继承与派生有这么多好处，那么什么时候才能使用继承和派生机制呢？

简单来说当对象 A 具有所有对象 B 都具有的最普遍、最一般的特征，而对象 B 有一些与对象 A 不同的特性时，就可以使用继承和派生，将对象 A 定义为基类，派生出 B。例如不管是运输汽车还是专业汽车，它们都是一种汽车，都像汽车一样，具有发动机、方向盘、轮胎等汽车的特征，所以通过从汽车类继承产生运输汽车类和专业汽车类；同样的客车和货车从运输汽车继承了运输特征，所以在客车和货车类中就没必要再指出它们的用途是进行运输的。消防车和救护车都是专业汽车，但由于它们在专业用途上的不同，因此它们都具有自己独有的特征，比如消防车有消防龙头，救护车有担架，所以从专业汽车派生出消防车和救护车，只需定义它们具有的这些特征就行了。

8.1.3 派生类的声明

前面介绍了继承与派生，基类与派生类的概念，了解了继承与派生的作用以及何时需要使用继承与派生，那么怎么从一个基类派生一个派生类呢？C++中派生类的声明须遵循三个原则。

（1）C++允许从一个类和多个类派生出一个类，派生类继承基类的所有成员。

（2）派生类可以改变继承过来的成员的访问控制权限，方法是在基类中的声明前面加上存取说明符。

（3）合法的存取说明符是 public、protected 和 private。

声明一个派生类的一般格式为

```
class 派生类名 :[派生存取说明符] 基类名
{
    …                 //派生类新增的数据成员和成员函数
};
```

这里，"派生类名"是要从基类派生出的新类的名字，"基类名"是一个已经定义好的基类的名字，"派生存取说明符"可以是关键字 public、protected 或 private，派生存取说明符的作用会在 8.2 节派生类成员的访问控制中详细介绍，"派生存取说明符"可以省略，这时默认为 private，即私有派生。例如：

```
//定义一个基类（Student 类）
class Student
{   public:
        char name[10];            //姓名
        int age;                  //年龄
        char sex;                 //性别
        char classname[20];       //班级名称
};
//定义一个派生类（GraduateStudent 类）
class GraduateStudent : public Student
{   public:
        char Advisorname[10];     //导师
        int qualifiergrade;       //资格考试分
};
```

在这个例子中有两个类，即学生和研究生类，由于研究生是一类特殊的学生，他除了具有他自己特有的性质外，还具有所有学生具有的特征，所以选择将学生定义为基类，并从学生类派生出研究生类。首先定义学生（Student）类，在这个类中，定义了学生的共有数据成员，即姓名、年龄、性别和班级名称；然后通过 class GraduateStudent : public Student，从 Student 类公有派生出研究生（GraduateStudent）类，GraduateStudent 作为 Student 的派生类，不仅可以从基类继承姓名、年龄、性别和班级名称等数据成员，同时还定义了研究生特有的数据成员，即导师和资格考试分。本例中介绍了如何从一个基类公有派生出一个子类，下一节还会讨论私有（private）派生和保护（protected）派生，同时会给大家介绍三类派生之间的区别。

8.2 派生类成员的访问控制

在 C++中，类的成员在声明时，可以在一个或多个类成员的声明前带上特定的存取说明符，来指定这些类成员访问控制权限；同样的，当从一个基类派生出一个子类时，也可以通过指定派生时的存取说明符来实现对派生类成员的访问控制。正是有了类与派生类成员的访问控制，才能实现面向对象程序设计中的对象封装。

8.2.1 private、protected 与 public 类成员

任何一个类成员声明时可以使用的存取特征符有私有的（private）、保护的（protected）和公有的（public）。使用不同存取说明符声明的类成员，具有不同的访问控制特征。下面分别介绍 private、protected 和 public 三种类成员的访问控制特征。

1. private 类成员

一个类中的私有成员（包括数据成员和成员函数）只能被它们所在类的成员函数和友元函数访问，在 C++中类成员存取说明符默认的情况下的存取特征都是私有的。

下面看一个类私有成员定义和访问的例子，这里将定义一个 Person 类并在主程序中访问它。

【例 8.1】类私有成员的定义和访问。

程序代码如下：

```
//*****ex8_1.cpp*****
#include <iostream>
using namespace std;
class Person
{   //Person 类的三个私有成员
    char name[10];              //姓名
    private:
        int age;               //年龄
        char sex;              //性别
};
int main()
{
    Person P1;
    P1.age=20;                 //非法，不能设置私有类数据成员 age 的值
    cout<<P1.name<<endl;       //非法，不能读取私有类数据成员 name 的值
    return 0;
}
```

在这个例子中定义了一个 Person 类，为其声明了姓名、年龄和性别三个成员，其中年龄和性别都用 private 声明为私有成员，然后在主程序中试图直接设置年龄和打印出姓名，运行这个程序会发现，系统提示这两个访问都是非法的。由此可以了解，不管是显式用 private 存取说明符来声明还是在默认情况下，一个类的成员都是声明为私有成员的，私有成员不能被它们所在类的成员函数和友元函数之外的程序访问。

2. public 类成员

一个类中的公有成员（包括数据成员和成员函数）可以被程序中任何代码（包括函数）访问，一般情况下，应尽量将类的数据成员声明为私有，然后为需要被类外部访问的数据成员提供公有的成员函数，实现对私有成员的设置和访问，这种结构能够向类的客户很好地隐藏实现方法，在有效减少错误的同时，可以增强程序的可修改性。

下面来看一个类公有成员函数声明的例子，还是前面的 Person 类，但是增加两个成员函数 setage 和 getage。

```
class Person
{
    //Person 类的三个私有成员
    char name[10];                    //姓名
    int age;                          //年龄
    char sex;                         //性别
    //定义公有成员函数
    public：
        void setage(int newage)       //设置年龄
        {
            age=newage;
        }
        int getage()                  //获取当前年龄
        {
            return age;
        }
    //…
};
```

这个例子将 Person 类的姓名、年龄和性别三个成员都声明为私有成员，通过定义公有的成员函数 setage 和 getage 来存取正确的年龄。由于年龄是类 Person 的一个私有成员，因此在类以外的程序如果要访问修改它，必须通过 setage 这个公有成员函数才能实现。

3. protected 类成员

在前面讨论了类的私有成员和公有成员的访问控制特征，C++中还有一类专门供派生类使用的存取控制符：保护的（protected），使用 protected 声明的称为保护成员。任何一个类的保护成员仅可以被其自己和派生类的所有非静态成员函数和友元函数直接访问，也就是说其他的外部函数是不能访问它的。因此，对于那些既要对外界隐藏，又要能被派生类访问的成员，可以将它们声明为保护成员。

下面来看一个类保护成员函数声明的例子，仍然用前面的 Person 类，它的两个成员函数 setage 和 getage 被声明为保护成员函数，同时，从 Person 类派生出一个 Student 类。

【例 8.2】类保护（protected）成员函数的声明。

程序代码如下：

```
//*****ex8_2.cpp*****
#include <iostream>
using namespace std;
class Person
{   //Person 类的三个私有成员
    char name[10];                    //姓名
```

```
            int age;                              //年龄
            char sex;                             //性别
            //定义保护的成员函数
        protected:
                void setage(int newage)           //设置年龄
                {
                    age=newage;
                }
                int getage()                      //获取当前年龄
                {
                    return age;
                }
        };
        class Student : public Person
        {   public:
            void showage()
            {
                cout<< getage()<<endl;            //合法，类的保护成员可以被子类的成员函数访问
            }
        };
        int main()
        {
            Person P1;
            Student S1;
            cout<< P1.getage()<<endl;             //非法，类的保护成员不能被外部函数访问
            S1.showage();                         //合法，类的保护成员可以通过子类的成员函数访问
            return 0;
        }
```

在这个例子中，Person 类的成员函数 setage 和 getage 被声明为保护成员。通过 Person 类派生出子类 Student 类，在 Student 类中声明一个公有成员函数 showage，在 showage 函数中可以访问基类的保护成员函数 getage 打印出学生的年龄，在后面的主程序中，如果试图直接通过访问 Person 类的保护成员函数 getage 打印出年龄，实际运行中将会报错。

8.2.2　三种派生方式的定义

派生类是可以通过派生存取说明符改变继承过来的成员的访问控制权限的。从基类派生一个子类时，可以使用的派生存取说明符有 private、protected 和 public，即私有派生、保护派生和公有派生。若不指定派生存取说明符系统默认为 private 派生。下面分别介绍这三种派生方式将怎样改变从基类继承成员的访问控制权限。

1. 私有派生

由私有派生得到的派生类，它从基类继承的成员都将变为私有成员，也就是说通过私有派生，派生类从基类继承来的公有成员和保护成员都将变成派生类的私有成员，这些成员将只能被派生类的成员函数和友元函数访问。需要重点说明的是，基类的私有成员经过私有派生后继续保持其基类的私有成员身份，无法被派生类访问，这很重要，因为类的私有成员的真正意义就在于它可以限制对这些成员的外在访问，如果派生类能继承对这些成员的访问，那么私有就失去了其保护意义。下面通过一个例子来说明私有派生类成员的访问控制特征。

【例 8.3】私有派生的类成员访问控制。

程序代码如下：

```
//*****ex8_3.cpp*****
#include <iostream>
using namespace std;
class line
{    int length;
     protected:
     void setlength(int n)
     {
         length=n;
     }
     public:
     int getlength()
     {
         return length;
     }
};
class rectangle : private line          //声明一个私有派生类
{    int width;
     public:
     void setlw(int m,int n)
     {   setlength(m);
         width=n;
     }
     int area()
     {
         return length*width;           //非法，派生类的成员函数不能访问基类的私有成员
     }
};
int main()
{
     line L1;
     rectangle R1;
     R1.setlw(5,6);
     cout<<L1.getlength()<<endl;        //合法，基类的公有成员函数可以被主程序访问
     R1.setlength(5);                   //非法，私有派生后基类的保护成员函数 setlength
                                        //在派生类中成了私有成员函数，无法被主程序访问
     cout<<R1.getlength()<<endl;        //非法，私有派生后基类的公有成员函数 getlength 在
                                        //派生类中成了私有成员函数，无法被主程序访问

     return 0;
}
```

本例中，定义了一个基类 line，它有一个私有数据 length、一个保护成员函数 setlength 和一个公有成员函数 getlength，从基类 line 私有派生出一个子类 rectangle，派生类除了继承了基类的成员外，还声明了只属于自己的成员，包括一个私有数据成员 width、两个公有成员函数 setlw 和 area。在主程序中访问基类 line 对象 L1 的公有成员函数 getlength 是合法的，但试图通过 rectangle 对象 R1 访问它从基类继承的公有成员函数 getlength 和保护成员函数 setlength 都是非法的，因为它们经过私有派生后，成为了私有成员函数。

2. 保护派生

由保护派生得到的派生类，它从基类继承的公有和保护成员都将变为派生类的保护成员。基类的私有成员经过保护派生后继续保持其基类的私有成员身份，依然无法被派生类访问。下面通过一个例子来说明保护派生类成员的访问控制特征。

【例 8.4】保护派生的类成员访问控制。

程序代码如下：

```cpp
//*****ex8_4.cpp*****
#include <iostream>
using namespace std;
class line
{   int length;
    protected:
    void setlength(int n)
    {
        length=n;
    }
    public:
    int getlength()
    {
        return length;
    }
};
class rectangle : protected line         //声明一个保护派生类
{   int width;
    public:
    int area()
    {
        return length*width;             //非法，派生类的成员函数不能访问基类的私有成员
    }
};
class showrectangle : rectangle          //从 rectangle 私有派生出子类 showrectangle
{   public:
    void showlength (int m)
    {
        setlength(m);                    //合法
        cout<< getlength()<<endl;        //合法
    }
};
int main()
{
    line L1;
    rectangle R1;
    showrectangle S1;
    cout<<L1.getlength()<<endl;          //合法，基类的公有成员函数可以被主程序访问
    R1.setlength(5);                     //非法，保护派生后基类的保护成员函数 setlength 在
                                         //派生类中成了保护成员函数，无法被主程序访问
    cout<<R1.getlength()<<endl;          //非法，保护派生后基类的公有成员函数 getlength 在
                                         //派生类中成了保护成员函数，无法被主程序访问
```

```
        S1.showlength(5);                    //合法
        return 0;
    }
```

　　本例中，首先从基类 line 保护派生出一个子类 rectangle，派生类 rectangle 除了继承了基类的成员外，还声明了只属于自己的成员，包括一个私有数据成员 width、一个公有成员函数 area，然后从 rectangle 中私有派生了子类 showrectangle，并声明了一个公有成员函数 showlength。在主程序中访问基类 line 对象 L1 的公有成员函数 getlength 是合法的，试图通过 rectangle 对象 R1 访问它从基类继承的公有成员函数 getlength 和保护成员函数 setlength 都是非法的，因为它们经过保护派生后，成为了保护成员函数，但主程序可以通过其子类 showrectangle 的公有成员函数 showlength 访问它们。

　　3. 公有派生

　　由公有派生得到的派生类，它从基类继承的成员都将维持原有访问控制特征，即通过公有派生后，派生类从基类继承的公有成员在派生类中仍然是公有成员，保护成员仍然是保护成员，而基类的私有成员经过公有派生后继续保持其基类的私有成员身份，依然无法被派生类访问。下面通过一个例子来说明公有派生类成员的访问控制特征。

　　【例 8.5】公有派生的类成员访问控制。

　　程序代码如下：

```
//*****ex8_5.cpp*****
#include <iostream>
using namespace std;
class line
{   int length;
    protected:
        void setlength(int n)
        {
            length=n;
        }
    public:
        int getlength()
        {
            return length;
        }
};
class rectangle : public line                //声明一个公有派生类
{   int width;
    public:
        int area()
        {
            return length*width;             //非法，派生类成员函数不能访问基类的私有成员
        }
};
class showrectangle : rectangle              //从 rectangle 派生出子类 showrectangle
{   public:
        void showlength (int m)
        {
            setlength(m);                    //合法
```

```
                        cout<< getlength()<<endl;        //合法
                    }
            };
        int main()
        {
            line L1;
            rectangle R1;
            showrectangle S1;
            cout<<L1.getlength()<<endl;
            R1.setlength(5);

            cout<<R1.getlength()<<endl;

            S1.showlength(6);
            return 0;
        }
```
//合法，基类的公有成员函数可以被主程序访问
//非法，公有派生后基类的保护成员函数 setlength 在
//派生类中还是保护成员函数，无法被主程序访问
//合法，公有派生后基类的公有成员函数 getlength 在
//派生类中还是公有成员函数，可以被主程序访问
//合法

本例中，首先从基类 line 公有派生出一个子类 rectangle，派生类 rectangle 除了继承了基类的成员外，还声明了只属于自己的成员，包括一个私有数据成员 width、一个公有成员函数 area，然后从 rectangle 中私有派生了子类 showrectangle，并声明了一个公有成员函数 showlength。在主程序中访问基类 line 对象 L1 的公有成员函数 getlength 是合法的，同样通过 rectangle 对象 R1 访问它从基类继承的公有成员函数 getlength 也是合法的，而访问保护成员函数 setlength 就是非法的了，因为它们经过公有派生后，依然是保护成员函数，但主程序可以通过其子类 showrectangle 的公有成员函数 showlength 访问 setlength 这个保护成员函数。

8.2.3 派生类成员访问控制规则

在不同的派生方式下，派生类成员的访问控制分为两部分：一部分是派生类新增成员的访问控制；另一部分是基类成员在派生类中的访问控制。

（1）派生类中新增成员的访问控制遵循类成员访问控制的规则，见表 8.1。

表 8.1 类成员访问控制规则

存取说明符	访问控制规则
Private	此派生类的非静态成员函数和友元函数可以直接访问
Protected	此派生类和其子类非静态成员函数和友元函数可以访问
Public	任何非静态成员函数，友元函数和非成员函数都可以直接访问

（2）基类成员在派生类中的访问控制规则见表 8.2。

表 8.2 基类成员在派生类中的访问控制规则

基类成员的存取说明符	派生方式		
	public 派生	protected 派生	private 派生
Private	在派生类中被隐藏	在派生类中被隐藏	在派生类中被隐藏
Protected	派生类中为 protected	派生类中为 protected	派生类中为 private
Public	派生类中为 public	派生类中为 protected	派生类中为 private

特别提请读者注意，不管是何种派生，基类的 private 成员永远都不能被其派生类直接访问，但可以通过基类的 public 和 protected 成员函数访问。

8.3　派生类的构造函数和析构函数

8.3.1　派生类的构造函数和析构函数的声明

前面章节中介绍的类的构造函数是类的一种特殊的成员函数。它的作用主要是为对象分配内存、进行初始化。而析构函数的作用与构造函数相反。派生类不能继承基类的构造函数和析构函数。所以当基类含有带参数的构造函数时，派生类必须定义构造函数，以提供把参数传递给基类构造函数的途径。派生类的构造函数和析构函数的声明除了遵循第 6 章所述的规则外，有其特定的声明格式，一般情况下派生类的构造函数声明格式如下：

```
派生类的构造函数名称(参数表): 基类的构造函数名(参数表)
{
    …                       //派生类构造函数体
}
```

下面的例子说明了如何声明一个派生类的构造函数和析构函数。

```
class Point
{
    int x, y;
public:
    Point(int a, int b)                      //基类的构造函数
    {
        x = a;
        y = b;
        cout <<"Constructing Point class \n";
    }
    ~Point()                                 //基类的析构函数
    {
        cout << "Destructing Point class \n";
    }
};
class Circle :public Point
{
    double radius;
public:
    Circle(double r, int a, int b) :Point(a, b)    //派生类的构造函数
    {
        radius = r;
        cout <<"Constructing Circle class \n";
    }
    ~Circle()                                //派生类的析构函数
    {
        cout << "Destructing Circle class \n";
    }
};
```

如果派生类中含有对象成员，其构造函数的声明格式如下：

派生类的构造函数名称(参数表): 基类的构造函数名(参数表),对象成员名 1(参数表),…对象成员名
N(参数表)
{
   …   //派生类构造函数体
}

下面的例子说明了当一个派生类含有对象成员时，如何声明派生类的构造函数和析构函数，在下面这个例子中，新的子类 Circle2 还是从上例中的 Point 派生出来的，这个派生类 Circle2 含有一个基类 Point 的对象成员 P1。

```
class Circle2 :public Point
{
    double radius;
    Point P1;
public:
    Circle2(double r, int a, int b) :Point(a, b), P1(a, b)
        //派生类的构造函数，定义时
        //指定了基类的构造函数和对象成员 P1 的构造函数
    {
        radius = r;
        cout << "Constructing Circle2 class \n";
    }
    ~Circle2()                //派生类的析构函数
    {
        cout << "Destructing Circle2 class \n";
    }
};
```

需要说明的是，派生类的构造函数的参数表在声明时根据情况可以省略，基类的构造函数名称和参数表也可以省略，详细构造规则在 8.3.2 节中介绍。派生类的析构函数可以省略，其声明格式与类的析构函数声明格式相同。

8.3.2 派生类的构造函数和析构函数的构造规则

当声明一个派生类时，根据它所继承基类的构造函数的声明情况不同，必须采用不同的方式声明和定义派生类的构造函数。派生类的析构函数均不带参数，而且在派生类中是否需要定义析构函数仅与派生类自身有关，与它所属的基类无关，基类的析构函数与派生类的析构函数各自是独立的。下面详细介绍派生类的构造函数的构造规则。

1. **基类具有显式的构造函数时**

当基类显式地定义了构造函数时，那么根据基类显式定义的构造函数是否带有参数，决定了派生类构造函数的构造规则。

（1）基类具有不带参数的构造函数。如果基类定义有不带参数的构造函数，派生类既可以自己不定义构造函数，也可以根据需要定义自己的构造函数，构造函数可以带参数也可以省略，在派生类中定义构造函数时还可省略":基类构造函数名(参数表)"。

（2）基类仅有带参数的构造函数。如果基类仅定义有带参数的构造函数，那么派生类必须显式地定义其构造函数，并在声明时指定其基类的某一构造函数和参数表，把参数传递给基类构造函数。

2．基类具有隐式的构造函数时

当基类没有显式地定义（即隐式地定义）构造函数时，派生类可以根据需要定义自己的构造函数，派生类构造函数的参数表、基类的构造函数名和参数表都可以根据需要省略。

8.3.3　派生类的构造函数和析构函数的调用顺序

因为派生类继承了基类的成员，所以在构造派生类的对象时，派生类必须调用其基类的构造函数，用于初始化派生类对象的基类成员，如果派生类中的构造函数没有显式地调用基类的构造函数，那么将调用基类的默认构造函数；如果派生类没有声明构造函数，那么派生类默认的构造函数将调用基类默认的构造函数；同样析构函数也是如此。

在派生类的对象创建和销毁时，构造函数和析构函数的调用顺序如下所述。

1．构造函数的调用顺序

派生类对象创建的时候，构造函数的执行顺序如下：

（1）基类的构造函数。

（2）对象成员的构造函数。

（3）派生类自身的构造函数。

2．析构函数的调用顺序与构造函数的调用顺序正好相反。即

（1）派生类自身的析构函数。

（2）对象成员的析构函数。

（3）基类的析构函数。

下面通过一个例子来说明派生类的构造函数和析构函数的执行顺序，此例使用了前面声明的派生类 Circle2。

【例 8.6】派生类 Circle2 的构造函数和析构函数的执行顺序。

程序代码如下：

```
//*****ex8_6.cpp*****
//…Point 和 Circle2 类的定义
int main()
{
    Circle2 C1(0.0, 1, 1);
    cout << "-------------- - program line--------------------- \n";
    return 0;
}
```

程序的执行结果如下：

```
Constructing Point class
Constructing Point class
Constructing Circle2 class
--------------program line---------------------
Destructing Circle2 class
Destructing Point class
Destructing Point class
```

在这个程序中，主程序创建了一个 Circle2 类的对象 C1，并打印了一行分割线，然后退出主程序的运行，这时系统自动销毁了 C1 对象。

从程序的执行结果分析，派生类在创建和销毁时，构造函数和析构函数的执行顺序与前

面介绍的顺序是完全一致的。

8.4　多重继承

8.4.1　多重继承的声明与引用

本章前面所介绍的继承都属于单一继承，即派生类只有一个基类，也称单基派生。除此之外，C++还允许从多个基类中派生出新的子类，这种派生方法称为多重继承（或多基派生）。这一强大的派生功能可以大大提高软件重用的灵活性，例如：在 Windows 操作系统中，用户常见的窗口、按钮、文本框、滚动条等组件都是以类的形式来实现的，假设需要实现一个可以编辑和查看多页文本的文本框，可以从文本框和滚动条两个基类，通过多重派生得到新的子类——可滚动的文本框。多重继承在声明的格式上与单一继承类似，只是原来的冒号后面的一个派生存取说明符和基类名变成了一个派生基类表（由多个派生存取说明符和基类名组成），其中各个基类之间需用逗号进行分隔，声明的格式如下：

class 派生类名 : [派生存取说明符 1] 基类名 1, … , [派生存取说明符 n] 基类名 n
{
　　…　　　　　　　//派生类新增的数据成员和成员函数
};

从这个声明的格式可以看出，在多重继承中，派生类通过派生存取说明符 i（i=1，2，…，n）定义派生类按什么方式从基类 i 派生，如果省略则默认的派生方式为私有派生。

下面通过一个程序例子来加以说明。

【例 8.7】多重继承的声明与使用。

程序代码如下：

```
//*****ex8_7.cpp*****
#include <iostream>
using namespace std;
class Circle1                    //基类 Circle1
{
protected:
    int   r;
public:
    void   setx(int   x)
    {
        r = x;
    }
    void   draw()
    {
        cout << "drawing…\n";
    }
};
class Circle2                    //基类 Circle2
{
protected:
    int   r;
public:
```

```
        void    setx(int    x)
        {
            r = x;
        }
        void    write()
        {
            cout << "writing…\n";
        }
};
class Circle : public Circle1, public Circle2
        //类 Circle 公有继承了 Circle1 和 Circle2
{
public:
        void show()
        {
            cout << "showing…\n";
        }
};
int main()
{
        Circle    cc;
        cc.draw();
        cc.write();
        cc.show();
        return 0;
}
```

程序运行结果如下：

```
drawing…
writing…
showing…
```

例 8.7 中，Circle 继承了两个基类的所有成员，所以 cc.draw()和 cc.write()调用是合法的。另外 Circle 还有它自己的成员 show()。

多重继承作为 C++中一个非常重要的特性，能够大大地改进软件的重用性，具有很好的灵活性，但必须正确地使用多重继承，以免因使用不当造成逻辑错误或出现歧义。

（1）在多重继承中派生类成员的访问控制规则与单一继承规则相同。

（2）多重继承的构造函数与析构函数定义与单一继承相似，只是在构造函数定义时 n 个基类的构造函数之间用逗号分隔。

（3）多重继承虽然功能强大，但也容易造成系统的复杂性，设计时务必正确和谨慎，能用单一继承时尽量不用多重继承。

（4）多重继承容易产生模糊性，在引用时要注意。例如例 8.7 如果按照下面来引用：

```
int main()
{
        Circle    cc;
        cc.setx(10);                    //Circle1 的 setx 还是 Circle2 的 setx？
        return 0;
}
```

这个程序在编译时会因为名称冲突，将予以拒绝。Circle1 和 Circle2 都有一个成员 r，问题是 Circle 继承哪个 r？既然两者都继承，而且两者有相同的名字 r，使得对 r 的引用变得模糊不清。所以程序必须在 r 前面说明基类。

```
int main()
{
    Circle   cc;
    cc.Circle1::setx(10);            //说明是 Circle1 中的 r，为 10
    return 0;
}
```

8.4.2 虚基类

1. 虚基类的概念

通常定义的一个类，都假定该类型的对象将能被实例化并使用，但是，在很多情况下，程序员会定义一些类，而不想将其实例化为任何对象，这样的类称为虚类或抽象类，因为这种虚类一般都要被用作基类，所以又被称为虚基类或抽象基类。虚基类是不能被实例化为对象的，可以实例化的基类称为实基类或具体基类。

2. 虚基类的声明

虚基类在声明时需要用关键字 virtual 进行显式的声明，其声明格式如下：

```
class 派生类名 : virtual [派生存取说明符] 虚基类名
{
    …                    //派生类新增的数据成员和成员函数
};
```

3. 虚基类的初始化

虚基类初始化时，构造函数的调用顺序规则如下所述。

（1）同一层派生中包含多个虚基类时，虚基类的构造函数按它们派生时声明的先后次序调用。下面通过一个例子来说明。

【例 8.8】从虚基类多重派生时构造函数的调用顺序。

程序代码如下：

```
//*****ex8_8.cpp*****
#include <iostream>
using namespace std;
class Base1                      //虚基类 1
{
public:
    Base1()
    {
        cout <<"Constructing Base1 class" << endl;
    }
};
class Base2                      //虚基类 2
{
public:
    Base2()
    {
        cout << "Constructing Base2 class" << endl;
    }
```

```
};
class Derived : virtual public Base1, virtual Base2
    //从两个虚基类多重派生出子类
{
public:
    Derived()
    {
        cout << "Constructing Derived class" << endl;
    }
};
int main()
{
    Derived D1;
    return 0;
}
```

程序运行结果如下：

```
Constructing Base1 class
Constructing Base2 class
Constructing Derived class
```

（2）如某虚基类是由实基类派生而来的，则先调用此实基类的构造函数，再调用虚基类的构造函数，最后才是派生类的构造函数。下面通过一个例子来说明。

【例 8.9】虚基类从实基类派生时构造函数的调用顺序。

程序代码如下：

```
//*****ex8_9.cpp*****
#include <iostream>
using namespace std;
class Base1                      //实基类 Base1
{
public:
    Base1()
    {
        cout << "Constructing Base1 class" << endl;
    }
};
class Base2 : public Base1       //虚基类 Base2，从实基类 Base1 派生
{
public:
    Base2()
    {
        cout <<"Constructing Base2 class" << endl;
    }
};
class Derived : virtual Base2    //从虚基类 Base2 派生
{
public:
    Derived()
    {
        cout << "Constructing Derived class" << endl;
```

```
        }
    };
    int main()
    {
        Derived D1;
        return 0;
    }
```

程序运行结果如下：

```
Constructing Base1 class
Constructing Base2 class
Constructing Derived class
```

（3）若同一层派生中，同时存在虚基类与实基类，应先调用虚基类的构造函数，再调用实基类的构造函数，最后调用派生类的构造函数。下面通过一个例子来说明。

【例 8.10】从虚基类和实基类多重派生时构造函数的调用顺序。

程序代码如下：

```
//*****ex8_10.cpp*****
#include <iostream>
using namespace std;
class Base1                    //实基类 1
{
public:
    Base1()
    {
        cout << "Constructing Base1 class" << endl;
    }
};
class Base2                    //虚基类 2
{
public:
    Base2()
    {
        cout << "Constructing Base2 class" << endl;
    }
};
class Derived : public Base1, virtual Base2
{
public:
    Derived()
    {
        cout << "Constructing Derived class" << endl;
    }
};
int main()
{
    Derived D1;
    return 0;
}
```

程序运行结果如下：

```
Constructing Base2 class
Constructing Base1 class
Constructing Derived class
```

4. 虚基类的作用

虚基类的作用就是为其他类提供一个合适的基类，以便派生类可以从它那里继承和实现所需的接口。在多重继承时，当派生类的多个基类有一个共同的基类时，为防止产生二义性问题可使用虚基类方法。

【例 8.11】 存在二义性的虚基类多重派生。

程序代码如下：

```cpp
//*****ex8_11.cpp*****
#include <iostream>
using namespace std;
class Base                              //基类
{
protected:
    int b;
public:
    Base()
    {
        b = 1;
        cout <<"Constructing Base class" << endl;
    }
};
class Base1 :public Base                //基类 1 从 Base 派生
{
public:
    Base1()
    {
        cout <<"Constructing Base1 class" << endl;
        cout <<"Base b = " << b << endl;
    }
};
class Base2 :public Base                //基类 2 从 Base 派生
{
public:
    Base2()
    {
        cout << "Constructing Base2 class" << endl;
        cout << "Base b = " << b << endl;
    }
};
class Derived : public Base1, Base2     //从两个基类 Base1 和 Base2 多重派生出子类
{
public:
    Derived()
    {
        cout << "Constructing Derived class" << endl;
```

```
                cout << "Base b = " << b << endl;
            }
    };
    int main()
    {
            Derived D1;
            return 0;
    }
```

在这个程序中，类 Base 作为最上层的基类，单一派生出了 Base1 和 Base2，Derived 从 Base1 和 Base2 多重继承产生。但这是一个有问题的程序，问题就出在派生类 Derived 的构造函数试图访问基类 Base 的成员 b，因为当程序访问派生类的成员时，首先会在派生类自身的作用域中寻找此成员，如没找到则到它的基类中寻找，而 b 的值可以通过 Base1 的派生路径继承下来，也可以从类 Base2 的派生路径继承下来，这样有了两个基类 Base 对象拷贝，从程序中无法明确判断是从哪个派生路径继承下来的，如果在声明类 Base1 和 Base2 时改成如下语句：

```
    class Base1: virtual public Base
    class Base2: virtual public Base
```

那么在派生类 Derived 的对象中将只产生一个基类 Base 对象的拷贝，避免了在派生类访问这个共同基类 Base 对象的成员时产生二义性问题。

8.5 基类和派生类的转换

因为派生类是从基类继承而来的，所以任何派生类的对象也是基类的对象。在 public 继承方式下，派生类对象可以视为基类对象，这是因为派生类中有与其基类一一对应的成员，因此在对象赋值等操作中，都可以将派生类对象直接转换为基类对象使用。由于派生的缘故，派生类的成员可能比基类更多，因此反过来直接将基类对象转换为派生类对象就有可能是非法的了，因为这会导致派生类中独有的成员不被定义的错误，如果要这么做，一般需要提供适当的重载操作符和"与/或"转换的构造函数。大多数时候基类和派生类的转换发生在对象之间进行赋值的时候。

派生类对象到基类对象的自动转换通常称为赋值兼容规则。当派生类从基类公有继承时，允许以下 4 种派生类对象到基类对象的自动转换：

（1）可以用派生类对象为基类对象赋值。

（2）可以用派生类对象初始化基类引用对象。

（3）可以把指向派生类对象的指针赋给基类对象的指针。

（4）可以把派生类对象的地址赋给基类对象的指针。

8.6 继承与组合

在 C++中，为了重用已有的软件，除了可以通过继承和派生的方式从已有的类产生一个新类外，还可以通过将一个或多个类作为类成员的方式来产生一个新的类，这种方式就是组合。例如：已经有 Date 类、TelephoneNumber 类和 Address 类，如果需要定义一个 Employee 类，不管从三个类中哪个类派生出来 Employee 类都不合适，因为一个 Employee 应该既有生日

（birthday），也有联系电话（phonenumber）和地址（homeaddress），所以可以将 Employee 的
成员 birthday、phonenumber 和 homeaddress 分别定义成这三个类的对象来实现。如：

```
class Date                        //基类 Date
{
    …
};
class TelephoneNumber             //基类 TelephoneNumber
{
    …
};
class Address                     //基类 Address
{
    …
};
class Employee                    //Employee 类中包含类对象成员，组合了三个类
{   protected:
    Date birthday;
    TelephoneNumber    phonenumber；
    Address    homeaddress；
    …
};
```

　　继承与组合都是软件重用的重要机制，它们都鼓励重用现有的类，在其基础上建立更具
体和实用的新类，但它们在概念上有本质的区别，即通过继承方式产生的派生类是基类的一种，
所以派生类享有基类的一切待遇。而组合方式产生的新类，其成员中有一个或多个类，它们之
间不是继承关系。

习题 8

一、选择题

1. 以下对派生类的描述中不正确的是（　　　）。
   A．一个派生类可以作为另一个派生类的基类
   B．一个派生类可以有多个基类
   C．具有继承关系时，基类成员在派生类中的访问权限不变
   D．派生类的构造函数与基类的构造函数有成员初始化参数传递关系

2. 设有基类定义：
```
class cbase
{   private: int a;
    protected: int b;
    public: int c;
};
```
派生类采用何种继承方式可以使成员变量 b 成为自己的私有成员（　　　）。
   A．私有继承　　　　　　　　　　　B．保护继承
   C．公有继承　　　　　　　　　　　D．私有、保护、公有均有

3．以下叙述正确的是（　　）。

    A．派生类中不可以定义与基类中同名的成员变量

    B．派生类中不可以重载成员函数

    C．派生类中不能调用基类中的同名函数

    D．以上三项均不正确

4．设 cbase 为基类，cderived 是 cbase 的派生类，且有以下定义：

```
cbase    a1,*b1;
cderived aa1,*bb1;
```

则以下语句不合乎语法的是（　　）。

    A．b1=bb1;   B．aa1=a1;   C．b1=&aa1;   D．bb1=(cbase*)b1;

二、填空题

1．在继承机制下，当对象消亡时，编译系统先执行_____的析构函数，然后才会执行_____的析构函数。

2．在继承关系中_____称为多重继承；_____称为多层继承。

3．派生时若不指定派生存取说明符系统默认为_____派生。

4．若两个类有继承关系，那么基类中的保护成员的含义是_____。

5．生成一个派生类对象时，先调用_____的构造函数，然后调用_____的构造函数。

6．下列程序中_____数据可访问，_____数据不可访问。

```
class   A
{   public:
        int x;
    protected:
        int w;
    private:
        int z;
};
class B: public A
{   public:
        void setw (int a) { w=a; }
    protected:
        int y;
};
int main()
{   B bb;
    bb.x=5;
    bb.y=10;
    bb.w=15;
    bb.z=20;
    bb.setw(10);
    return 0;
}
```

第 9 章　多态性与虚函数

多态性是面向对象程序设计的一个重要特征，利用多态性与虚函数可以设计和实现一个更加易于扩展的系统。可以说多态性是 C++ 中一个关键和核心的特性。本章先介绍多态性与虚函数的概念，然后介绍多态性与虚函数的应用。

9.1　多态性的概念

多态性是指不同类的对象对于同一消息的处理具有不同的实现。面向对象方法学认为：每个对象都有各自内部的状态和运动规律，在外界对象或环境的影响下对象本身根据发生的具体事件而做出不同的反应，因此，用户可以向多个对象发送消息，而将如何处理该消息留给接收消息的对象，对象会根据自己的需要对所接收到的消息进行处理。

在实际生活中有许多多态的例子。如学校老师宣布放学了（相当于发出一个消息），同学们（不同的对象）会各自回到自己的家（不同的实现），而不会回到一个同学的家里。在得到放学这个消息时，各个同学都知道自己应当怎么做（事先设计好的实现），这就是多态现象。如果不利用多态，老师要分别告诉每一位同学放学的消息，并具体规定每位同学放学后该怎么做，这样做老师肯定是吃力不讨好。

多态性在 C++ 中表现为同一形式的函数调用，可能调用不同的函数实现。从系统实现的角度看，C++ 的多态性分为两类：一类称为编译时多态性；另一类称为运行时多态性，也称动态多态性。对一些函数的调用，如果编译器在编译时就可以确定所要调用的是函数的哪一个具体实现，这种多态性称为编译时多态性，也称静态多态性，这种在编译时进行的函数调用与被调用函数实现的对应被称为静态联编，也称静态绑定。如果函数的调用在编译时无法得知所调用的到底是函数的哪一个实现，需要在运行时才能够决定，这种多态性称为动态多态性，而这种在运行时将函数调用与具体实现代码相对应的方法称为动态联编，也称动态绑定。

9.1.1　编译时的多态性

C++ 编译时多态性通过重载（函数重载和运算符重载）来实现，编译器在编译时通过对所调用函数参数的分析，可以确定与所调用函数相对应的具体实现，然后用该实现代码调用代替源程序中的函数调用。

静态联编的特点是可执行程序运行速度快，因为函数调用与具体实现的对应关系是在编译时决定的，在程序运行时需要花费时间的仅仅是参数的传递、执行函数的调用、栈的清除等，没有额外的运行开销。

【例 9.1】编译时的多态性——运算符重载：下面这段程序建立 Data 类和 T_Data 类，并重载运算符 "+="，使之能用于相应类对象的运算。

程序代码如下：

```
//***** ex9_1.cpp *****
#include <iostream>
```

```cpp
using namespace std;
class Data
{   public:
    Data(int x=0,int y=0);                    //默认构造函数
    void set_xy(int x,int y);
    int get_X() const;
    int get_Y() const;
    long norm();
    ~Data() {};                               //析构函数
    Data& operator+= (Data& add)              //重载运算符+=
        {m_X += add.m_X;
        m_Y += add.m_Y;
        return *this;                         //返回当前对象
        }
    protected:
        int m_X;
        int m_Y;
};
Data::Data(int x, int y) : m_X(x), m_Y(y) {}
void Data::set_xy(int x,int y)
{ m_X=x; m_Y=y; }
int Data::get_X() const
{ return m_X; }
int Data::get_Y() const
{ return m_Y; }
long Data::norm()
{ return m_X*m_X+m_Y*m_Y; }
class T_Data:public Data
{ public:
    T_Data(int x=0,int y=0,int z=0);
    void set_xyz(int x,int y,int z);
    int get_Z();
    long norm();
    T_Data& operator+= (T_Data& add)
    {
        m_X += add.m_X;
        m_Y += add.m_Y;
        m_Z += add.m_Z;
        return *this;                         //返回当前对象
    }
    protected:
    int m_Z;
};
T_Data::T_Data(int x,int y,int z):Data(x,y),m_Z(z){ }
void T_Data::set_xyz(int x,int y,int z)
{ m_X=z;m_Y=y;m_Z=z; }
int T_Data::get_Z()
{ return m_Z; }
long T_Data::norm()
{ return m_X*m_X+m_Y*m_Y+m_Z*m_Z; }
```

```
int main()
    { Data d1(10,20);
    Data d2;
    T_Data d3(10,20,30);
    T_Data d4;
    d2.set_xy(20,40);
    d4.set_xyz(5,10,15);
    cout << "d1 = ( " << d1.get_X() << " , " << d1.get_Y() << " )" << endl;
    cout << "d2 = ( " << d2.get_X() << " , " << d2.get_Y() << " )" << endl;
    d2 += d1;                        //调用 Data 类的重载运算符：+=
    cout << "d2 = ( " << d2.get_X() << " , " << d2.get_Y() << " )" << endl;
    cout << "d3 = ( " << d3.get_X() << " , " << d3.get_Y() << " , " ;
    cout<< d3.get_Z() << " )" << endl;
    cout << "d4 = ( " << d4.get_X() << " , " << d4.get_Y() << " , " ;
    cout << d4.get_Z() <<    " )" << endl;
    d4 += d3;                        //调用 T_Data 类的重载运算符：+=
    cout << "d4 = ( " << d4.get_X() << " , " << d4.get_Y() << " , " ;
    cout << d4.get_Z() << " )" << endl;
    cout<<"d1's norm is "<<d1.norm()<<endl;
    cout<<"d4's norm is "<<d4.norm()<<endl;
    return 0;
    }
```

程序运行结果如下：

```
d1 = ( 10, 20 )
d2 = ( 20, 40 )
d2 = ( 30, 60 )
d3 = ( 10, 20, 30 )
d4 = ( 15, 10, 15 )
d4 = ( 25, 30, 45 )
d1's norm is 500
d4's norm is 3550
```

在例 9.1 中，Data 类中的成员函数 getX 和 getY 声明为常成员函数，作用是只允许函数引用类中的数据，而不允许修改它们，以保证类中数据的安全。数据成员 m_X、m_Y 声明为 protected，这样可以被派生类 T_Data 访问。

可以看到，在 Data 类和 T_Data 类中都声明了运算符"+="，两次重载的运算符"+="的参数类型不同，编译系统会根据参数类型决定调用哪一个运算符重载函数。

主函数对 d4.norm() 的引用直观上看既可能是 Data 类中的 norm() 又可能是 T_Data 类中的 norm()，但是编译器在编译时可以根据支配规则（同名覆盖）判断出所要调用的是 T_Data 类的 norm()。

9.1.2　运行时的多态性

运行时多态性的实现是指在程序运行过程中根据具体情况来确定调用的是哪一个函数，它是通过动态联编机制实现的，它的运行效率低于静态联编，因为要花额外的开销去推测所调用的是哪一个函数。虽然动态联编的运行效率低于静态联编，但是动态联编为程序的具体实现带来了巨大的灵活性，使得对各种不同问题空间对象的描述变得容易，使函数调用的风格比较接近人们的习惯。

【例 9.2】运行时的多态性。仍然用例 9.1 中定义的 Data 类和 T_Data 类。

程序代码如下：

```
//***** ex9_2.cpp *****
//此处加上例 9.1 中定义的 Data 类和 T_Data 类
int main()
{    Data *p;
     T_Data d3(10,20,30);
     cout << "d3 = ( " << d3.get_X() << " , " << d3.get_Y() <<" , ";
     cout<< d3.get_Z() << " )" << endl;
     p=&d3;                           //用基类指针指向派生类对象
     cout<<"d3's norm is(*p)   "<<p->norm()<<endl;
     cout<<"d3's norm is (d3)"<<d3.norm()<<endl;
     return 0;
}
```

程序运行结果如下：

```
d3 = ( 10, 20, 30 )
d3's norm is(*p)   500
d3's norm is (d3)1400
```

main 函数中通过 T_Data 的基类指针 p 调用了 Data 类的函数 norm()，在 main 函数中通过语句 p=&d3 语句将对象 d3 的地址赋给 p，希望 p 能够记住它此刻所指为 T_Data 类的对象，进而通过 p->norm()调用 T_Data 类的 norm()函数，但是实际上 p 是指向基类 Data 的 norm()，输出的是前两个数的平方和。要达到编程者的目的就需要用到运行时的多态性，即动态联编来解决。C++通过提供虚函数来支持运行时多态性。

运行时的多态性是面向对象的一个非常重要的特征，再来看一个结构化编程中的例子。

【例 9.3】下面这段程序是利用多分支结构编程模拟实现绘制图形的函数。

程序代码如下：

```
//***** ex9_3.cpp *****
void draw(int obj_figure)
{    switch(obj_figure)
     case 0:                          //rectangle
          draw_rectangle();           //cout<<"draw rectangle"<<endl;
          break;
     case 1:                          //triangle
          draw_triangle();            //cout<<"draw triangle"<<endl;
          break;
     case 2:                          //circle
          draw_circle();              //cout<<"draw_circle"<<endl;
          break;
}
```

例 9.3 是一个绘图实例。不同图形的绘制方法可能不相同，这样我们要根据不同图形的类型调用特定的绘图方法。在程序编译时系统预先绑定了各种绘图方法，即静态联编。但使用 switch 逻辑有许多问题：程序员可能忘记在需要的时候进行这样的类型测试，也可能忘记在 switch 中测试所有可能的情况；如果通过添加新类型而修改基于 switch 的系统，则程序员可能忘记在所有现有的 switch 语句中插入新的情况，处理新类型而添加或删除类要求修改系统中的每条 switch 语句，而且容易出错。

显然这种编程方式使得程序的可维护性和可扩充性都变得很差。那么有没有更好的方法实现上述例子？看看下面的程序段：

```
void draw(void * f)
{
    (*f)();
}
```

可以传递一个函数指针给程序，根据不同的函数指针调用不同的绘图方法，这就是程序的"动态联编"，也称"后期绑定"，编译器一开始并不决定调用哪一种图形的绘制方法，而在程序运行时根据参数（函数指针）决定调用什么图形的绘制方法。

面向对象技术中的运行时多态性就是运用了"动态联编"技术，可以在基类中定义一个虚函数，然后在派生类中覆盖它，当调用此方法时，系统会根据对象的类型来决定调用哪一个对象的方法。这样利用多态性编程可以不需要 switch 逻辑。程序员可以使用虚函数机制自动执行等价的逻辑，从而避免与 switch 逻辑相关的各种错误。下面一节将详细介绍虚函数的用法。

9.2　虚函数

虚函数从表现形式看是指那些被 virtual 关键字修饰的成员函数。类的一个成员函数如果被说明为虚函数，表明它目前的具体实现仅是一种适用于当前类的实现，而在该类的继承层次链条中有可能重新定义这个成员函数的实现，即这个虚函数可能会被派生类的同名函数所覆盖（override）。

虚函数的定义可以参考如下程序段：

```
class  <ClassName>
{
    …
    virtual void MyFunction();
    …
};
void <ClassName>::MyFunction()
{…}
```

当某一个成员函数在基类中被定义为虚函数时，那么只要同名函数出现在派生类中，如果在类型、参数等方面均保持相同，那么，即使在派生类中的相同函数前没有关键字 virtual，它也被默认地看成是一个虚函数。

9.2.1　虚函数的作用

多态性是通过虚函数实现的，当通过基类指针（或者引用）发出请求使用虚函数时，执行程序可以在与对象相关的正确的派生类中选择正确的覆盖函数。

在例 9.2 中，在基类 Data 中定义了非虚成员函数 norm()，而且在派生类 T_Data 中被同名函数覆盖。如果通过指向派生类对象的基类指针来调用成员函数 norm()，则实际调用的是基类的成员函数 norm()。如果通过派生类指针来调用成员函数，则使用派生类对象的成员函数 norm()，这是非多态行为。

对例 9.1 的程序稍做修改，在 Data 类中声明 norm()函数时，在最左边加一个关键字 virtual，即：

```
virtual long norm();
```

这样 Data 类的 norm()函数就被声明为虚函数。类的其他部分都不改动， 再运行例 9.2 程序，会得到下面的结果：

```
d3 = ( 10, 20, 30 )
d3's norm is (*p) 1400
d3's norm is (d3) 1400
```

这时 p->norm()调用的是我们所希望的 d3 对象（T_Data 类）的 norm()函数而不是基类（Data 类）对象的 norm()函数。对于 p 这个基类指针来说，它可以调用同一类层次结构中不同类对象的虚函数。对同一消息，不同对象（p 指向的不同对象）有不同的响应方式，这就是多态性。

再看用面向对象中的多态性改写例 9.3 得到的如下程序。

【例 9.4】 虚函数的作用。

1. 不使用虚函数

程序代码如下：

```cpp
//***** ex9_4_1.cpp *****
#include <iostream>
using std::cout;
using std::endl;
class figure
{    public:
    void draw()
    {
        cout<<"draw figure"<<endl;
    }
};
class rectangle:public figure
{    void draw()
    {
        cout<<"draw rectangle"<<endl;
    }
};
class triangle:public figure
{    void draw()
    {
        cout<<"draw triangle"<<endl;
    }
};
int main()
{    figure *f;
    rectangle r1;
    triangle t1;
    f=&r1;                      //基类指针 f 指向派生类对象 r1
    f->draw();                  //调用基类的成员函数 draw()
```

```
        f=&t1;                     //基类指针 f 指向派生类对象 t1
        f->draw();                 //调用基类的成员函数 draw()
        return 0;
    }
```

程序运行结果如下：

```
draw figure
draw figure
```

2. 使用虚函数

程序代码如下：

```
//***** ex9_4_2.cpp *****
#include <iostream>
using std::cout;
using std::endl;
class figure
{   public:
    virtual void draw()            //将 draw()定义为虚函数
    {
        cout<<"draw figure"<<endl;
    }
};
class rectangle:public figure
{   void draw()
    {
        cout<<"draw rectangle"<<endl;
    }
};
class triangle:public figure
{   void draw()
    {
        cout<<"draw triangle"<<endl;
    }
};
int main()
{   figure *f;
    rectangle r1;
    triangle t1;
    f=&r1;                         //基类指针 f 指向派生类对象 r1
    f->draw();                     //调用 r1 的成员函数 draw()
    f=&t1;                         //基类指针 f 指向派生类对象 t1
    f->draw();                     //调用 t1 的成员函数 draw()
    return 0;
}
```

程序运行结果如下：

```
draw rectangle
draw triangle
```

通过上面的两个例子对比可以看到，本来基类指针是用来指向基类对象的，如果用它指向派生类对象，则进行指针类型转换，将派生类对象的指针转换为基类的指针，因此基类指针指向的是派生类对象的基类部分。在未使用虚函数的第一个程序中，无法通过基类指针去调用派生类对象中的成员函数。而第二个程序通过声明基类的成员函数为虚函数，使基类指针指向派生类对象后，调用虚函数时就调用了派生类的虚函数。由于在编译时是不能确定指针所指向的函数的，这就要靠动态联编来实现。

那么系统是怎么实现动态联编或者后期绑定的，也就是说系统是如何知道该调用哪一个对象的函数呢？这就是虚函数的作用，其实当把一个函数声明为虚函数时，编译器就在类结构里加上一个指针，该指针被称为虚指针，它指向的是一个虚函数表（Vtable），该表包含了类中所有虚函数的地址，也包含其基类的。这样，对于声明了虚函数的类对象，系统在得到对象的指针后会查找虚函数表，找到该对象的虚函数的函数指针，然后调用该函数，如果此虚函数未被派生类实现那么系统会调用其基类的虚函数。

9.2.2 虚函数的使用

虚函数的实现机制和调用方式与非虚函数不同，虚函数的使用需要注意以下几点。

1. 虚函数的声明

只能将类的成员函数声明为虚函数，而不能将类外的普通函数声明为虚函数。虚函数的作用是允许在派生类中对基类的虚函数重新定义，因而它只能用于类的继承层次结构中。

一旦成员函数被声明为虚函数，则从那时开始，在继承层次中，它总是虚函数，即使当派生类覆盖它的时候没有使用关键字 virtual 也是如此。

即使因为在较高的类层次中进行了声明，而使某些函数成为隐含的虚函数，但还是应该在任何层次上都显式使用 virtual 关键字声明这些函数是虚函数，以使程序更加清晰。

2. 虚函数的访问权限

派生类中虚函数的访问权限并不影响虚函数的动态联编，如例 9.5，其中派生类 CDerived 中重新定义了虚函数 F4()，在程序的运行中由于虚函数的机制，在 CBase::F3() 中调用 F4() 时会调用 CDerived::F4()，而该函数的访问权限是私有的。

3. 成员函数中调用虚函数

在类的成员函数中可以直接调用相应类中定义或重新定义的虚函数，分析这类函数的调用次序时要注意成员函数的调用一般是隐式调用，应该将其看成是通过 this 指针的显式调用。

【例 9.5】在成员函数中调用虚函数。

程序代码如下：

```cpp
//***** ex9_5.cpp *****
#include <iostream>
using namespace std;
class CBase
{   public:
    void F1()
    {    cout<<"=>CBase-F1=>";
         F2();
    }
    void F2()
    {    cout<<"CBase-F2=>";
         F3();
    }
    virtual void F3()
```

```
        {    cout<<"CBase-F3=>";
                 F4();                    //即 this->F4()
        }
        virtual void F4()
        {    cout<<"CBase-F4=>";    }
    };
    class CDerived:public CBase
    {    private:
        virtual void F4()
        {    cout<<"Derived-F4=>out"<<endl;    }
        public:
        void F1()
        {    cout<<"=>Derived-F1=>";
             CBase::F2();
        }
        void F2()
        {    cout<<"=>Derived-F2=>";
             F3();                    //即 this->F3()
        }
    };
    int main()
    {
        CBase *pB;
        CDerived Obj;
        pB=&Obj;
        pB->F1();
        Obj.F1();
        return0;
    }
```

程序运行结果如下：

```
    =>CBase-F1=>CBase-F2=>CBase-F3=>Derived-F4=>out
    =>Derived-F1=>CBase-F2=>CBase-F3=>Derived-F4=>out
```

　　在例 9.5 中，类的成员函数引用了虚函数，其形式与引用非虚函数相同，但是由于虚函数的调用将与调用者相匹配，因此函数的调用顺序更复杂。在父类成员函数中调用虚函数可能导致对子类虚函数的调用。如上述程序中，Obj.F1()调用的是子类的非虚函数 CDerived::F1()，在这个函数中调用父类中的 CBase::F2()，在 CBase::F2()中对虚函数 F3()进行调用，等价于 this->F3()，这时 this 指向的是 CDerived 类的 Obj 对象，由于 CDerived 类中没有定义 F3()虚函数，因此调用基类的 F3()，该函数对虚函数 F4()的调用等价于 this->F4()，this 指向 CDerived 类，因此调用的是 CDerived::F4()。

　　程序中 p->F1()的调用情况也可类似分析，F1()不是虚函数，因此 p 指针虽然指向子类对象 Obj，但 p 的类型为 CBase *，因而调用 CBase::F1()，接下来的函数调用顺序与 Obj.F1()的函数调用顺序相同。

　　4．构造函数和析构函数调用虚函数

　　对于出现在构造函数和析构函数中的虚函数，C++编译器采取静态联编的方式决定所调用的具体函数，因此调用的虚函数只能是基类或自己所属类中的虚函数，这样规定是因为子类实例的创建是在父类初始化之后，所以在构造函数中无法调用子类的虚函数；另一方面，子类析构函数的调用又在父类实例消亡之前，所以在析构函数中同样无法调用子类的虚函数。

5. 空虚函数

有时，在类层次结构的某个子类中需要定义虚函数，但并不是每个虚函数都需要具体实现，可以在该层定义空虚函数，即函数体是空的。

在什么情况下需要将一个成员函数声明为虚函数，首先要看成员函数所在的类是否会作为基类。然后看该成员函数在派生类中是否需要改变功能，如果希望改变其功能，一般应将其声明为虚函数。

9.2.3 多重继承与虚函数

在类的多重继承情况中也可以使用虚函数。

【例 9.6】多重继承和虚函数。

程序代码如下：

```
//***** ex9_6.cpp *****
#include<iostream>
using namespace std;
class CA
{    public:
        virtual void Fun()
        { cout<<"CA::Fun"<<endl;}
};
class CB
{    public:
        virtual void Fun()
        { cout<<"CB::Fun"<<endl; }
};
class CC:public CA,public CB
{    public:
        virtual void Fun()
        { cout<<"CC::Fun"<<endl; }
};
int main()
{
    CA *pA=new CC;              //建立一个类 CC 的临时对象，将其地址赋给指针变量 pA
    CB *pB=new CC;
    pA->Fun();
    pB->Fun();
    return 0;
}
```

程序运行结果如下：

```
CC::Fun
CC::Fun
```

程序中指向父类 CA、CB 的指针 pA、pB 分别被赋予了派生类 CC 对象的地址，由于 Fun()函数为虚函数，因此通过两个指针调用该函数的结果是都调用了派生类的函数 CC::Fun()。

在多层次多重继承结构中，为了使派生类只保持基类的一份拷贝，对基类的继承可以声明为虚基类继承方式，这时的虚函数调用会比较复杂。

【例 9.7】具有虚函数的虚基类。

程序代码如下：

```cpp
//***** ex9_7.cpp *****
#include <iostream>
using namespace std;
class CBase
{    public:
        virtual void Fun1(){}
};
class CDerived1:virtual public CBase
{    public:
        virtual void Fun1()
        {   cout<<"CDerived1::Fun1"<<endl;   }
};
class CDerived2:virtual public CBase
{    public:
        virtual void Fun2()
        {   cout<<"CDerived2::Fun2"<<endl;
            Fun1();
        }
};
class CDerived:virtual public CDerived1,virtual public CDerived2
{    };
int    main()
{    CDerived2 *p=new CDerived;
     p->Fun2();
     return 0;
}
```

程序运行结果如下：

```
CDerived2::Fun2
CDerived1::Fun1
```

在例 9.7 的类 CDerived1 和类 CDerived2 中分别定义了虚函数 Fun1()和 Fun2()，在基类 CBase 中定义了空虚函数 Fun1()，注意函数 CDerived1::Fun2()调用了成员函数 Fun1()，由于类 CDerived2 中没有定义 Fun1()，因此调用会指向基类的 CBase::Fun1()函数，而 CBase::Fun1() 定义的是虚函数，最终会调用哪个 Fun1()成员函数取决于指针所指的对象。

主函数中的 CDerived 基类指针 p 指向的对象是 CDerived 类对象，因此 p->Fun2()会查找 CDerived 类对象中是否定义了该虚函数，没有则调用 CDerived2::Fun2()并将 this 指针（指向 Derived 类对象）传给 CDerived2::Fun2()函数，该函数执行时对 Fun1()的调用等价于 this->Fun1()，根据虚函数的调用原则，会寻找 CDerived 中的 Fun1()，同样该类也没有定义这个虚函数，因此调用其继承过来的父类中的函数，即 CDerived1::Fun1()。通过上述这种继承层次结构，一条路径对虚函数的调用会激活另一条路径上的虚函数，因此通过这种形式可以实现作为父类的两个兄弟类实例之间的通信。

9.2.4 虚析构函数

析构函数的作用是在对象撤销之前做必要的清理工作，如关闭文件、释放内存资源等。

当派生类的对象从内存中撤销时一般先调用派生类的析构函数，再调用基类的析构函数。但如果用 new 运算符建立了临时对象，若基类中有析构函数，并且定义了一个指向该基类的指针变量，那么，当用 delete 运算符撤销该指针所指向的对象时，系统会只执行基类的析构函数，而不执行派生类的析构函数。

【例 9.8】派生类对象的析构函数。

程序代码如下：

```cpp
//***** ex9_8.cpp *****
#include <iostream>
using namespace std;
class CBase
{    public:
     ~CBase()
     {    cout<<"In CBase::~CBase()"<<endl;    }
};
class CDerived:public CBase
{    public:
     ~CDerived()
     {    cout<<"In CDerived::~CDerived()"<<endl;    }
};
int main()
{    CBase *p=new CDerived;
     delete p;
     return 0;
}
```

程序运行结果如下：

```
In CBase::~CBase()
```

在例 9.8 中，p 是基类 CBase 的指针变量，指向 new 开辟的动态存储空间，用 delete p 希望释放 p 所指向的空间。

程序只执行了基类 CBase 对象的析构函数，而没有执行派生类 CDerived 对象的析构函数。这个问题有一个简单的解决方案，即将基类的析构函数声明为虚析构函数。将程序做如下修改。

【例 9.9】派生类对象的虚析构函数。

程序代码如下：

```cpp
//***** ex9_9.cpp *****
#include <iostream>
using namespace std;
class CBase
{    public:
     virtual ~CBase()
     {    cout<<"In CBase::~CBase()"<<endl;    }
};
class CDerived:public CBase
{    public:
     virtual ~CDerived()
```

```
        {    cout<<"In CDerived::~CDerived()"<<endl;   }
};
int main()
{    CBase *p=new CDerived;
     delete p;
     return 0;
}
```

程序运行结果如下：

```
In CDerived::~CDerived()
In CBase::~CBase()
```

定义虚析构函数后，程序中删除 p 所指对象时会自动判断所指对象的具体类型，然后调用适当的析构函数，上述程序执行语句 delete p 时会调用 CDerived::~CDerived()，而不是基类的析构函数。CDerived::~CDerived()不但对 CDerived 类的成员进行了析构，而且在退出前会根据析构函数调用机制自动调用父类 CBase 的析构函数，从而完成整个对象的析构。

9.3　纯虚函数与抽象类

9.3.1　纯虚函数

与问题空间的客观系统相对应，一个软件系统的功能由类层次中的各个类所实现，不同的类提供了相应层次的功能实现，通过类的用户接口可以调用这些功能，人们所习惯的不是将功能在不同类层次的实现用不同的接口表示，而是将概念上相似的功能用一个统一的接口表示。例如，一个图形处理系统可能提供了"绘图"这一功能，但"绘图"对各个不同的对象的含义是不同的，如对"圆"这个对象来说，"绘图"就是绘制一个圆形，而对"方形"来说，"绘图"就是绘制一个方形，这些"绘图"功能的具体实现由各个类提供，但对整个系统来讲它们应该具有相同的接口，在调用时应能够根据具体情况确定调用哪一个具体实现。虚函数可以帮助人们做到这一点，将若干个概念上相似的操作描述为一个虚函数，该虚函数在较高层次上表示一种功能的接口，而在不同类中对该函数的重新定义就是该项功能不同层次上的实现，虚函数调用机制可以保证虚函数的某个恰当的实现被调用。这样，利用虚函数，可以使系统中多个相似的功能具有统一的接口，从而改善了类的用户接口。

在程序设计中，通常会在类层次的顶层以虚函数的形式给出该类层次所提供的某些操作的统一接口，由于层次较高，有些操作无法（也无必要）给出具体的实现，对于这种情况可以不对虚函数的实现进行定义，而将它们说明为纯虚函数。纯虚函数是在声明虚函数时被"初始化"为 0 的函数。声明纯虚函数的一般形式如下：

```
virtual    函数类型    函数名(参数表列)=0;
```

注意：

（1）纯虚函数无函数体，只起到为派生类提供一个统一接口的作用，在派生类中只有重新定义了虚函数的函数体，该函数才成为具有实际意义的虚函数。

（2）声明最后面的 "=0" 并不表示函数返回值为 0，它只起形式上的作用，告诉编译程序 "这是纯虚函数"。

（3）这是一个声明语句，最后应有分号。

　　纯虚函数只有函数的名字而不具备函数的功能，不能被调用。它的作用是在基类中为其派生类保留一个函数的名字，以便派生类根据需要对它进行定义。如果在基类中没有保留函数名字，则无法实现多态性。

　　在类的成员函数中可以调用纯虚函数，实际上这只是一个对该种接口所代表操作的一个调用，而不是指对真正的纯虚函数的调用。由于成员函数中对其他成员函数的调用是一种隐式调用，在成员函数中保存有指向调用该成员函数的对象的指针（this 指针），因此成员函数中虚函数的调用等价于通过 this 指针直接调用纯虚函数。根据虚函数的调用机制，将调用 this 指针所指对象中对应的虚函数，该虚函数是它的基类纯虚函数的具体实现。

9.3.2　抽象类

　　具有纯虚函数的类无法用于创建对象，因为它的纯虚函数无函数体，所以又把这种含有纯虚函数的类称为抽象类。抽象类的主要作用是为一个族类提供统一的公共接口，用户在这个基础上根据自己的需要定义出功能各异的派生类，以有效地发挥多态的特性。

　　使用抽象类时应注意以下问题：

　　（1）抽象类只能用作其他类的基类，不能建立抽象类的对象。因为它的纯虚函数没有定义功能。

　　（2）抽象类不能用作参数类型、函数的返回类型或显式转换的类型。

　　（3）可以声明抽象类的指针和引用，通过它们，可以指向并访问派生类对象，从而访问派生类的成员。

　　（4）如果在抽象类所派生出的新类中对基类的所有纯虚函数进行了定义，那么这些函数就被赋予了功能，可以被调用。这个派生类就不是抽象类，而是可以用来定义对象的具体类。如果在派生类中没有对所有纯虚函数进行定义，则此派生类仍然是抽象类，不能用来定义对象。

　　一个类层次结构中可以不包含任何抽象类，每一层次的类都是可以用来建立对象的。但是，许多好的面向对象系统，其层次结构的顶层是一个抽象类，甚者顶部好几层都是抽象类。

　　抽象类的使用有时还具有另外一种意义：客观事物某些组成部分之间有时缺少类之间的直接联系（如派生、聚合、关联等），但人们通过对它们进行抽象和分类，把它们归属于同一类，使得它们建立起一种抽象的关系，这样可以借助抽象类的概念，将这些无直接关系的类通过抽象类联系在一起，形成一个系统。例如对于已存在的描述圆的 CCircle 类和描述矩形的 CRectangle 类，如果将这两个类构成一个系统，那么好的风格是将这两个类通过一个抽象类如 CShape 联系起来，这个 CShape 抽象类描述的既不是圆也不是矩形，同时又和它们都有关，是一个抽象的图形。

9.4　抽象类实例

　　一个抽象类就是一个界面。类层次结构是一种逐步递增地建立类的方式。有些抽象类也提供了重要的功能，支持进一步向上构造。类层次结构中的各个类一方面为用户提供了有用的功能，同时也作为实现更高级或者更特殊的类的构造块。这种层次结构对于支持以逐步求精方式进行的程序设计是非常理想的。

　　下面是一个完整的实例。

【例 9.10】抽象类实例。

程序代码如下：

```
//***** ex9_10.cpp *****
#include <iostream>
using namespace std;
class CShape                                        //定义为一个抽象类，即一个图形界面接口
{   public:
    virtual double area() const {return 0.0;}       //定义为虚函数，允许后面覆盖
    virtual void printShapeName() const=0;          //定义为纯虚函数，由派生类负责实现
    virtual void draw() const=0;                    //定义为纯虚函数
};
class CPoint:public CShape                           //公有继承 CShape
{   public:
    CPoint(int=0,int=0);                            //声明构造函数
    void setPoint(int,int);
    int getX() const
    {   return x;   }
    int getY() const
    {   return y;   }
    virtual void printShapeName() const             //覆盖 CShape 基类的纯虚函数
    {   cout<<"Point:";   }
    virtual void draw() const;
    private:
    int x,y;
};
CPoint::CPoint(int a,int b)                          //CPoint 构造函数的实现
{   setPoint(a,b);   }
void CPoint::setPoint(int a,int b)
{   x=a;
    y=b;
}
void CPoint::draw() const
{   cout<<"["<<x<<", "<<y<<"]";   }
class CCircle:public CPoint
{   public:
        CCircle(double r=0.0, int x=0,int y=0);
        void setRadius(double) ;
        double getRadius() const;
        virtual double area() const;
        virtual void printShapeName() const
        {   cout<<"Circle:";   }
        virtual void draw() const;
    private:
        double radius;
};
CCircle::CCircle(double r,int a,int b):CPoint(a,b)
{   setRadius(r); }
void CCircle::setRadius(double r)
{   radius=r>0?r:0; }
double CCircle::getRadius() const
```

```
{    return radius; }
double CCircle::area() const
{    return 3.1415926*radius*radius; }
void CCircle::draw() const
{    CPoint::draw();
     cout<<"; Radius="<<radius;
}
class CRectangle:public CPoint
{    public:
         CRectangle(double width=0.0,double height=0.0, int x=0, int y=0);
         void setWidth(double);
         double getWidth();
         void setHeight(double);
         double getHeight();
         virtual double area() const;
         virtual void printShapeName() const
         {    cout<<"Rectangle: ";}
         virtual void draw() const;
     private:
         double width;
         double height;
};
CRectangle::CRectangle(double w,double h,int x, int y): CPoint(x,y)
{    setWidth(w);
     setHeight(h);
}
void CRectangle::setWidth(double w)
{    width=w>0?w:0;    }
void CRectangle::setHeight(double h)
{    height=h>0?h:0; }
double CRectangle::getWidth()
{    return width; }
double CRectangle::getHeight()
{    return height; }
double CRectangle::area() const
{    return width*height; }
void CRectangle::draw() const
{    CPoint::draw();
     cout<<" width="<<width<<"; Height= "<<height;
}
void ViaPointer(const CShape *);
void ViaReference(const CShape &);
int main()
{
     CPoint point(5,9);                          //定义 point 对象并初始化
     CCircle circle(4.5,14,8);                   //定义 circle 对象并初始化
     CRectangle rectangle(12,3.5,8,9);           //定义 rectangle 对象并初始化
     point.printShapeName();                     //静态绑定
     point.draw();                               //静态绑定
     cout<<endl;
```

```
        circle.printShapeName();                    //静态绑定
        circle.draw();                              //静态绑定
        cout<<endl;
        rectangle.printShapeName();                 //静态绑定
        rectangle.draw();                           //静态绑定
        cout<<endl;
        CShape *Shapes[3];
        Shapes[0]=&point;                           //指向 point 对象的基类指针
        Shapes[1]=&circle;                          //指向 circle 对象的基类指针
        Shapes[2]=&rectangle;                       //指向 rectangle 对象的基类指针
        cout<<"Virtual function calls made off"<<" base-class pointers"<<endl;
        for(int i=0;i<3;i++)
            ViaPointer(Shapes[i]);                  //指针作为实参
        cout<<"Virtual function calls made off"<<" base-class references"<<endl;
        for(int j=0;j<3;j++)
            ViaReference(*Shapes[j]);               //指针所指对象作为实参
        return 0;
    }
    void ViaPointer(const CShape *basePtr)          //基类指针
    {   basePtr->printShapeName();                  //动态绑定，即运行时多态
        basePtr->draw();                            //动态绑定
        cout<<";Area="<<basePtr->area()<<endl;
    }
    void ViaReference(const CShape &baseClassRef)   //基类对象的引用
    {   baseClassRef.printShapeName();              //动态绑定
        baseClassRef.draw();                        //动态绑定
        cout<<";Area="<<baseClassRef.area()<<endl;
    }
```

程序运行结果如下：

```
    Point:[5, 9]
    Circle:[14, 8]; Radius=4.5
    Rectangle: [8, 9] width=12; Height= 3.5
    Virtual function calls made off base-class pointers
    Point:[5, 9];Area=0
    Circle:[14, 8]; Radius=4.5;Area=63.6173
    Rectangle: [8, 9] width=12; Height= 3.5;Area=42
    Virtual function calls made off base-class references
    Point:[5, 9];Area=0
    Circle:[14, 8]; Radius=4.5;Area=63.6173
    Rectangle: [8, 9] width=12; Height= 3.5;Area=42
```

　　在例 9.10 中，抽象基类 CShape 以 3 个公有虚函数的形式提供了可继承的接口。函数 printShapeName 和 draw 是纯虚函数，所以每个派生类中将覆盖它们。函数 area 定义为返回 0。当派生类有不同的 area 计算方法时，这个函数在派生类中将被覆盖。

　　类 CPoint 是以公用继承关系从 CShape 派生的。CPoint 的面积为 0，因此没有在这里覆盖基类成员函数 area。函数 printShapeName 和 draw 是在基类中作为纯虚函数定义的实现，如果没有在类 CPoint 中覆盖这些函数，那么 CPoint 也会是抽象类，那就不能实例化 CPoint 对象。

　　类 CCircle 是以公用继承关系从 CPoint 派生的。CCircle 没有非 0 的面积，所以在这个类中覆盖了 area 函数。函数 printShapeName 和 draw 函数是对 CShape 类中的纯虚函数的实现。

如果没有在这里覆盖这些函数，则将继承这些函数的 CPoint 版本。

类 CRectangle 是以公用继承关系从 CPoint 派生的。CRectangle 同样没有非 0 的面积，因此在这个类中覆盖了 area 函数。函数 printShapeName 和 draw 函数是对 CShape 类中的纯虚函数的实现。如果没有在这里覆盖这些函数，则同样将继承这些函数的 CPoint 版本。

main 函数首先实例化 CPoint、CCircle、CRectangle 三个类，并通过实例化的对象 point、circle、rectangle 分别调用函数 printShapeName 和 draw 来输出对象的名称和与对象相关的属性。这些调用都使用了静态绑定，即编译时编译程序已经知道调用 printShapeName 和 draw 的每个对象的类型。

接着程序声明了数组 Shapes，每个元素都是类型 CShape*。这个基类指针数组用于指向每个派生类对象。然后程序分别通过指针（ViaPointer）和引用（ViaReference）方式调用了派生类对象定义的虚拟函数，这些调用都使用了动态绑定，即运行时多态。从结果可以看出，使用基类引用所产生的输出和使用基类指针的输出是一样的。

从例 9.10 可以进一步看出，抽象基类允许包含一个或者一个以上的纯虚函数，抽象基类的主要作用在于作为本类族的公共接口，因此能响应同一形式的消息，如例 9.10 中的 ViaPointer->draw()，但响应的方式因对象不同而不同，这是因为不同的类中对虚函数的定义不同。因此在通过虚函数实现运行时多态性时，可以不必考虑对象是哪一个派生类的，而都通过基类的指针调用同一类族中不同类的虚函数，给程序设计带来了很大的方便性和灵活性。

习题 9

一、填空题

1．如果类包含了一个或多个纯虚函数，则它是_____。

2．在编译时解析的函数调用称为_____绑定，在运行时解析的函数调用称为_____绑定。

3．如果在类中定义了一个成员函数为_____，则表明在该继承层次链条的派生类中有可能重新定义这个成员函数的实现，即这个_____可能会被派生类的同名函数所覆盖（override）。

二、程序阅读题

```cpp
#include <iostream>
using namespace std;
class A
{    public:
     virtual void a()
     {    cout<<"A::a()"<<endl;    }
     void b()
     {    cout<<"A::b()"<<endl;    }
};
class B:public A
     {    public:
```

```
            virtual void a()
            {    cout<<"B::a()"<<endl;    }
            void b()
            {    cout<<"B::b()"<<endl;    }
        };
        class C:public B
        {    public:
            virtual void a()
            {    cout<<"C::a()"<<endl;    }
            void b()
            {    cout<<"C::b()"<<endl;    }
        };
        int main()
        {    A *p1;
             B b1;
             C c1;
             p1=&b1;
             p1->a();
             p1->b();
             p1=&c1;
             p1->a();
             p1->b();
             return 0;
        }
```

三、程序设计题

1. 设计一个类层次结构，基类 CPerson 描述一般的人，具有姓名、性别、年龄等属性及获取和设置这些属性的方法（函数）。两个子类分别为 CStudent 和 CTeacher，CStudent 类中增加学号、总成绩属性及相应的方法；CTeacher 类中增加工资、授课名称（一门课）及相应的方法。以上各类都有一个共同的 print 方法，输出该对象的相关信息。为各类添加构造函数及其他必要的函数并编写 main 函数进行验证。

2. 写一个程序，定义抽象基类 CShape，由它派生出 3 个类：CCircle（圆形）、CSquare（方形）、CTriangle（三角形）。用虚函数分别计算几种图形面积，并求它们的和。要求用基类指针数组，使它的每一个元素指向一个派生类对象。

第 10 章　输入/输出流

在程序设计中，数据输入/输出操作是必不可少的，C++的数据输入/输出操作是通过 I/O 流类库来实现的。C++把对象之间数据的传输操作称为流（stream），如果数据的传递是在设备之间进行的，这种流就称为I/O流。流既可以表示数据从内存传送到某个载体或设备中，即输出流，也可以表示数据从某个载体或设备传送到内存中，即输入流。本章介绍 C++的 I/O 流类库及该类库所提供的常用操作。

10.1　C++的输入/输出

C++的输入/输出是以流（字节序列）的形式进行的。C++的流不仅可以输出标准类型的数据，也可以输出用户自定义类型的数据。这种可扩展性是 C++输入/输出的重要特点之一，它能提高软件的可重用性，加快软件的开发过程。

C++的输入/输出主要有以下三种：

（1）对系统指定的标准设备的输入/输出，即从键盘输入数据，输出到屏幕。这种输入/输出称为标准的输入/输出，简称标准 I/O。

（2）以外存磁盘文件为对象进行的输入/输出，称为文件的输入/输出。

（3）对内存指定的空间进行输入/输出。通常指定一个字符数组作为存储空间，称为字符串输入/输出。

为了实现数据的有效流动，C++系统提供了庞大的 I/O 流类库，通过调用不同的类去实现以上三种输入/输出。

10.1.1　C++流的概念

在 C++中，用类定义对象时，系统将为对象的数据成员分配存储单元。通常，在程序执行过程中，使用输入设备（如键盘）将数据输入到为对象数据成员分配的存储单元中，经过运算处理后，对象数据成员存储单元中的数据要通过输出设备传递给用户，或保存在磁盘文件中。

1. 流与流类

输入/输出是数据传送的过程，数据如流水一样从一处流向另一处，C++形象地将此过程称为流。C++的输入/输出流是由若干字节组成的字节序列，这些字节中的数据按一定的顺序从一个对象传送到另一个对象。流具有方向性，与输入设备相联系的流称为输入流，与输出设备相联系的流称为输出流，与输入/输出设备相联系的流称为输入/输出流。从流中获取数据的操作称为提取操作，向流中添加数据的操作称为插入操作。

C++提供了一些供程序设计者使用的类，在这些类中封装了可以实现输入/输出操作的函数，这些类统称为 I/O 流类。流是用流类定义的对象，如 cin、cout 等，向程序设计者提供输入/输出接口，该接口使得程序的设计与所访问的具体设备无关。如用户使用输出流的写操作成员函数可以实现对一个磁盘文件的写操作，也可以实现将输出信息送屏幕显示，还可以实现将输出信息送打印机打印，从而大大减轻程序员的工作量。

2. 流的分类

C++的流主要有两种分类标准。

（1）文本流和二进制流。按照数据的格式，分为文本流（text stream）和二进制流（binary stream）。文本流是一串 ASCII 字符，如数字"12"在文本流中的表示方法为 ASCII 码 31H 与 32H。而二进制流则是由一串二进制数组成，如数值 12 在二进制流中的表示方式为 00001100。通常，源程序文件和文本文件在传送时采用文本流，而音频、图像、视频文件等在传送时采用二进制流。

（2）缓冲流与非缓冲流。系统在主存中开辟的用于临时存放输入/输出流信息的区域称为缓冲区，如图 10.1 所示。输入/输出流按照是否使用缓冲区分成缓冲流与非缓冲流。

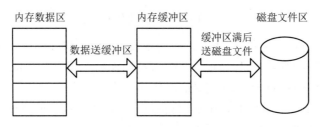

图 10.1　数据缓冲区

对于非缓冲流，一旦数据送入流中，立即进行处理。而对于缓冲流，只有当缓冲区满时，或当前送入的数据为新的一行字符时，系统才对流中的数据进行处理（称为刷新）。引入缓冲的主要目的是提高系统的效率，因为输入/输出设备的速度要比 CPU 慢得多，频繁地与外设交换信息必将占用大量的 CPU 时间，从而降低程序的运行速度。使用缓冲后，CPU 只要从缓冲区中取数据或者把数据输入缓冲区，而不要等待速度低的设备完成实际的输入/输出操作。通常情况下使用的是缓冲流，但对于某些特殊场合，也可使用非缓冲流。

10.1.2　C++流类库

C++的流类库是用继承方法建立起来的输入/输出类库，由支持标准输入/输出操作的基类和支持特定种类的源与目标的输入/输出操作的类组成。它具有两个平行的基类：streambuf 类和 ios 类，所有其他的流类都是从它们直接或间接地派生出来的。

streambuf 类提供对流缓冲区的低级操作，如设置缓冲区、对缓冲区指针进行操作、从缓冲区取字符、向缓冲区存储字符等。

ios 类提供对设备、文件的读/写操作，其体系结构如图 10.2 所示，该流类体系在头文件 iostream.h 中进行了说明。

1. 通用 I/O 流类库

通用 I/O 流类为用户提供了使用标准输入/输出流的接口。类名中 i 代表输入（input），o 代表输出（output）。

（1）基类 ios。类 ios 是所有基本输入/输出流类的基类。它以枚举方式声明了一系列与输入/输出有关的状态标志、工作方式等常量，定义了一系列涉及输入/输出格式的成员函数。其他基本流类均由该类派生出来。

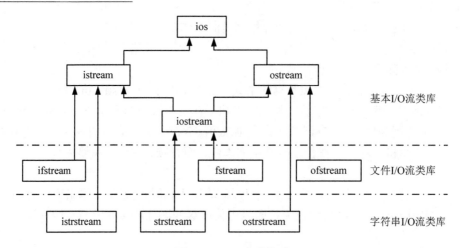

图 10.2　C++流类体系

（2）输入类 istream。输入类 istream 提供输入（提取）操作的成员函数，使输入流对象能通过其成员函数完成数据输入操作任务。由输入类 istream 派生出 istream_withassign 类，而输入流 cin 就是由 istream_withassign 定义的对象。

（3）输出类 ostream。输出类 ostream 提供输出（插入）操作的成员函数，使输出流对象能通过其成员函数完成数据输出操作任务。由输出类 ostream 派生出 ostream_withassign 类，而输出流 cout 就是由 ostream_withassign 定义的对象。

（4）输入/输出类 iostream。类 iostream 是类 istream 和 ostream 共同派生的，该类并没有提供新的成员函数，只是将类 istream 和 ostream 组合在一起，以支持一个流对象既可完成输入操作，又可完成输出操作。

2. 文件 I/O 流类库

文件 I/O 流类库支持对磁盘文件的输入/输出操作，类名中的字母 f 代表文件（file）。当程序中使用文件时，要包含头文件 fstream.h。

（1）ofstream 类。实现将数据写入到文件中的各种操作。

（2）ifstream 类。实现从文件中读数据的各种操作。

（3）fstream 类。提供了对文件数据的读/写操作。

3. 字符串 I/O 流类库

字符串 I/O 流类库支持对内存中的数据进行读/写操作，类名中的字母 str 代表字符串（string）。当程序中使用字符串流时，要包含头文件 strstream.h。

（1）ostrstream 类。实现将不同类型的数据转化为字符串，并存放到一个字符数组中。

（2）istrstream 类。实现将存放在字符数组的文本数据转换为变量所对应的数据类型。

（3）strstream 类。实现文本数据和其他类型数据的相互转换。

C++流类库是通过类的继承、类成员函数的重载来实现的。利用类的可继承性和多态性，使用户程序使用统一的函数接口操作标准输入/输出设备、文件、存储块等。通过函数重载，为每种内部数据类型定义了流输入/输出函数，使得用户可以用相同的方式对各种数据类型进行操作，编译程序根据数据的类型自动选择相应的输入/输出函数，不必将所有函数一并加载。同时，它拥有很好的扩展性，用户通过重载还可以对自定义对象进行流的操作。

I/O 类库中还有其他一些类（在图 10.2 中没有列出），但是对于一般用户来说，以上这些已能满足需要了。如果想深入了解 C++类库，可参阅 C++编译系统的类库手册。

10.1.3　与 iostream 类库有关的头文件

iostream 类库中不同的类的声明被放在不同的头文件中，头文件是程序与类库的接口，用户在程序中用#include 命令包含有关的头文件就相当于在程序中声明了所需要用到的类。常用的与流操作有关的头文件包括：

（1）iostream.h：包含对输入/输出流进行操作的基本信息，提供无格式支持的低级输入/输出和有格式支持的高级输入/输出操作功能。无格式 I/O 传输速度快，但使用起来较为麻烦。格式化 I/O 按不同的类型对数据进行处理，但需要增加额外的处理时间，不适于处理大容量的数据传输。

（2）fstream.h：包含管理文件输入/输出操作的有关信息。

（3）strstream.h：包含对内存中数据进行输入/输出操作的有关信息。

（4）stdiostream.h：包含进行 C 风格的输入/输出操作的有关信息。

（5）iomanip.h：包含输入/输出流的格式控制符（manipulator）的有关信息。

当一个程序中需要进行标准流输入/输出操作时，则必须包含头文件 iostream.h；当需要进行文件流输入/输出操作时，则必须包含头文件 fstream.h；当需要进行字符串流读/写操作时，则必须包含头文件 strstream.h。

10.1.4　插入与提取运算符的重载

"<<"和">>"本来在 C++中被定义为左位移运算符和右位移运算符，由于在文件 iostream.h 中对它们进行了重载，使得它们能用作标准类型数据的输入/输出运算符。从流中获取数据的操作称为提取操作，使用提取运算符">>"；向流中添加数据的操作称为插入操作，使用插入运算符"<<"。例如："cin>>a" 将标准输入流中的数据提取出来赋给变量 a，"cout<<a"表示将 a 中存储的数据插入标准输出流。

在 C++的 ostream 类和 istream 类中，对于基本数据类型（如 int、char、float、double、char*等），预先对插入运算符"<<"以及提取运算符">>"进行了运算符重载定义，从而使得对上述基本数据类型的某表达式 x，使用"cout<<x;"的运算符调用方式完全等同于"cout.operator<<(x);"的函数调用方式。例如：

```
(cout.operator<<(x)).operator<<(y);        //函数调用方式
```

等同于

```
cout<<x<<y;                                //运算符调用方式
```

对自定义数据类型重载插入运算符"<<"与提取运算符">>"时，通常总以友元方式来重载，而且大都使用类似于如下的重载格式：

```
friend istream& operator>>(istream& in, complex& com);
friend ostream& operator<<(ostream& out, complex com);
```

其中的"operator>>"用于完成从 istream 类的流类对象 in 上输入一个复型数放入对象 com 中；而"operator<<"则用于实现往 ostream 类的流类对象 out 上输出对象 com 的内容。以上两个重载的输入/输出运算符的返回类型均为引用。

10.2 标准输入/输出流

标准输入/输出流是为文本流的输入/输出而设计的，其数据传递过程包括以下四步：

（1）格式化。

（2）缓冲。

（3）编码转换：数据的计算机内部表示和字符序列表示之间的双向转换。例如整数的内部表示为二进制，而外部显示要转换成由数字字符和标志字符等符号组成的字符序列。

（4）传递：访问（读/写）外部设备。

流是一个抽象的概念，实际进行 I/O 操作时，必须将流与一种具体的物理设备联系起来。

10.2.1 标准流类

在键盘和屏幕上的输入/输出称为标准输入/输出，标准流是不需要打开和关闭文件即可直接操作的流式文件。

在头文件 iostream.h 中，除了类的定义之外，还包括四个对象的说明，它们被称为标准流或预定义流。

● cin：类 istream 的对象，用来处理标准输入，即键盘输入。

● cout：类 ostream 的对象，用来处理标准输出，即屏幕输出。

● cerr 和 clog：类 ostream 的对象，与错误信息的标准输出设备（屏幕）相关联，前者为非缓冲方式，后者为缓冲方式。

用这四个标准流进行输入/输出时，系统自动完成数据类型的转换。对于输入流，要将输入缓冲区的字符序列形式的数据变换为计算机内部形式的数据后，再赋给变量，变换后的格式由变量类型确定；对于输出流，将送到缓冲区的数据变换成字符串后，再传送到输出设备。

1. 标准输入流

在 C++流类体系中定义的标准输入流是 cin，cin 是由输入类 istream 的派生类 istream_withassign 定义的对象，在默认的情况下，cin 所关联的外部设备为键盘，实现从键盘输入数据。标准输入流 cin 通过重载运算符“>>”执行数据的输入操作，执行输入操作可看作从流中提取一个字符序列，因此将“>>”运算符称为提取运算符。因为提取操作的数据要通过缓冲区才能传送给对象的数据成员，因此 cin 为缓冲流。

从键盘输入数据时，只有当输入完数据并按下回车键后，系统才把该行数据送入到键盘缓冲区，供 cin 流顺序读取给变量。从键盘输入的各项数据之间用空白符（空格、制表符、回车符）分隔，因为 cin 为一个变量读入数据时是以空白符作为其结束标志的。

2. 标准输出流

在 C++流类体系中定义的标准输出流是 cout、cerr、clog，是由输出类 ostream 的派生类 ostream_withassign 定义的对象，在默认的情况下，cout、cerr、clog 所关联的外部设备为屏幕，实现数据流输出到屏幕。标准输出流 cout、cerr、clog 是通过重载“<<”运算符执行数据的输出操作，执行输出操作看作向流中插入一个字符序列，因此将“<<”称为插入运算符。在三个标准输出流中，cout、clog 为缓冲流，而 cerr 为非缓冲流。

当系统执行 cout<<x 操作时，首先根据 x 值的类型调用相应的插入操作符重载函数，把 x

的值按值传送给对应的形参，接着执行函数体，把 x 的值转换成字符串输出到屏幕上。

【例 10.1】使用流 cerr 和 clog 实现数据的输出。

程序代码如下：

```
//*****ex10_1.cpp*****
#include <iostream>
using namespace std;
int main()
{
    cerr << "输入变量 a 的值：";
    int a;
    cin >> a;
    clog << "a*a=" << a * a << endl;
    return 0;
}
```

在本例中，可用 cout 代替 cerr 和 clog，作用完全相同。作为输出提示信息或运算结果来说，这三个输出流的用法相同。不同之处在于：cout 流允许输出重定向，而 cerr 和 clog 流不允许输出重定向。在程序中采用重定向技术，可以实现将输出的结果送到一个磁盘文件中。

10.2.2　格式控制成员函数

数据输出的格式控制可通过两种途径实现：一种是使用第 2 章中介绍的预定义格式控制符，另一种是使用由 ios 类定义的格式控制成员函数。预定义格式控制符分为带参数（如 setw(n)）的和不带参数（如 dec）的两种，带参数的格式控制符在头文件 iomanip.h 中定义，不带参数的格式控制符在头文件 iostream.h 中定义，使用它们时，程序中应包含相应的头文件；格式控制成员函数在头文件 iostream.h 中说明，要使用这类函数必须在程序中包含头文件 iostream.h。本小节介绍第 2 种方式。

1. 输出宽度和填充字符

输出宽度和填充字符可通过由 ios 类中定义的输出域宽控制成员函数 width(n)和填充成员函数 fill(c)实现。其中 n 为输出数据的宽度，c 为填充字符。

【例 10.2】使用成员函数控制输出宽度及填充方式。

程序代码如下：

```
//*****ex10_2.cpp*****
#include <iostream>
using namespace std;
int main()
{   float a = 2345.679;
cout.fill('*');
for (int i = 0; i < 5; i++)
{
    cout.width(i + 6);
    cout << a << endl;
}
    return 0;
}
```

程序运行结果如下：

```
2345.68
2345.68
*2345.68
**2345.68
***2345.68
```

说明：

（1）输出流默认的对齐方式为右对齐，输出 6 位有效数字，在有效数字前填充字符。如果没有指定填充字符，空格是默认的填充符。

（2）成员函数 width 与格式控制符 setw 一样，都不截断数值。若数值位数超过了指定宽度，则会全部显示。如例 10.2 第 1 次输出时设置域宽为 6，而输出的数（包括小数点）宽为 7，数据全部显示。

（3）在用函数 fill 设置填充字符后，其设置的控制格式将一直保持下去，直到用 fill 函数重新设置为止。而 width 仅对其后的第一个输出项有效，若要为多个数据项分别指定宽度，则使用 C++ 预定义格式控制符 setw 要简单得多。

2. 其他格式控制

若要改变流的其他输出格式（如对齐方式），可使用 ios 类中定义的成员函数 setf 来实现，函数格式如下：

cout.setf(格式标志)

格式标志在类 ios 中被定义为枚举值，在引用这些格式标志时要在前面加上类名 ios 和域运算符 "::"。格式标志见表 10.1。

表 10.1　设置格式状态的格式标志

格式标志	作　用
ios::left	输出数据在本域宽范围内向左对齐
ios::right	输出数据在本域宽范围内向右对齐
ios::internal	数值的符号位在本域宽范围内左对齐，数值右对齐，中间由填充字符填充
ios::dec	指定输入/输出格式为十进制（默认方式）
ios::oct	指定输入/输出格式为八进制
ios::hex	指定输入/输出格式为十六进制
ios::showbase	强制输出整数的基数（八进制以 0 打头，十六进制以 0x 打头）
ios::showpoint	强制输出浮点数的小数点及尾数 0
ios::uppercase	用大写字母显示十六进制数及科学记数法中的 E
ios::showpos	对于正数显示正号（+）
ios::scientific	以科学记数法显示浮点数
ios::fixed	以定点格式显示浮点数
ios::unitbuf	每次输出之后刷新所有的流
ios::stdio	每次输出之后清除 stdout 和 stderr

说明：

（1）在用 setf 函数设置输出格式状态后，其设置的控制格式将一直保持下去，直到用 unsetf

函数取消该格式设置为止。

（2）在表 10.1 中的输出格式状态分为 5 组，每一组中同时只能选用一种（例如，dec、oct、hex 中只能选一个，它们是互相排斥的）。

（3）用 setf 函数设置格式状态时，可以包含多个格式标志。这些格式状态标志在 ios 类中被定义为枚举值，每一个格式标志对应一个二进制位，因此可以用位或运算符"|"组合多个格式标志。

【例 10.3】将学生姓名与比赛得分通过初始化赋给数组 name[5]、score[5]，指定姓名域宽为 10 个字符、左对齐，比赛得分为右对齐、用定点方式、小数点后有 2 位有效数字。

分析：浮点数默认的输出精度为 6（即输出 6 位有效数字），例如浮点数 3456.7891 显示为 3456.79。若要实现指定小数点后显示几位有效数字，应先用 setf 设置定点方式，再用成员函数 precision(n) 设置小数点后 n 位有效数字。

程序代码如下：

```
//*****ex10_3.cpp*****
#include <iostream>
#include <string>
using namespace std;
int main()
{
    string   name[] = {"Zhou","Zhao","Liu","Chen","Li"};
    double   score[] = { 89,87.2,78.33,91.444,85.5555 };
    for (int i = 0; i < 5; i++)
    {
        cout.setf(ios::left);              //设置左对齐
        cout.width(10);                    //设置域宽为 10
        cout << name[i];
        cout.unsetf(ios::left);
        cout.setf(ios::fixed);             //设置定点方式
        cout.precision(2);                 //设置小数点后 2 位有效数字
        cout << score[i] << '\n';
    }
    return 0;
}
```

程序运行结果如下：

```
Zhou        89.00
Zhao        87.20
Liu         78.33
Chen        91.44
Li          85.56
```

10.2.3　数据输入/输出成员函数

数据的输入/输出除了使用插入运算符"<<"和提取运算符">>"外，还可使用流的成员函数来实现。

1. 数据输入成员函数

当程序使用提取运算符">>"输入时，数据项间用空白符和行结束符间隔。根据所需输入的值，如需读取一整行文本并且指定读取数据的域宽，则要使用流对象 cin 的输入成员函数。

（1）字符输入成员函数。成员函数 get()可以从输入流中获取字符，并将它存放在指定的变量中。该函数有以下两种格式：

```
ch=cin.get()
cin.get（ch）
```

函数实现从输入流中读取一个字符，赋给字符变量 ch。采用第 2 种格式时，如果读取数据成功则函数返回非 0 值（真），否则（遇结束标志符）返回 0 值（假）。

【例 10.4】读取字符。

程序代码如下：

```
//*****ex10_4.cpp*****
#include <iostream>
using namespace std;
int main()
{
    char    c1, c2, c3;
    cout << "输入字符：";
    c1 = cin.get();
    cin.get(c2);
    cin.get();                      //读入空白字符
    cin.get(c3);
    cout << "c1=" << c1 << endl;
    cout << "c2=" << c2 << endl;
    cout << "c3=" << c3 << endl;
    return 0;
}
```

程序运行结果如下：

```
输入字符：ab↙
c↙
c1=a
c2=b
c3=c
```

说明：与提取运算符“>>”不同，用成员函数 get()提取字符时，不跳过空白字符（空格、制表符、换行符），因此输入数据中含有空白字符时，应提取空白字符后再提取后续数据（例如程序中用下划线标示的那一条语句）。否则，当输入 ab<enter>后，分别将这两个字符赋给两个字符变量，换行符仍在缓冲区中，如果接着执行 cin.get (c3)，因缓冲区不空，仍从缓冲区中提取数据，提取时遇到换行符，则结束提取字符工作，这时会将空串赋给 c3。

（2）字符串输入成员函数。从输入流中一次读取一串字符，有以下两种方式：

● cin.get(字符数组或字符指针,字符个数 n,终止字符)

● cin.getline(字符数组或字符指针,字符个数 n,终止字符)

两种方式均实现从输入流中读取 n-1 个字符，赋给指定的字符数组（或字符指针指向的数组）。如果在读取 n-1 个字符之前遇到指定的终止字符，则提前结束读取。如果读取成功则函数返回非 0 值（真），否则（遇文件结束符）返回 0 值（假）。第三个参数默认为换行符。

【例 10.5】读取字符串。

程序代码如下：

```
//*****ex10_5.cpp*****
#include <iostream>
using namespace std;
int main()
{
        char    str1[20], str2[20];
        cout << "输入 2 行字符串："；
        cin.getline(str1, 20);
        cin.get(str2, 20);
        cout << "str1=" << str1 << endl;
        cout << "str2=" << str2 << endl;
        return 0;
}
```

程序运行结果如下：

```
输入 2 行字符串：This is a book. ✓
This is a book. ✓
str1=This is a book.
str2=This is a book.
```

说明：用 getline()函数提取字符串时，当实际提取的字符个数小于第二个参数指定的字符个数时，遇到字符串结束标志字符时结束，指针定位于该结束标志之后，下一个输入成员函数将从该结束标志的下一个字符开始继续读入。如果用 get 函数从输入流中读取字符，遇到字符串结束标志字符时停止读取，指针定位于该结束标志，下一个输入成员函数将读入该结束标志。本例中如果交换两条输入语句顺序，如下所示：

```
cin.get(str1,20);
cin.getline(str2,20);
```

则运行结果变为

```
输入 2 行字符串:This is a book. ✓
str1= This is a book.
str2=
```

2. 数据输出成员函数

利用插入运算符"<<"输出流中的数据首先会被转换成简单的字节流的形式，然后再输出。若需要将数据直接输出而不进行任何转换，可使用 ostream 类提供的成员函数 put()与 write()。

（1）字符输出成员函数。函数 put()用于输出单个字符，格式如下：

```
cout.put(char c);
```

put 函数的参数 c 可以是字符或字符的 ASCII 码，例如：

```
cout.put('a');                         //在屏幕上显示字符 a
cout.put('a'+5);                       //在屏幕上显示字符 f
```

由于该函数的返回类型为 ostream 类对象的引用，因此可以被串联使用，例如：

```
cout.put('C').put('+').put('+');       //在屏幕上显示 C++
```

（2）字符串输出成员函数。函数 write()用于输出一个指定长度的字符串，格式如下：

cout.write(字符串,字符个数 *n*)

例如：

cout.write("This is a book. \n",20);

数据输出成员函数不仅可以被 cout 流对象调用，而且也可以被 ostream 类的其他输出流对象调用。

10.3　文件操作与文件流

在 C++中有两类文件：外设文件（如键盘、屏幕、打印机等）和磁盘文件。10.2 节介绍的标准输入流 cin、输出流 cout 是通过外设文件（如键盘、屏幕）输入/输出数据，本节将讨论如何通过磁盘文件输入/输出数据。

10.3.1　文件的概念

1．文件

文件（file）指存储于外部介质上的信息集合，每个文件有一个包括设备及路径信息的文件名。

文件分为文本文件和二进制文件。文本文件以字节（byte）为单位，每字节为一ASCII 码，代表一个字符，故又称字符文件；二进制文件又称为内部文件或字节文件，是把内存中的数据按其在内存中的存储形式原样输出到磁盘上存放。例如整数1025，以文本形式（31003236H）存储占用四个字节，以二进制形式（0401H）存储则只占用两个字节。文本文件保存的是一串ASCII字符，可用文本编辑器对其进行编辑，输入/输出过程中系统要对内外存的数据形式进行相应转换。二进制文件在输入/输出过程中，系统不对相应数据进行任何转换。

2．文件的操作

C++对文件的建立、打开、读/写、关闭操作都是通过文件流类体系来实现的。在头文件 fstream.h 中定义了 C++的文件流类体系，当程序中要对文件进行操作时，要包含头文件 fstream.h。

文件操作分成 4 步。

（1）定义文件流对象。文件的使用通常有三种方式，即读文件、写文件、读/写文件。根据文件这三种使用方式，应用文件流类 ifstream、ofstream、fstream 定义三种文件流对象，即：文件输入流对象、文件输出流对象与文件输入/输出流对象，格式如下：

　　ifstream　　　　　文件输入流对象;
　　ofstream　　　　　文件输出流对象;
　　fstream　　　　　 文件输入/输出流对象;

定义了文件流对象后，可以用该文件流对象调用成员函数，实现对文件的读/写操作。为了叙述方便，将文件流对象简称为文件流。

（2）打开文件。使用一个文件必须在程序中先打开一个文件，其目的是将一个文件流与一个具体的磁盘文件联系起来，然后使用文件流提供的成员函数进行数据的读/写操作。打开文件调用成员函数 open()，函数格式如下：

　　文件流对象.open(磁盘文件名,输入/输出模式)

磁盘文件名指定打开文件的路径、名称，输入/输出模式指定文件打开方式。常用的文件打开模式见表 10.2。

也可以在定义文件流对象时指定文件打开模式，在构造过程中打开该文件。定义方式如下：

ifstream	文件流对象(磁盘文件名,输入/输出模式);
ofstream	文件流对象(磁盘文件名,输入/输出模式);
fstream	文件流对象(磁盘文件名,输入/输出模式);

例如以读方式打开文本文件 file1.txt：

ifstream infile("file1.txt");

该语句与以下两条语句的作用是等同的。

ifstream infile;
infile.open("file1.txt");

表 10.2　文件输入/输出模式设置值

方式	作用
ios::in	以读方式打开文件。若文件不存在，则自动建立新文件。这是文件输入流的默认方式
ios::out	以写方式打开文件。若文件已存在，则先删空文件中数据，然后再向文件写入数据。若文件不存在，则自动建立新文件。这是文件输出流的默认方式
ios::app	按写方式打开文件，写入的数据添加在文件尾。若文件不存在，则自动建立新文件
ios::binay	打开二进制文件，如不指定则打开文本文件
ios::trunc	打开文件并删除文件中原有内容

说明：

1）out、trunc 和 app 模式只能用于指定与 ofstream 或 fstream 对象关联的文件；in 模式只能用于指定与 ifstream 或 fstream 对象关联的文件。可用或"|"操作符进行几种打开方式的组合。例如：

iofile.open("bfile.dat",ios::binary | ios::in | ios::out);

2）若文件打开成功，则流对象的返回值为非零值；若打开不成功，则值为 0。

3）若文件名中包含路径信息，应注意符号"\"的使用方法。例如，打开 e 盘 exercise 文件夹下的文件 test.txt 采用以下语句：

ifstream infile("e:\\exercise\\test.txt");

（3）读/写文件。三个文件流类 ifstream、ofstream、fstream 并没有直接定义文件操作的成员函数，对文件的操作是通过调用其父类 ios、istream、ostream 中说明的成员函数来实现的。因此，对文件的基本操作与标准输入/输出流的操作方式相同。

（4）关闭文件。打开一个文件且对文件进行读或写操作后，应该调用文件流的成员函数来关闭相应的文件，释放系统为该文件分配的资源（如缓冲区等）。函数格式如下：

文件流对象.close();

关闭文件时，系统将与该文件相关联的内存缓冲区中的数据写到文件中，并收回与该文件相关的主存空间，将文件名与文件对象之间建立的关联断开。

10.3.2　文本文件的读/写

文本文件中的记录为字符形式（或称 ASCII 码形式），文件的数据流由一个个的字符组成，每个字符占一个字节。对文本文件的读/写操作有两种方法。

1. 使用提取运算符或插入运算符对文件进行读/写操作

【例 10.6】使用提取运算符和插入运算符将源文件中的前 100 个字符复制到目标文件中。

程序代码如下：

```cpp
//*****ex10_6.cpp*****
#include <iostream>
#include <fstream>
using namespace std;
int main()
{
    char fname1[20], fname2[20];
    cout << "输入源文件名：";
    cin >> fname1;
    cout << "输入目的文件名：";
    cin >> fname2;
    ifstream infile(fname1);            //定义文件输入流对象，打开源文件
    ofstream outfile(fname2);           //定义文件输出流对象，打开目标文件
    if (!infile)
    {
        cout << "不能打开输入文件：" << fname1 << endl;
        return 0;
    }
    if (!outfile)
    {
        cout << "不能打开目标文件：" << fname2 << endl;
        return 0;
    }
    char ch;
    int i;
    i = 0;
    while (i < 100)
    {
        infile >> ch;                   //从源文件中提取一个字符到变量 ch 中
        outfile << ch;                  //将 ch 中的字符写入目标文件中
        i = i + 1;
    }
    infile.close();                     //关闭源文件
    outfile.close();                    //关闭目标文件
    return 0;
}
```

执行该程序前，先在 e:\exercise 目录下，用记事本建立一个名为 file.txt 的文本文件，大小为 1KB。然后执行上述程序，按屏幕提示输入文件名，如下所示：

输入源文件名：e:\exercise\file.txt↙

输入目标文件名：e:\exercise\filenew.txt↙

程序运行结束后，e:\exercise 目录下新增了一个文件 filenew.txt，文件大小为 1KB。

说明：

（1）由于在头文件 fstream.h 中包含了头文件 iostream.h，故使用 cout 流对象前不用再显式地包含头文件 iostream.h。

（2）用 ifstream 类定义的流对象打开磁盘文件时，默认采用输入模式；用 ofstream 类定义的流对象打开磁盘文件时，默认采用输出模式。

（3）如果文件打开成功，则文件流对象的返回值为非 0 值，否则返回值为 0。程序中用该返回值判断文件打开是否成功，成功则继续，不成功则结束运行。

（4）如果源文件中包含空白字符（空格、制表符、回车符），“>>”会跳过这些字符，因此目标文件中不包含空白字符。

（5）由于是向磁盘文件输出数据，因此在屏幕上看不到输出结果。

2. 使用成员函数进行文件的读/写操作

【例 10.7】使用成员函数 get 与 put 将源文件的内容复制到目标文件中。

分析：先打开源文件和目标文件，依次从源文件中读取一个字符，并将所读字符写入目标文件中，直到源文件中所有字符读完为止。

程序代码如下：

```
//*****ex10_7.cpp*****
#include <iostream>
#include <fstream>
using namespace std;
int main()
{
    char fname1[20], fname2[20];
    cout << "输入源文件名：";
    cin >> fname1;
    cout << "输入目的文件名：";
    cin >> fname2;
    ifstream infile;                    //定义文件输入流对象
    infile.open(fname1, ios::in );      //打开源文件
    if (!infile)
    {
        cout << "源文件不存在！" << fname1 << endl;
        return 0;
    }
    ofstream outfile;                   //定义文件输出流对象
    outfile.open(fname2, ios::out );    //打开目标文件，若不存在，则新建目标文件，并打开
    char ch;
    while (infile.get(ch))              //从源文件中提取一个字符到变量 ch 中
        outfile.put(ch);               //将 ch 中的字符写入目标文件中
    infile.close();
    outfile.close();
    return 0;
}
```

说明：

（1）infile.open(fname1,ios::in);表示打开已存在的文件。当 fname1 对应的文件存在时，则打开成功，否则打开失败。

（2）outfile.open(fname2,ios::out);表示新建一个文件。当 fname2 对应的文件不存在时，新建打开文件成功，当 fname2 对应的文件存在时，直接打开这个文件。

（3）用成员函数 get 获取字符时，不跳过其中的空白字符，因此可以复制源文件中的所有字符。

（4）while (infile.get(ch))用于判断读入的字符是否为文件结束标志'\0'。

10.3.3　二进制文件的读/写

二进制文件不是以 ASCII 代码存放数据，而是将内存中数据不加转换地传送到磁盘文件，因此它又称为内存数据的映像文件或字节文件。

对二进制文件的读/写操作，不能通过标准输入/输出流的提取与插入运算符实现文件的输入/输出，而只能通过二进制文件的读/写成员函数 read 与 write 来实现。

1．二进制文件的写操作

二进制文件的写操作是通过成员函数 write()来实现的：

    write(字符数组或字符指针, 字节数);

函数的作用是将指定长度的字符类型数据写入二进制文件。

【例 10.8】把 0～90°的正弦值写到二进制文件 bin.dat 中。

程序代码如下：

```
//*****ex10_8.cpp*****
#include <iostream>
#include <fstream>
using namespace std;
int main()
{
    fstream outfile("bin.dat", ios::out | ios::binary);
    int i;
    if (!outfile)
    {
        cout << "不能打开输出文件\n";
        return   0;
    }
    double s[91];
    for (i = 0; i <= 90; i++) s[i] = sin(i * 3.1415926 / 180);
    outfile.write((char*)s, sizeof(double) * 91);          //一次写入 91 个实数
    outfile.close();
    return 0;
}
```

说明：

（1）在 write 函数中必须将输出数据强制转换成字符类型。数据长度单位是字节，输出其他类型数据时，应以输出数据在内存中实际占有的字节数来衡量。

（2）由于二进制文件是以字节数来控制的，故各项数据间不必加入空白字符作为间隔。

使用读/写二进制数据的成员函数，由于一次读/写的字节数可以很大，从而减少了文件的读/写次数，提高了存取文件的速度。

【**例 10.9**】将结构体类型的数据写入一个二进制文件。

程序代码如下：

```cpp
//*****ex10_9.cpp*****
#include <iostream>
#include <fstream>
using namespace std;
struct student                              //定义一个结构体
{
    int sno;
    char sname[10];
    float score;
};
int main()
{
    student st;
    int i, n;
    ofstream outfile("info.dat", ios::out | ios::binary);
    if (!outfile)
    {
        cout << "文件打开错误！ ";
        return    0;
    }
    cout << "输入学生个数：";
    cin >> n;
    for (i = 0; i < n; i++)
    {
        cout << "输入第" << i + 1 << "个学生的学号、姓名、成绩：";
        cin >> st.sno;
        cin >> st.sname;
        cin >> st.score;
        outfile.write((char*)&st, sizeof(st));        //向磁盘文件输出数据
    }
    outfile.close();
    return 0;
}
```

2. 二进制文件的读操作

二进制文件的读操作是通过成员函数 read()来实现的：

```cpp
read(字符数组或字符指针, 字节数 );
```

函数的作用是从文件中读取指定字节数的数据传送到第一个字符型参数所指存储单元中。

【**例 10.10**】从例 10.8 的程序建立的二进制文件 bin.dat 中读出数据，以每行 5 个数据的形式显示在屏幕上，数据输出到小数点后第 15 位。

程序代码如下：

```cpp
//*****ex10_10.cpp*****
#include <iostream>
#include <iomanip>
#include <fstream>
using namespace std;
```

```
int main()
{
    double s[91];
    int i;
    fstream infile("bin.dat ", ios::in | ios::binary);      //打开二进制文件 bin.dat
    if (!infile)
    {
        cout << "输入文件不存在\n";
        return 0;
    }
    infile.read((char*)s, sizeof(double) * 91);      //一次读出 91 个实数
    for (i = 0; i <= 90; i++)
    {
        cout << setiosflags(ios::fixed) << setprecision(15) << s[i] << '\t';
        if ((i + 1) % 5 == 0) cout << endl;
    }
    infile.close();
    return 0;
}
```

说明：从二进制文件中读取非字符类的数据（如整型、实型或结构体类型）时，必须将输入变量强制转换成字符类型。

3. 测试文件结束

测试二进制文件结束位置可用成员函数 eof()实现，当到达文件结束位置时，该函数返回零值，否则返回非零值。

4. 返回读入数据的长度

返回最近一次输入所读入的字节数可用成员函数 gcount()实现。

【例 10.11】使用读/写二进制的成员函数，实现文件的复制。

程序代码如下：

```
//*****ex10_11.cpp*****
#include <iostream>
#include <fstream>
using namespace std;
int main()
{
    char fname1[20], fname2[20];
    char buff[4096];                    //建立 4K 缓冲区
    fstream infile, outfile;
    cout << "输入源文件名：";
    cin >> fname1;
    infile.open(fname1, ios::in | ios::binary );
    if (!infile)
    {
        cout << "不能打开输入文件：" << fname1 << endl;
        return(1);
    }
    cout << "输入目标文件名：";
    cin >> fname2;
    outfile.open(fname2, ios::out | ios::binary );
```

```
            if (!outfile)
            {
                cout << "目标文件" << fname2 << "已存在！" << endl;
                return(2);
            }
            int n;
            while (!infile.eof())
            {
                infile.read(buff, 4096);
                n = infile.gcount();              //取实际读的字节数
                outfile.write(buff, n);           //按实际读的字节数写入文件
            }
            infile.close();
            outfile.close();
            return 0;
        }
```

说明：

（1）该程序可实现任何类型的文件复制，如文本文件、图像文件、视频文件等。

（2）由于从源文件中最后一次读出的数据不一定正好是 4096 个字节，因此使用成员函数 gcount()得到实际读入的字节数，并按实际读的字节数写到目标文件中去。

10.3.4 文件的随机读/写

前面介绍的文件读/写操作，都是按信息在文件中的存放顺序进行的。事实上，C++允许从文件中任何位置开始进行读或写数据，这种读/写方式称为文件的随机访问或直接存取。例如：在二进制文件 letter.dat 中存放 26 个英文字母（图 10.3），用户可直接从文件第 0 个字节单元取出字母'A'，或从第 3 个字节单元中取字母'D'等。

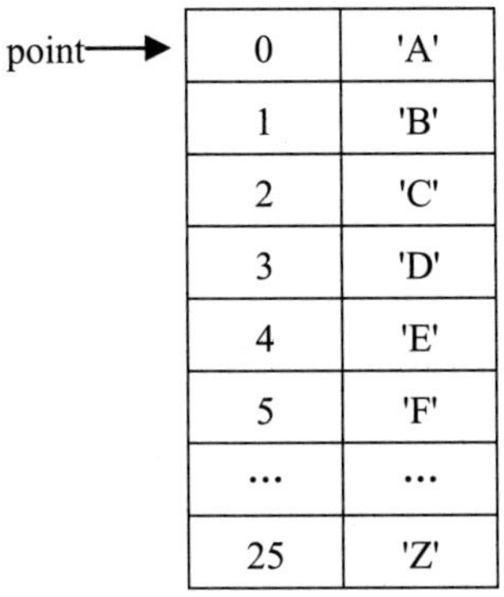

point →	0	'A'
	1	'B'
	2	'C'
	3	'D'
	4	'E'
	5	'F'
	...	...
	25	'Z'

图 10.3　文件指针 point

1. 文件定位

为了实现对文件的随机访问，在打开文件时，系统为打开的文件建立一个变量 point，称为文件指针。该变量的初值为 0，指向文件的第 0 个单元。只要移动文件指针 point，使其指向不同的字节单元，就能实现对文件任一指定字节的读/写操作。C++是在文件流类的基类中定义了几个支持随机访问的函数来移动指针值，实现文件指针的定位。

  C++的类库 fstream 中定义了两个与文件相联系的指针。一个是读指针，用于指定下一次读操作在文件中的位置；另一个是写指针，用于指定下次写操作在文件中的位置。每次执行完输入/输出操作时，指针会移动到该次输入/输出的数据之后，下一数据之前。

  C++的文件定位分为读位置和写位置的定位，对应的成员函数是 seekg()和 seekp()，seekg()是设置读位置，seekp()是设置写位置。文件指针定位有两种方式。

  （1）读操作定位。文件读操作的定位是通过成员函数 seekg()实现的。函数的格式如下：

> seekg(位移量 *n*);
> seekg(位移量 *n*, 参照位置);

  函数名 seekg 中的 g 是 get 的缩写，表示移动输入流文件指针。第 1 种格式专用于相对文件头指针移动 *n* 个字节，第 2 种格式用于相对参照位置指针移动 *n* 个字节。参照位置可取三个值：

  1）io3::beg 或 0：文件头。

  2）io3::cur 或 1：文件指针当前的位置。

  3）io3::end 或 2：文件尾。

  在移动指针时，必须保证移动后的指针值大于等于 0 且小于文件尾字节编号，否则将导致输入/输出操作失败。

  在图 10.3 所示文件中，假定已成功地打开了输入流对象 infile 和输出流对象 outfile，则调用下列函数的结果为

```
infile.seekg(5);                    //文件指针从文件头向后移 5 个字节
infile.seekg(-6,ios::cur);          //文件指针从当前位置向前移 6 个字节
infile.seekg(10,ios::beg);          //将文件指针移到文件中第 10 个字节处
outfile.seekg(-10,ios::end);        //文件指针从文件尾开始前移 10 个字节
```

  【例 10.12】输入学生序号，根据序号显示例 10.9 所建立的文件中相应位置上的学生信息。

  程序代码如下：

```
//*****ex10_12.cpp*****
#include <iostream>
#include <fstream>
using namespace std;
struct student
{
    int sno;
    char sname[10];
    float score;
};
int main()
{
    student st;
    int n, scount;
    cout << "输入要查询的记录号：";
    cin >> n;
    ifstream infile("info.dat", ios::in | ios::binary);
    infile.seekg(0, ios::end);
    scount = infile.tellg() / sizeof(st);
```

```
            if (n >= scount) cout << "输入的序号在文件中找不到\n";
            else
            {
                infile.seekg(n * sizeof(st), ios::beg);
                infile.read((char*)&st, sizeof(st));
                cout << st.sno << '\t' << st.sname << '\t' << st.score << endl;
            }
            infile.close();
            return 0;
        }
```

使用 seekg()可以实现面向记录的数据管理系统，用固定长度的记录尺寸乘以记录号便得到相对于文件首的字节位置，然后读取这条记录。

（2）写操作定位。文件写操作的定位是通过成员函数 seekp()实现的。函数的格式如下：

```
        seekp(位移量 n);
        seekp(位移量 n, 参照位置 );
```

函数名 seekp 中的 p 是 put 的缩写，表示移动输出流文件指针。位移量 n、参照位置的意义与 seekg()的参数意义相同。第 1 种格式专用于相对文件头指针移动 n 个字节，第 2 种格式用于相对参照位置指针移动 n 个字节。

【例 10.13】修改例 10.9 所建立的文件中指定学号的学生信息。

程序代码如下：

```cpp
//*****ex10_13.cpp*****
#include <iostream>
#include <fstream>
using namespace std;
struct student
{
    int sno;
    char sname[10];
    float score;
};
int main()
{
    student st;
    int i;
    int mno;
    fstream mfile("info.dat", ios::in | ios::out | ios::binary);
    cout << "输入要修改信息的学生学号：";
    cin >> mno;
    i = 0;
    //寻找是否有符合条件的记录
    do {
        mfile.read((char*)&st, sizeof(st));
    } while (st.sno != mno && !mfile.eof());
    if (!mfile.eof())
    {
```

```
            cout << st.sno << '\t' << st.sname << '\t' << st.score << endl;
            cout << "输入新信息：";
            cin >> st.sno;
            cin >> st.sname;
            cin >> st.score;
            mfile.seekp(-(int)sizeof(st), ios::cur);
            mfile.write((char*)&st, sizeof(st));
        }
        else
            cout << "无此学生！\n";
        mfile.close();
        return 0;
    }
```

2. 其他成员函数

（1）tellg()。用于返回输入文件中文件指针的当前位置，返回值为 streampos 类型。

【例 10.14】读一个文件并显示出其中空格的位置。

程序代码如下：

```
//*****ex10_14.cpp*****
#include <iostream>
#include <fstream>
using namespace std;
int main()
{
    streampos here;
    char ch;
    char fname[10];
    cout << "请输入文件名：";
    cin >> fname;
    ifstream tfile(fname, ios::in );
    if (tfile)
    {
        while (!tfile.eof())
        {
            tfile.get(ch);
            if (ch == ' ')
                cout << "第" << tfile.tellg() << "个字符是空格" << endl;
        }
    }
    else
        cout << "文件不存在！" << endl;
    return 0;
}
```

说明：利用 seekg() 和 tellg() 可以获取文件的大小。例如：

```
ifstream tfile(fname, ios::in);
tfile.seekg(0,ios::end);
```

```
long n=tfile.tellg();
cout<<"文件人小为"<<n-1<<"个字节";
```

（2）tellp()。用于返回输出文件中文件指针的当前位置，返回值为 streampos 类型。

（3）ignore(字符数 n,终止字符)。用于略过 n 个字符。

10.4　字符串流

标准输入/输出流是以标准输入/输出设备为对象的数据流，文件流是以外存文件为输入/输出对象的数据流，字符串流则是以内存中用户自定义的字符数组（字符串）为输入/输出的对象，因此字符串流又称为内存流。本节介绍字符串流。

10.4.1　字符串流的概念

1. 标准输入/输出流与字符串流

字符串流对应的是内存中的字符数组，在字符数组中可以存放字符，也可以存放整数、浮点数以及其他类型的数据。在向字符数组存入数据之前，要先将数据从二进制形式转换为 ASCII 码，然后存放在缓冲区，待缓冲区满或遇数据结束标志，再从缓冲区送到字符数组；从字符数组读数据时，字符数组中的数据送入缓冲区后，要先将 ASCII 码转换为二进制形式，再提取出来赋给有关变量。流缓冲区中的数据格式与字符数组相同。这种情况与标准输入/输出设备的操作是类似的。键盘和屏幕都是按字符形式输入/输出的设备，内存中的数据在输出到屏幕显示之前，先要转换为 ASCII 码形式，并送到输出缓冲区中。从键盘输入的数据以 ASCII 码的形式传送到输入缓冲区，在赋给变量前要转换为相应变量类型的二进制形式。

2. 文件流与字符串流

字符串流和文件流都是输入流类 istream 和输出流类 ostream 的派生类，所以对它们的操作方法基本相同，但有 3 点不同。

（1）执行写操作时，字符串流不是流向外存文件，而是流向内存中的一个存储空间；执行读操作时，字符串流是从内存中的一个存储区域流向另一个存储区域。

（2）字符串流对象关联的不是文件，而是内存中的一个字符数组，因此不需打开和关闭流对象。

（3）每个文件的最后都有一个文件结束符，表示文件的结束。而字符串流所关联的字符数组中没有相应的结束符标志，用户要自己指定一个特殊字符作为其结束符，在向字符数组写入全部数据后，写入此字符表示结束。

3. 字符串流类

字符串流类包括 istrstream、ostrstream 和 strstream。

字符串流类没有 open 成员函数，因此在定义字符串流的同时，需指定一个字符数组及缓冲区大小，通过自动调用相应的构造函数使之与该字符数组发生关联，以后对字符串流的操作实质上就是在该数组上进行的，就像对文件流的操作实质上就是在对应文件上进行的情况一样。

10.4.2　字符串流的输入操作

1. 字符串输入流的定义

定义字符串输入流，即初始化所创建的字符串输入流对象的语句格式为

```
istrstream 字符串流对象(字符数组,缓冲区大小 n);
strstream  字符串流对象(字符数组,缓冲区大小 n,ios::in);
```

例如：

```
istrstream istr1(ch1,20);
```

或

```
strstream istr1(ch1,20,ios::in);
```

该语句建立字符串输入流对象 istr1，并使 istr1 与字符数组 ch1 关联，流缓冲区大小为 20。

2. 字符串输入流的操作

一个字符串输入流被定义后，可以调用相应的成员函数进行数据的输入操作。

【例 10.15】 字符串流的输入操作。

程序代码如下：

```cpp
//*****ex10_15.cpp*****
#include<iostream>
#include<strstream>
using namespace std;
int main()
{
    char buf[] = "1234 5.6789";
    int a;
    double b;
    istrstream ss(buf);
    ss >> a >> b;
    cout.setf(ios::fixed);
    cout.precision(6);
    cout << a + b << endl;
    return 0;
}
```

程序运行结果如下：

```
1239.678900
```

说明：

（1）使用提取运算符从字符数组读数据就如同从键盘读数据一样，可以从字符数组读入字符数据，也可以读入整型、浮点型或其他类型的数据。如果不用字符串流，只能从字符数组逐个访问字符，而不能按其他类型的数据形式读取数据。

（2）在程序中可以分别建立字符串输入、输出流与同一数组关联。输入流从字符数组中获取数据，输出流将数据传送给字符数组。两个字符串流分别有流指针指示当前位置。例如：

```cpp
#include<iostream>
#include<strstream>
using namespace std;
int main()
```

```
    {
        char buf[] = "12 5.050505";
        int a;
        double b;
        istrstream ss(buf);
        ss >> a >> b;
        ostrstream out1(buf, sizeof(buf));
        out1.setf(ios::fixed);
        out1 << a * b << '\0';
        cout << buf << endl;
        return 0;
    }
```

从以上对字符串流的操作示例可以看出：与字符串流关联的字符数组相当于内存中的临时仓库，可以用来存放各种类型的数据（以 ASCII 码的形式存放），在需要时再从中读回来。它的用法相当于标准输入/输出设备，但标准输入/输出设备不能保存数据。字符串流的使用比外存文件使用方便，存取速度快，但其生命周期与所在的模块相同，该模块的生命周期结束后，字符数组也不存在了。因此字符串流只能作为临时的存储空间。

10.4.3 字符串流的输出操作

1. 字符串输出流的定义

定义字符串输出流，即建立存储所插入数据的数组对象的语句格式为

      ostrstream 字符串流对象(字符数组,缓冲区大小 *n*,操作模式);

      strstream 字符串流对象(字符数组,缓冲区大小 *n*,操作模式);

n 用于指定缓冲区最多能存放的字符个数，一般设置与字符数组的大小相同。操作模式的可取值与 ofstream 类相同，ostrstream 流默认是从缓冲区头部开始添加新的字符。如果设置为 ios::app，则从缓冲区中的字符串的结束标志符处开始添加新的字符，结束标志符不后移，只是被简单地覆盖。例如：

      ostrstream ostr1(ch1, 20);

或

      strstream ostr1(ch1, 20, ios::out);

该语句建立字符串输出流对象 ostr1，并使 ostr1 与字符数组 ch1 关联（通过字符串流将数据输出到字符数组 ch1），流缓冲区大小为 20。

2. 字符串输出流的操作

一个字符串输出流被定义后，可以调用相应的成员函数进行数据的输出操作，就如同使用文件流调用相应的成员函数进行有关操作一样。

ostrstream 类还提供了其他成员函数用于字符串的处理，常用的如下：

（1）pcount()。用于返回当前字符数组中已经插入的字符个数。

（2）str()。用于返回存储在字符数组中的字符串。

【例 10.16】字符串流的输出操作。

程序代码如下：

```
//*****ex10_16.cpp*****
#include<iostream>
```

```
#include<strstream>
using namespace std;
int main()
{
    char buf[80];
    //建立字符串输出流对象，与数组 buf 关联，缓冲区长 30
    ostrstream out1(buf, sizeof(buf));
    double PI = 3.1415926;
    int a = 50;
    for (int I = 0; I < 6; I++, a += 10)
        out1 << "a=" << a << ",";              //向字符数组中写入字符型、整型数据
    out1 << '\0';
    cout << "已插入" << out1.pcount() << "个字符" << endl;
    cout << buf << endl;
    out1.setf(ios::fixed);                     //指定数据的格式
    out1.seekp(-12, ios::cur);                 //指针从当前位置前移 12 个字符
    out1<<'\t'<<"圆周率为："<<PI<<'\0';         //向字符数组中写入浮点型数据
    cout<<buf<<endl;
    //将字符数组 buf 中存储的内容赋给字符型指针 pstr 所指向的内存空间
    char *pstr = out1.str();
    cout << pstr << endl;
    return 0;
}
```

程序运行结果如下：

```
已插入 32 个字符
a=50,a=60,a=70,a=80,a=90,a=100,
a=50,a=60,a=70,a=80,     圆周率为：3.141593
a=50,a=60,a=70,a=80,     圆周率为：3.141593
```

说明：

（1）程序中，使用插入运算符向字符数组 buf 中写入了整型、实型、字符型数据，即实现了整型、实型等类型数据向字符类型的转换。

（2）字符数组中的数据之间没有空格，连成一片，这是由输出方式决定的。如果以后想将这些数据读回赋给相应的变量，就会出现无法分隔两个相邻的数据。因此，程序中在向字符数组输出数据时加入了一些特殊符号（如逗号、制表符等）。

习题 10

一、选择题

1. 以下（　　）是 istream 类提供的对读指针进行操作的函数。

    A．seek   B．seekp   C．seekg   D．read

2. 关于提取符"\>>"、提取函数 get 的不正确说法是（　　）。

    A．提取符"\>>"能提取空白字符

    B．提取函数 get 能提取空白字符

C．提取函数 get 可带参数，用以存储从流中得到的字符

D．提取函数 get 的返回值为所提取的字符

3．下列不能以写方式打开文件的是（　　　）。

A．ofstream f("c1.txt");　　　　　　B．ofstream f; f.open("c1.txt");

C．fstream f("c1.txt");　　　　　　　D．fstream f; f.open("c1.txt",ios::out);

二、填空题

1．标准错误流的输出发送给流对象_____或_____。

2．C++中的输入/输出是以字节_____的形式实现的。

3．进行文件操作时，需要包含_____文件。

4．重载的流操作运算符经常定义为类的_____函数。

三、程序阅读题

程序 1：

```cpp
#include <iostream.h>
#include <iomanip.h>
int main(){
    double values[ ] = {1.23,35.36,653.7,4358.24};
    char *names[ ] = {"Jim", "Cindy", "Tidy", "Sam"};
    cout.setf(ios::scientific);
    cout.setf(ios::left);
    cout.precision(1);
    for (int i=0; i<4; i++)
        cout<<setw(6)<<names[i]<<setw(10)<<values[i]<<endl;
    return 0;
}
```

程序 2：

```cpp
#include <iostream.h>
int main()
{
    char ch;
    int tab_cnt = 0, nl_cnt = 0, space_cnt = 0;
    while ( cin.get( ch )) {
        switch( ch ) {
            case ' ': space_cnt++; break;
            case '\t': tab_cnt++; break;
            case '\n': nl_cnt++; break;
            }
    }
    cout << "空格：" << space_cnt << '\t'
        << "行数：" << nl_cnt << '\t'
        << "制表符：" << tab_cnt << "\n\t";
    return 0;
}
```

若输入：

    This is a book.

    12   34.5   67.89

    12+56*10

    ^Z

则输出：

程序 3：

```
#include "fstream.h"
#include "stdlib.h"
int main(){
        fstream file;
        file.open("t1.dat",ios::in|ios::out);
        if(!file){
            cout<<"t1.dat can't open.\n";
            abort();
        }
        char s[]="abcdefg\n123456";
        for(int i=0;i<sizeof(s);i++)
            file.put(s[i]);
        file.seekg(5);
        char ch;
        while(file.get(ch))
            cout<<ch;
        cout<<endl;
        file.close();
    return 0;
}
```

程序 4：

```
#include <strstrea.h>
#include <string.h>
int main()
{
    char *name = "This is a book.";
    int arraysize = strlen(name)+1;
    istrstream is(name,arraysize);
    char temp;
        for(int i=0; i<arraysize; i++){
                is>>temp;
                cout<<temp;}
    return 0;
}
```

四、程序设计题

1．定义一个学生成绩类 Score，描述学生成员的私有数据成员为学号（No）、姓名（Name[8]）、数学成绩（Math）、物理成绩（Phi）、英语成绩（Eng）。定义能输入学生成绩的公有成员函数 Input()，在 Input()函数用 getline 函数输入学生姓名。定义输出学生成绩的成员函数 Show()，在显示函数 Show()中，学号与姓名的输出域宽为 10、左对齐，其余数据的输出域宽为 8、右对齐、保留小数点后一位，输出格式采用格式控制成员函数进行设置。在主函数中用 Score 类定义班级学生成绩对象数组 s[5]，调用函数 Input()输入学生成绩，调用函数 Show()显示全部学生的成绩。

2．在文本文件 ex4.txt 中写入数 879～888 的十进制、八进制、十六进制，每行一个数，共 10 行。

3．编程统计一个文本文件中大写英文字母的个数。

4．生成一个二进制数据文件 data.dat，将 1～100 的平方根写入文件中。

5．编写程序实现将两个文本文件的内容合并。

6．从第 5 题中产生的数据文件中读取二进制数据，并在屏幕上以每行 5 个数、每个数输出到小数点后第 4 位的形式显示。

7．编写程序实现将 b 所指的字符串中偶数字节位置处的所有字符复制到 a 所指的字符数组空间中。

参考文献

[1] 教育部高等学校计算机基础课程教学指导委员会. 高等学校计算机基础核心课程教学实施方案[M]. 北京：高等教育出版社，2011.

[2] 杨长兴，刘卫国. C++程序设计[M]. 2版. 北京：中国水利水电出版社，2012.

[3] 刘卫国，杨长兴. C++程序设计实践教程[M]. 2版. 北京：中国水利水电出版社，2012.

[4] 教育部考试中心. 全国计算机等级考试二级教程——C++语言程序设计(2021年版)[M]. 高等教育出版社，2020.